专利审查研究 2011

国家知识产权局专利局
专利审查协作北京中心组织编写

魏保志　主编

知识产权出版社
全国百佳图书出版单位

内容提要

本书共收录29篇国家知识产权局专利局专利审查协作北京中心2011～2012年度完成的部分学术研究课题的成果，内容涵盖专利审查标准、专利审查效能提升、专利审查逻辑、特定领域检索策略、专利审批程序以及专利战略与行业技术分析等各方面，有一定的理论性、专业性及实用性。

读者对象：专利代理人，专利审查员，发明人

责任编辑：黄清明　　**责任校对：**韩秀天

装帧设计：海马书装　　**责任出版：**卢运霞

文字编辑：何文文

图书在版编目（CIP）数据

专利审查研究.2011/魏保志主编.—北京：知识产权出版社，2012.10

ISBN 978-7-5130-1690-2

Ⅰ.①专…　Ⅱ.①魏…　Ⅲ.①专利—审查—研究—中国—2011　Ⅳ.①G306.3

中国版本图书馆CIP数据核字（2012）第260951号

专利审查研究2011

Zhuanli Shencha Yanjiu 2011

魏保志　主编

出版发行：知识产权出版社

社　　址：	北京市海淀区马甸南村1号	**邮　　编：**	100088
网　　址：	http：//www.ipph.cn	**邮　　箱：**	bjb@cnipr.com
发行电话：	010-82000860转8101/8102	**传　　真：**	010-82005070/82000893
责编电话：	010-82000860转8117	**责编邮箱：**	hqm@cnipr.com
印　　刷：	北京富生印刷厂	**经　　销：**	新华书店及相关销售网点
开　　本：	720mm×960mm　1/16	**印　　张：**	23
版　　次：	2012年10月第1版	**印　　次：**	2012年10月第1次印刷
字　　数：	373千字	**定　　价：**	56.00元

ISBN 978-7-5130-1690-2/G·533（4530）

《专利审查研究 2011》编委会

《专利审查研究2011》编辑部

前　言

随着国家知识产权战略的大力实施，专利审查工作“十二五”规划实施不断推进。为进一步提高专利审查的质量和效率，满足创新主体和社会公众的需求，国家知识产权局专利局专利审查协作北京中心（以下简称“北京中心”）加强专利审批能力建设，大力开展学术研究，逐步提高学术研究对审查业务工作的支撑作用，取得了丰硕成果。

2011～2012年度，北京中心审查员共完成各类课题研究项目26项，在国家知识产权局刊物《审查业务通讯》及北京中心学术刊物《审查实践与研究》上共发表文章180余篇。为进一步推广学术研究成果，本书从中精选出一批论文结集出版。

本书收录的论文涉及面广，涵盖了专利审查标准、专利审查效能提升、专利审查逻辑、特定领域检索策略、专利审批程序以及专利战略与行业技术分析等各方面，有一定的理论性、专业性及实用性。希望《专利审查研究2011》一书的出版能够有助于优质、高效地开展专利审查工作，满足社会需求及提升专利对国家经济社会发展的贡献度。

由于时间仓促，本书难免存在疏漏或错误之处，欢迎批评指正。

本书编委会

2012年10月

目　录

审查效能提升研究

专利审查实务研究

专利检索研究

行业专利分析及其他

审查效能提升研究

基于 7S 理论的全方位提高发明审查效率研究*

卫军　李楠　曲燕　王明

摘　要：随着我国经济的快速发展和知识产权战略的全面实施，国民的创新能力和知识产权意识逐渐增强，其表现之一是专利申请量近年来呈爆发式增长态势，这对又好又快地开展专利审查工作提出迫切的需求和艰巨的挑战。为顺应专利审查工作新形势，本文根据专利行政审批的特点，尝试探索全方位提高审查效率的有效途径。在研究中首次引入麦肯锡 7S 理论模型作为全方位提高审查效率研究的理论基础，分析了专利审批程序中与效率息息相关的各个因素，包括战略、结构、制度、人员、技能、风格及共同价值观，并对如何围绕这几方面有序开展工作进行了深入的分析和探讨。

关键词：审查效率　7S　战略　结构　制度　人员　技能　风格　共同价值观

---

* 本文源自"基于 7S 理论的全方位提高发明审查效率研究"，课题性质：北京中心课题，课题组负责人：卫军，成员包括：孔凡标、李楠、李广科、欧阳石文、曲燕、王明、许微。

引　言

随着我国经济的快速发展和知识产权战略的全面实施，国民的创新能力和知识产权意识逐渐增强，其表现之一是专利申请量近年来呈爆发式增长态势。根据《专利审查工作“十二五”规划（2011－2015年）》中的预测表明，未来五年三种专利的年平均增长率将不低于15%，2015年，发明专利申请将达到75万件左右，实用新型专利申请达到90万件左右，外观设计专利申请达到85万件左右，国际专利申请达到5万件左右。然而，随着发明专利申请量的迅速增长，国家知识产权局专利局（以下简称我局）各部门的审查任务量急剧加重，为审查工作带来了很大的挑战。专利局已逐渐形成由实审部、多个专利审查协作中心共同应对的局面，但审查员队伍的扩增速度并不能满足日益增长的审查需求，也不是解决问题的根本办法。社会公众对审查效率和质量也不断提高要求，这对又好又快地开展审查工作提出迫切的需求和艰巨的挑战。

世界主要专利局也存在着类似的审查积压问题，且该积压量还在增长，申请人普遍面临着获取专利权时间的延长。从目前的形势可以看出，世界各专利局都面临着如何提高审查效率的严峻问题。国内外已有很多对审查效率的研究[1-6]，但已有的研究报告多是集中在审查质量、审查周期、通知书撰写、自动化等业务或技术的单个方面或一部分，缺少对影响审查效率的因素进行系统、全面的梳理。

近年来日本局、美国局增招录大量的审查员以缓解决审查压力，但人力成本随之上升。世界主要专利局还寻求国际合作来缓解审查压力，有研究表明，相互承认体系有潜力通过减少审查员花费在重复申请上的时间减少25%而大量减少积压。这种国际合作目前最主要的形式是专利审查高速路（PPH），目前已有包括中美欧日韩在内的近20多个国家和地区相互间开展了PPH项目。但国际合作需依赖于不同国家之间的配合，而不同国家的法律规定、审查基准等也往往不尽相同。同时，各国也采取了更多的方式来提高审查效率、解决审查积压问题。例如日本采取检索外包的方式，欧洲实施了BEST计划，美国曾试图通过修改关于继续申请的方式来减少审查压力。

世界各局面对审查压力逐步增加的趋势，目前已采取的措施可以归为三类：增加审查员人数、寻求国际合作、提高自身审查效率。根据分析，提高自身审查效率应是其中最根本、最有效，也是持续性最强、性价比最高的措施。本文针对目前我国的情形，试图引入全方位提高审查效率的理念，以深入分析审查工作的各个方面、各个环节的联系与互作，提出能够产生整体效率提升的措施和建议。

一、7S 理论在审查工作中的适用性分析

效率的提高意味着资源的节约和社会财富的增加，是人类经济活动追求的基本目标之一。一个组织要有效运转必然会关注效率，而一个企业要求得以生存则必然不断提高效率。麦肯锡公司作为全球最著名的管理咨询公司，于 20 世纪七、八十年代提出了企业组织的七要素，以此为基础形成了 7S 理论，并搭建了相应的 7S 模型（如图 1 所示）[7]。这套模型以获利能力和成长速度为准则，挑选了 43 家杰出的模范公司，其中包括 IBM、德州仪器、惠普、麦当劳、柯达、杜邦等各行业中的翘楚，总结了这些成功企业的一些共同特点，使饱受经济不景气打击的美国企业重新找回了失落的信心。七要素指出了企业在发展过程中必须全面地考虑各方面的情况，既包括硬件要素，又包括软件要素。硬件要素为战略（Strategy）、结构（Structure）、制度（Systems），软件要素为人员（Staff）、技能（Skills）、风格（Style）、共同价值观（Shared Values），而且软件要素与硬件要素同等重要，都与一个公司的成败息息相关，决不能忽略。

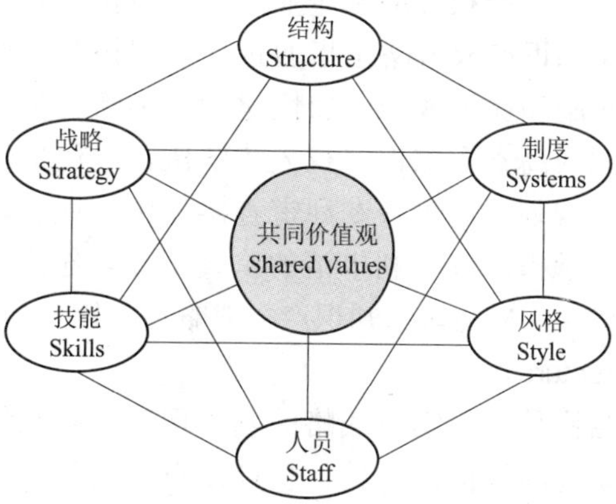

图 1　7S 理论模型

对于专利审查工作而言，其属于履行行政审批职能。从表象上看，工作性质、内容有别于一般企业，但是从核心目标考虑，其同样会追求最优工作效率，只是作为行政审批部门，其更加注重法律、法规的要求，实行依法行政。目前，很多行政审批单位在效能管理上逐渐实行企业化管理，作为目前主要审查部门的专利审查协作中心也是如此。由于审查工作同样追求投入产出比，注重整体审查效率，并寻求行政效率的最大化，而麦肯锡 7S 理论模型系统地分析了影响企业的核心要素，并为提高核心效率、成长速度提供了有益的思路，因而这种企业中的优秀理论可为改进专利审查效率提供有益的、实质的借鉴。以下从硬件要素和软件要素进行 7S 效率模型对行政审批工作的适用性分析。由于多个专利审查协作中心作为主体的审查模式逐步形成，而北京中心开展专利行政审批工作并实行企业化管理已十余年，其管理模式相对成熟，因此部分适用性分析主要以北京中心为例进行说明。

（一）硬件要素适用性分析

1. 战略（Strategy）

战略，是对如何开展竞争所作出的方向性选择，是企业经营思想的集中体现，又是制定企业规划和计划的基础。一个企业要生存与发展，首先要根据其内外环境及可取得资源的情况，对其发展目标、达到目标的途径和手段进行战略规划，它是一个正式的过程和仪式。一些大企业都有意识地对大约 50 年内的事情作出规划。

就知识产权战略而言，其根本权利主体可以划分为国家知识产权战略、行业（产业）知识产权战略和企业（事业单位）知识产权战略三个类别。其中，国家知识产权战略是指通过加快建设和不断提高知识产权的创造、管理、实施和保护能力，加快建设和不断完善现代知识产权制度，加快造就庞大的高素质知识产权人才队伍，以促进经济社会发展目标实现的一种总体规划。对于各专利审查协作中心而言，受国家知识产权局专利局委托，承担部分专利申请的审查工作，作为事业单位，其应有自身的发展战略，并应与国家知识产权战略相一致。

2. 结构（Structure）

健全的组织结构是有效实施战略的基本保障，组织结构是企业组织的构成形式，即企业的架构、人员、职责、相互关系等组织要素的有效排列组合方式，是众多部门组成垂直的权利系统和水平分工协作系统的一个有机整体，是企业的组织意义和组织机制赖以生存的基础。符合战略要求的组织结构，能够促进各项工作优质高效地开展。

在北京中心，对于业务管理，采用“中心一审查部一审查室”的三级金字塔式管理模式，并由审查业务部总体负责业务的协调、质量控制以及研究培训等工作。同时，为了确保审查标准执行一致，中心逐步完善了三级金字塔式的业务指导体系。各层级的业务指导工作由部门领导作为第一责任人，实行领导负责制，以行政手段推动工作高效开展。刚成立的广东中心、苏州中心目前也在建立类似的业务指导体系。

3. **制度**（Systems）

企业的发展和战略实施需要完善的制度作为保障，而各项制度又是企业精神和战略思想的具体体现。

各专利审查协作中心自成立以来，均一直高度重视规章制度的建立，把制度建设作为中心的一项基础性工作。在北京中心，通过制度管权、管事、管人，构建了涵盖综合管理、人事劳资、审查业务管理三大方面的制度体系，包括行政办公、财务管理、廉政建设、安全管理、人事管理、劳资管理、质量管理、学术研究和教育培训十部分。依托于整套制度体系，中心各项工作有规可循、有据可依，提高了中心整体管理水平和工作效率。

（二）软件要素适用性分析

1. **人员**（Staff）

战略实施需要充分的人力准备，有时战略实施的成败确系于有无适合的人员去实施，可以说，人力准备是战略实施的关键。IBM 的一个重要原则就是尊重个人，并且花很多时间来执行这个原则。所以，企业在做好组织设计的同时，应注意配备符合战略思想需要的员工队伍，将他们培训好，分配给他们适当的工作，并加强宣传教育，使企业各层次人员都树立起与企业的战略相适应的思想观念和工作作风。

近年来，各专利审查协作中心陆续成立，规模迅速扩大。就北京中心而言，短短十余年已经发展为一支具备约 3000 审查员的精干队伍。中心始终以全体员工为管理主体，围绕着如何发挥现有人员优势、挖掘人才潜力开展着各式各样的培训。为了提高审查效率，需要进一步关注员工的需求，调动全体员工的积极性、主动性和创造性，将个人的自我发展与专利事业有机结合起来，让审查员自觉自愿提高业务水平从而达到审查效能的最大化。

2. 技能（Skills）

在执行公司战略时，需要员工掌握一定的技能，这有赖于严格、系统的培训。企业应当通过培训提高员工的专业知识和技能，促进企业活动的有效运作。例如，松下幸之助认为，每个人都要经过严格的训练，才能成为优秀的人才，如果不接受训练，掌握适合企业发展的技能，一个人即使有非常好的天赋资质，也可能无从发挥。

对于审查工作而言，审查员需要掌握的基本技能是《专利法》及其实施细则、《专利审查指南》中的规定，并根据法律法规客观、公正地进行审查。在审查实践中，审查员如果对法律法规理解透彻、运用合理，也就是审查员能够很好地运用其“审查技能”，则其整体审查效能将有所提升。然而，“审查技能”与一般意义上的职业技能不同，具有行政执法的特殊性，我们需要在公平、公正的前提下摸索影响审查效率的因素，并将其作用于培训工作中，提高审查员的法律素养。各审查部门一直探索不断提升审查技能的方式，并逐步将其应用于实践中。

3. 风格（Style）

风格，是企业文化以及关键管理人员为实现目标而展示出来的行为方式，包括领导风格、服务风格，协作风格和学习风格等。对于一个企业来说，制胜的有力武器之一就是速度，如何高效地推进各项工作往往也通过企业的风格表达。例如，戴尔公司的核心竞争力就是建立直销模式上的戴尔供应管理系统；美国联邦快递董事长德里克·史密斯一再向顾客保证“只要耽误 60 秒，公司就退款”。

专利审查是专利行政部门向社会公众提供的一种行政服务，提供高效、优质的审查服务也是北京中心努力工作的方向。然而，效率与质量，效率与资源往往是存在矛盾的，如何在这些矛盾中作出取舍，寻求一个最佳的平衡点，从而在一定的人力物力资源范围内，在确保质量的前提下提高审批效率，这就需要有一套成熟的审批风格作为指导。

4. 共同价值观（Shared Values）

共同的价值观念具有导向、约束、凝聚、激励及辐射作用，可以激发全体员工的热情，统一成员的意志和欲望，使其齐心协力地为实现企业的战略目标而努力。由于战略是企业发展的指导思想，只有所有员工都领会了这种思想并用其指导实际行动，战略才能得到成功的实施。因此，战略研究不能只停留在高层管理者和战略研究人员这一个层次上，而应该让执行战略的所有人员都能够了解企业的整个战略意图，形成企业的共同价值观。随着专利事业的快速发展，北京中心倡导实事求是的思想作风，注重脚踏实地、敢于实践，同时坚持质量与效率并重，创新审查模式，丰富审查手段，为有效缩短专利审查周期作出积极贡献，这些理念无不与提高审查效率密切相关。战略、结构、制度、人员、技能和风格这 6 项都需要共同价值观作为支撑，并围绕其有序开展。

二、基于 7S 理论的审查效率研究

由于 7S 理论能够很好地适用于专利行政审批程序，下文进一步以战略、结构、制度、风格、人员、技能和共同价值观等 7 项要素为核心，从组织的整体架构综合性、系统性地全方位考虑影响审查效率的因素，并深入探讨和分析如何全方位地提高专利审查效率。

（一）提高效率的战略研究

战略是一个单位或机构根据国际国内及单位内外环境，对发展目标、达到目标的途径和手段的总体规划，是制定具体计划和工作方案的基础。专利审查的战略重点是我国知识产权战略的实施和建设世界知识产权强局两大历史任务，上述两个方面都离不开我局专利审查能力建设，其中面临的重点问题是审查效率和审查质量。

对于各审查协作中心而言，为实现打造世界高级专利审查机构的目标，建议制定战略规划，使得管理科学，运行高效，审查综合能力得以全面提升，而审查效率的提高在当前专利审查量增长形势下更显得至关重要。“工欲善其事，必先利其器”，各专利审查协作中心可以成立有效的智囊团或参谋室，其相关人员应具有前瞻性的思维、很好的政策研究能力、强烈的创新意识，负责为领导决策提供短期、中期、长期战略规划建议，而不限于五年规划，考虑全面发展与重点突出的平衡，为维护中国专利品牌出谋划策。

（二）提高效率的结构研究

组织结构是企业的组织意义和组织机制赖以生存的基础，是帮助管理层实现组织目标的手段。基于此，针对目前各审查部门行政事务工作效率有待提高的状况，以下从组织机构及对外部资源的利用两方面提出具体建议。

1. 加强部级行政管理，提高部级管理效率

建议将审查部门的部级日常性的行政事务设置为专人负责，一方面可以积累行政人员的行政管理经验；另一方面，专人负责的模式能够明确职责，简化事务性工作的分配流程，提高行政效率。每个审查部可配备一定数量的行政人员，分别对接各职能部门和审查员。此类结构中，部级专职行政人员起到了重要的承上启下的作用，为了便于管理，也可专门设立部级行政办公室。

2. 优化组织成员结构，引入“外脑”建立专家库

对于审查效率的提高，建议在通过内部优化业务组织结构同时，注重对社会资源的利用。

一是借助法律专家资源，构建法律顾问团。各审查部门目前的业务指导组成员均来自部内内部，为了确保其标准的准确性，可以邀请局内外法律专家的力量，例如，必要时邀请法院、高校及企业的知识产权专家参与讨论，共同对疑难案例的处理提出建议方案。

二是借助产业内技术专家，构建技术专家库，邀请产业界专家学者承担审查部门的技术顾问工作，为审查员进行技术上的答疑解惑，提高审查员对技术把握的准确性。另一方面，引入相关产业内的技术专家，能够对专利申请是否符合相关产业（特别是食品、药品领域）的法律规定进行把关，避免授权专利实施可能对公众健康的损害。

三是借助外部技术人才，建立检索专家库，即借助行业或高校研究所内的技术人才，利用其在所属领域的知识水平来提高检索水平。具体可以通过完全委托检索、外网委托检索或共同协作检索等方式来实现。

（三）提高效率的制度研究

美国著名的制度经济学家道格拉斯·C. 诺斯提出：“在技术没有发生变化的情况下，通过制度创新也可以提高生产效率”[8]。可以说，制度对效率的提高有着至关重要的作用和影响。与审查效率较为密切的制度因素主要包括审查的实体与程序规定，具体包含审查标准的制定与执行、审查流程控制、审查模式及审查策略规定、审查周期控制、专利费用标准与缴费等。以下主要以加快审查制度、经济杠杆制度为例，研究提高审查效率的方式。

1. 加快审查制度研究

为缩短审查周期，美日欧韩英等国家和地区的专利审查机构分别建立了不同形式的加快审查制度[9-16]。我国目前尽管也有加快审查，但其运行机制无论在专利法律层面还是实际操作层面还存在一些问题，在实际操作中，加快审查的平均利用率不到 0.5%，远低于日本特许厅（JPO）的 1.66%和欧洲专利局（EPO）的 5.5%。

为了解决加快审查制度目前存在的问题，首先，我们可以结合当前经济及科技发展现状，对各行各业进行甄选，根据申请的重要性实行一般加快、特别加快等不同类型的加快审查。例如，针对国家加快培育和发展战略性新兴产业[17-19]，如第一、第二产业及部分战略性新型产业，可试行特别加快审查等。此外，还可以借鉴欧洲专利局绿色分类体系和世界知识产权组织（WIPO）的国际专利分类绿色清单（IPC Green Inventory），建立匹配我国的七大战略性新兴产业的“IPC 战略性清单”，对其进行不同的加快审查。

其次，目前我局的加快是针对实审的加快，流程比较单一。可以探索提供菜单选择服务，设立全程加快和分段加快并存的模式，分段加快包括加快检索、加快审查以及不同审查阶段加快等。甚至可考虑根据申请人的请求在某阶段延迟审查，满足不同申请人的不同需求。

再次，就加快审查的准入条件方面，可考虑申请要件、审查要件、期限要件及经济要件四个方面。一方面，进一步规范加快审查程序的提出、答复，增加发起加快审查的理由。另一方面，对加快审查进行严格的全流程控制，优化流程及改进审查模式。

2. 经济杠杆制度研究

所谓“经济杠杆”制度，是指在专利制度中涉及利用经济手段对专利申请与审批进行策略性调节的方式的统称。这种方式可使审查结构更合理，从而提高整体审查效率。

（1）将主动撤回退费制引入实审程序

可将主动撤回退费制度引入专利实审程序中并设置相应退费的节点及比例。至于退费形式，除退还相关费用外，可与其他制度的设计与创新协同发挥作用，如与加快审查相衔接的项目置换计划，即申请人可以主动撤回一件申请以换取另一件专利申请的加快审查。

（2）通过附加费适当限制申请文件的撰写与修改

可适当提高现行的附加费缴纳标准，降低附加费的起征点，如从第 5 项权利要求起开始增收附加费，每多增加 5 项权利要求，则相应的附加费用递增，这同样也适用于说明书页数的附加费用。同时，建立申请附加费与审查工作量和绩效相互挂钩的激励方式。

（3）探索预缴费与延迟缴费制度

当采用预缴费时，可与正向激励措施相配合实施。如提交申请时，可以选择性提前缴纳后续所需费用，或自动与授权银行进行关联，自动扣除相应费用，结合建立诚信积分与积分优惠以及预缴费折扣等形式来实现。当采用延迟缴费时，可与侧面制约和反向惩戒的措施相配合实施。如授权前或进入实审前，当逾期补交或恶意拖欠时，予以一定的经济惩罚或列入专利申请诚信黑名单等。

当然，与效率相关的制度不止以上这两种。除此之外，公众评议制度[20-22]可以借助社会资源对现有技术进行有效的检索，对专利申请文件评价，可研究建立网络平台并制定适宜的实施程序、配套保障；专利审查高速路（PPH）的实行可以实现项目参与国间的工作成果共享，可研究进一步加大合作范围，尤其是扩大与小语种国家之间的合作，既可弥补我局审查员对这些语言不熟的不足，也可以此为契机增加对小语种文献进行翻译方面的合作。这些均可进一步提高审查效率与质量。

（四）提高效率的人员研究

战略目标的实施靠全体员工来实现，人员是战略能否成功的关键因素。在专利申请逐年增长的背景下，面对日益加剧的审查人力缺口，如何打造一支高效精干的审查队伍是目前审查业务管理亟待解决的一个问题。

1. 优化人员岗位配置

要想人尽其才，首先要使其审查领域与所学领域匹配。然而根据调查反映，某些领域匹配度仅为 57.1%。主要原因是由于审查单元的申报仅以案源情况为准，而不同领域的案源数量是动态变化的，导致审查员在不同审查领域之间转换。要提高审查领域匹配度，首先应建立案源与审查员领域分布的二维关联，并设置各领域二者匹配的合理值与预警值，动态关联，给管理者提供即时信息。其次要合理调整招聘计划制定方式，充分考虑当前已转换领域的审查员。最后要有计划地推进审查员拓展审查领域，将审查员对相近技术领域的跨领域审查作为一种学习和培训方式。

另外，岗位之间的人才流动可以打破惯性，也有助于员工找到最适合自己的岗位，发挥最大的才能。建议建立起一套完备的轮岗制度，扩展一定比例的审查员，而不局限于领导干部的换岗，也不限于惩罚性的转岗。

2. 提升自我管理能力

审查管理的目标是员工的自我管理。只有员工系统安排好自己的各项任务，全力以赴地做好当前的工作，才能实现审查效率的最大化。对于如何提高员工的自我管理能力，可以从几方面考虑：首先要加强审查文化的引导，明确审查工作的岗位职责，明确实审工作在全流程中的作用；其次要培养良好的审查习惯，使审查员形成适合自身特点的审查习惯；最后，要建立差异化绩效激励制度，通过与完成任务数量、质量挂钩的“梯度”绩效激励审查员保障质量、提高数量。

3. 完善员工考核体系

员工考核制度是制度化管理的重要抓手之一。在北京中心现有的考核体系基础上，可以进一步引入以下指标：一是审查周期考核，引导审查员及时处理案件；二是建立任务超额奖励政策，激励提高审查效率，但奖额还应与审查质量结合；三是完善培训效果考核，通过学分制度，量化培训效果。

（五）提高效率的技能研究

审查员的审查技能是决定其单位时间完成工作量多少的重要因素，也是提高审查效率的基础和根本所在。以下将实质审查阶段分为检索、审查过程、结案三个环节，分析各环节所涉及主要技能的实际情况，针对每项技能确定制约效率的因素，并进一步给出提高审查效率的具体建议和措施。

1. 检索中的效率研究

检索是实质审查程序中耗费审查员精力较多的一个步骤，因此，检索效率的高低极大地影响着审查效率[23]。

本文通过对审查员的首次检索情况进行抽查，进一步对目前的检索现状进行了专项分析，发现以下几方面影响着检索效率，均可以进行具有针对性的改进。首先，在责任意识方面，审查员对常用数据库、特别是中文库的重视程度不够，也存在对 PCT 进入国家阶段案件未充分检索的情况，造成遗漏对比文件，直接导致审查效率降低。其次，在检索策略与技巧方面，审查员在检索针对方案的选择、检索要素的表达以及检索策略的调整上需要提高重视和学习。此外，一些领域技术发展较快，审查员对领域内技术发展的趋势和状态的熟悉程度也影响着检索效率。

2. 审查过程中的效率研究

根据问卷调查，撰写通知书的用时占案件审查用时的 51.6%，因而审查意见的撰写对审查效率有着重要影响。以下从审查意见的准确性和审查策略两方面作为切入点，探讨审查过程中影响审查效率的因素。

首先，对 2009～2011 年的结案情况进行抽样统计，发现三通以上案件所占比例有逐年递增趋势。

表 1　2009～2011 年实审通知书次数统计

年度	样本总量	一通	二通	三通以上	三通以上比率	平均次数
2009	1 512 件	1 056 件	343 件	109 件	7.21%	1.38
2010	1 742 件	1 065 件	475 件	199 件	11.42%	1.52
2011	2 493 件	1 281 件	633 件	296 件	11.87%	1.40

进一步对通知书的有效性进行分析，发现一通审查意见无效的比例最高，占所发一通总数的 6.7%。在所有审查意见无效的通知书中，涉及新颖性/创造性的审查意见超过 70%，涉及说明书公开不充分的审查意见约占 10%，其余主要集中在不支持、不清楚和修改超范围的法条。新颖性/创造性审查意见无效的原因主要在于对申请和对比文件的事实认定以及公知常识的认定不准确。以上案件审查意见准确性不高的原因主要在于，审查员对技术知识的把握未达到本领域技术人员水平，未能全面理解对比文件所记载的技术方案，或者无法准确把握权利要求的保护范围。

在另一项关于漏检的专项分析中，发现在一通漏检的案件中，审查员根据《专利法》第 26 条第 4 款（A26.4）的规定指出权利要求得不到说明书支持的比例过高，约占总案例的 75%。进一步分析发现，使用 A26.4 的上述案例中，半数以上的审查意见均存在偏差，审查员倾向于要求申请人将与解决技术问题无关的技术特征补入独立权利要求。根据对上述案件的审查过程进行追踪发现，对于有关不支持的审查意见，申请人认可度较低；部分国内案件尽管申请人补入了技术特征，但多数仍无法克服新颖性/创造性的缺陷，需要回案后补充检索，延长了审查过程，降低了审查效率。

因此，建议各审查部门加强对于保证审查意见准确性的重点项目的培训，对于审查策略则应贯彻证据一般优先的思路，以三性评判为主线进行全面审查。

3. **结案处理中的效率研究**

结案是实审阶段审查的最后环节，提高结案过程的审查技能必定可提高实审的审查效率。

北京中心2009～2011年一次授权率平均为0.13%，低于日本专利局的一次授权率2.6%（2009年统计）。进一步分析发现，若可依职权修改的案件和简单的非实质性修改的案件均能一次授权，则一次授权率可合理提高至4.59%，从而缩短此类案件的实审审查周期。因此，在审批程序中，可以适当弱化对一次授权案件的过度关注，加强一通前的沟通，放宽对非书面沟通模式的限制。

针对驳回案件，通过对复审撤驳案件的统计分析，发现自2008年起前置撤销及复审撤驳率一直处于上升的状态，并且在撤驳案件中一通后驳回的比例逐年上升。针对驳回时机的把握，本文研究认为，首先，对于具备授权前景的案件，不应一通后驳回，此时由于申请人并未发表过自身观点，应更多考虑听证原则，不应将“有说服力”理解为“能够说服审查员”；其次，对已经就相同证据和理由告知过申请人的缺陷可视为同类缺陷，在现有《专利审查指南2010》的框架下合理解释“同类缺陷”，而不必一定要求曾经进行过一次修改，这既与《专利审查指南2010》修改的本意相吻合，也可避免案件通知书次数过多；再次，建议将新颖性和创造性两个条款之间合理联系，不应将其孤立地处理。

需要注意的是，在对授权、驳回等结案方式的相关研究中，应更多关注整体效率，而非局限于单次效率。

（六）提高效率的风格研究

组织的风格，是组织在长期的生产经营过程中形成的、具有特定组织内涵并表现为组织性格和其思想特点的一种外在形态。自北京中心成立以来，无论是办公风格、管理风格还是审查风格，均来源于不断提升审查质量和审查效率这一目标要求。当前，伴随着专利申请量的逐年攀升，需要对自身风格进行不断改进以适应面临的新形势及发展的需要。

1. **办公风格研究**

办公风格上的改进能最直接地提高工作效率。从提高办公自动化水平和系统操作的便利性的角度，存在一些可改进之处。首先，为提高检索自动化水平，可提供统一的检索或浏览的入口和界面，具体可为专利和非专利提供统一的检索入口，提供统一的同族审查过程界面，实现关联申请的同一屏幕检索及浏览；其次，要开展母语化审查，通过建立优秀的机器翻译系统，实现外文文献的母语化浏览。

2. 管理风格研究

质量管理所具有的导向作用能够对审查员的审查方式产生重要影响。要克服这一问题，一方面，要将业务指导工作前移，进一步加强预先解决问题的机制而非事后发现问题；另一方面，更合理化质量管理的导向作用，优化质检标准，对各类质检问题根据其影响大小进行细化和区分，避免“一刀切”。

另外，针对全局自去年开始试行的在家办公制度，也需要探索出一套新的管理模式。在家办公可采用过程管理结合结果管理的模式，而过程管理应进一步加强，可通过远程登录考勤、计算机日志辅助管理以及在岗工作状态的交互式管理多种手段，规范员工在家办公的工作时间和工作状态。

3. 审查风格研究

审查风格包括通知书撰写风格、与申请人交流的风格等。以通知书撰写风格为例，目前的一些通知书篇幅冗长，可以提倡从“说理充分”向提高通知书“信息有效性”转变。也就是说，我们提倡在确保有效沟通的前提下，尽可能压缩通知书篇幅，而不是一味地重复一些不必要的文字，例如照抄权利要求及申请人陈述，或者撰写冗长的标准语段等。这种导向性将有助于整体审查效率的提高。

在交流方式上，目前针对电话讨论的严格规定一定程度上限制了审查效率的提升，有必要逐步放开对电话讨论的限制，通过电话沟通来部分代替书面交流，提高信息传递的及时性和准确性。

（七）提高效率的共同价值观研究

在专利局核心价值观“公正高效、严谨求实、和谐进取”的指导下，优质、高效地完成各项任务是北京中心已经固化的一个原则，“务实、高效、求精、进取”组成了北京中心的价值理念。近些年，北京中心内部也通过各种宣传手段和具体措施，响应局领导提出的“敬畏法律、注重责任、把握实质、执行一致”的核心理念和文化氛围，推进审查文化工作的建设，让审查员将其内化于心，外化于行，切实指导自身审查工作，为在世界范围内树立起中国专利的品牌而努力。其他审查协作中心随着各自的建立和成长，也会逐步形成自身的核心价值观念。

结束语

基于麦肯锡的7S理论模型，本文提出了在专利审批高速发展的过程中应当全方位考虑的各项因素，并结合实际专利审批工作进行了梳理和归纳。其中，战略决定着企业的发展规划，健全的组织结构和制度是实施战略目标的基础保障，人员及其具备的技能是提高工作效率的关键环节，成熟的风格和导向是审查效率提高的方向盘，而优质高效的共同价值观作为核心则需要在实践工作中不断凝练、升华。

在前期的研究过程中，通过资料研究、案例分析、问卷调查等方式进行了深入的实证分析，归纳出影响审查效率的关键点及解决建议。在这些建议中，有的仅是一些初步的设想，例如，如何通过加快审查、经济杠杆调整审查进度，如何有效利用公众评议提供的信息；有些已经可以逐步开展试点工作，例如，推行在家办公的过程管理，按照学分制培训考核等；还有些建议是目前亟需改进的，例如对于案源分配的统筹管理，贯彻以三性评判为主线的审查思路。这方方面面无不直接影响到专利审批效率的提高。

通过本文的研究，希望能为提高审查效率提供一些有益的思路和可行性的建议，为进一步深入研究提供切入点，使智慧的结晶从纸上走到工作中，指导实践，服务实际，切实有效地在保障质量的前提下逐步提高审查效率。也期望能为打造中国专利品牌、建设世界强局作出一点贡献。

参考文献

［1］胡文辉，等．专利审查流程精细化管理实务研究［R/OL］．［2011－10－05］．http：//www．xueshu．sipo/ktyj/xswyhketi/keti_shijian/2010xsketi.

［2］廖承华，等．对发明专利实审流程优化方案的探讨［R/OL］．［2011－10－05］．http：//www．xueshu．sipo/ktyj/xswyhketi/keti_shijian/2006xsketi.

［3］梁津娣，等．全流程审查周期管理［R/OL］．［2011－11－02］．http：//www.

xueshu. sipo/ktyj/xswyhketi/keti_shijian/2007xsketi.
[4] 廖涛，等. 发明专利实质审查周期研究 [R/OL]. [2011－11－02]. http：//www. xueshu. sipo/ktyj/xswyhketi/keti_shijian/2005xsketi.
[5] 杨光，等. 发明专利实质审查任务研究 [R/OL]. [2011－12－02]. http：//www. xueshu. sipo/ktyj/xswyhketi/keti_shijian/2005xsketi.
[6] 梁津娣，等. 审查能力管理研究 [R/OL]. [2011－12－02]. http：//www. xueshu. sipo/ktyj/bgsrkt.
[7] 麦肯锡 7S 模型 [EB/OL]. [2011－10－06]. http：//wiki. mbalib. com/wiki/7S%E6%A8%A1%E5%9%8B.
[8] 齐超. 制度含义及其本质之我见 [J]. 税务与经济，2009 (3).
[9] 张旭波. 美国专利商标局的加快/优先审查制度 [J]. 中国发明与专利，2010 (11).
[10] 李丽娜. 美国专利商标局加速“绿色”专利审查 [N]. 中国知识产权报，2009－12－23 (010).
[11] 李丽娜. 美国专利商标局拟建立三种专利审查途径 [J]. 中国发明与专利，2010 (7).
[12] 张青. 中日专利“加快审查制度”之比较 [J]. 电子知识产权，2010 (6).
[13] 宋蓓蓓. 欧洲专利加快审查情况介绍 [J]. 审查业务通讯，2007 (10).
[14] F. Procedure before the search，examining and opposition divisions [J]. EPO Official Journal Special edition 3，2007.
[15] 何艳霞. 韩国将引入更为灵活的延期专利审查制度 [J]. 知识产权简讯，2008 (39).
[16] 宋蓓蓓，等. 中国特色专利审查方式体系初探 [R/OL]. [2011－11－08]. http：//www. xueshu/qcqs/qcqs_cgzs/qcqs_lxkt.
[17] 国务院. 国务院关于加快培育和发展战略性新兴产业的决定 [S/OL]. [2012－01－05]. http：//www. gov. cn/zwgk/2010－10/18/content_1724848. htm.
[18] 张鹏，等. 战略性新兴产业发展的知识产权制度回应 [J]. 中国发明与专利，2011 (9).
[19] 侯仰坤，等. 论我国现行专利制度的欠缺与不足 [J]. 商场现代化，2008 (6 月上旬刊).
[20] 王潜. Peer to Patent：网络时代的专利审查改革 [J]. 知识产权与信息化，2011 (1).
[21] 胡允银. “公众专利评审”：网络时代的美国专利审查改革 [J]. 中国科技论坛，2009 (2).
[22] 刘珍兰. 公众参与专利评审机制研究 [D]. 武汉：华中科技大学，2011.
[23] 周胜生，等. 2011 年检索质量提升报告 [R/OL]. [2011－05－06]. http：//www. xueshu. sipo/xskw/xsyj/.

以提高审查效能为目的的发明专利审查模式研究*

曾宇昕　刘振玲　邵烨　杨嘉
陈龙　吴云　方岩

摘　要： 通过对我局现有审查模式中制约审查效能的因素进行了调查分析，结合我局自身特点和新形势下的审查要求，分别从发明专利审查的质量维度、时间维度、服务维度这三个方面入手，从法律规定、及操作层面角度出发，分析和提出了差异化高效审查方式、缩短审查周期方式、定制审查服务等有益于审查效能提高的发明专利实审模式的构建。探索和寻求在现有法律框架下能够有效提高审查效能的新审查模式，以效率的提高促进审查能力的综合提升，满足我国专利审查工作持续发展的迫切需要。

关键词： 审查效能　差异化　审查周期　立体沟通　定制化审查服务

* 本文源自“以提高审查效能为目的的发明专利审查模式研究”，课题性质：国家知识产权局“高培发展研究平台”课题，课题组负责人：朱晓琳，成员包括：刘振玲、邵烨、陈龙、吴云、杨嘉、方岩、曾宇昕、仲惟兵、陈海琦。

引　言

《专利审查工作的“十二五”规划（2011－2015 年）》中提出，到 2015 年，发明专利的年审批能力要至少达到年审结专利申请 50 万件，实审周期要缩短到 22 个月左右。根据对审查负荷增长的测算，预计“十二五”期间审查人力缺口将在 4 000 人左右。单纯通过审查人员的扩张难以有效填补上述缺口，从提高审查“效能”角度寻找新的发明专利审查模式是可选择的有效解决途径。

“审查效能”，是指基于一定审查资源向公众提供专利审查服务的水平和能力，包括数量、质量、效果、影响、能力、公众满意度等多方面。其中审查资源主要指为完成专利审查所需要的人力、时间、信息、管理等资源。与单纯的审查效率相比，审查效能体现的是宏观审查任务的达成程度，是在强调效果的基础上关注平均时效，关注审查资源的充分有效利用，是在重视服务质量的前提下注重工作量和投入量，是在着重于质量保证能力的基调下寻求过程的优化。“审查模式”则是指审查过程中被指导可重复实施的审查方式的集合。

本文综合考虑审查数量、质量、效果、影响、能力、公众满意度等构成审查效能的多个方面，从发明专利审查的质量维度、时间维度、服务维度这三个方面入手，分析和提出有益于审查效能提高的发明专利实审模式的构建。在质量维度方面，从实体审查的角度提出了有针对性的差异化高效审查方式；在时间维度方面，探讨了审查周期缩短的审查方式，以及结合现代信息技术多方位改进的即时沟通方式；在服务维度方面，提出了以申请人需求为导向的菜单式可定制服务的实审模式。

一、差异化高效审查方式

审查效能的质量维度主要体现在实体审查方面。本部分根据不同的申请类型特点，从检索、通知书撰写及审查策略等方面，总结出有针对性的高效审查方式。

差异化高效审查，就是以申请人的不同需求为导向，以尽可能少的时间与精力的投入，取得尽可能多的审查效果，从而高效能地实现审查目标。下文首先分析了针对不同需求的审查意见通知书，然后提出了面向不同类型申请人的有针对性的差异化高效审查方式。

（一）针对不同需求的审查意见通知书

1. 申请人或代理人对通知书的需求

对申请人、代理人、专利管理人员的调研表明：审查员撰写的通知书虽然内容翔实具体，但申请人并不是对整个通知书都充分关心，特别是国外大公司只关心与改进点相关的权利要求（一般是独立权利要求）的审查意见。从而使审查员前期花费在从属权利要求的检索与评述上的时间与精力，并没有获得与之匹配的审查效果。

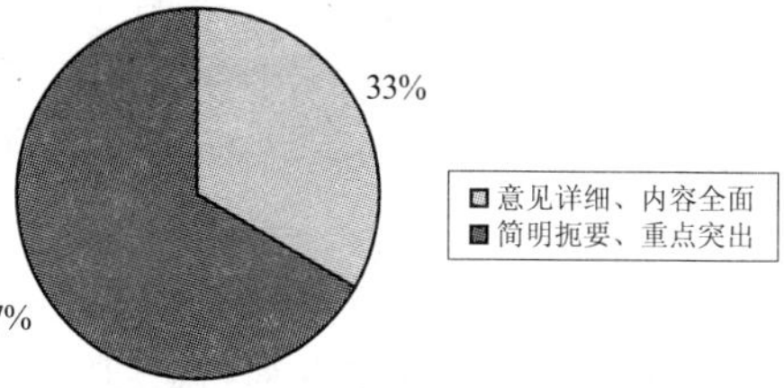

图 1　申请人或代理人对于审查意见通知书的偏好

如图 1 所示，在涉及申请人或代理人对于审查意见通知书的偏好的问题上，调查统计表明有 67%的申请人和代理人希望收到简明扼要、重点突出的通知书，而希望收到意见详细、内容全面的通知书的申请人仅为 33%。可见，更多的申请人和代理人希望审查意见通知书简明扼要、重点突出。

从上述分析可以看出，事实上很多申请人和代理人认为从属权利要求的评述过细对专利申请的走向影响不大，大多数的申请人和代理人希望审查意见通知书简明扼要、重点突出。

2. 针对不同需求的差异化通知书

根据申请人的不同类型和需求，在撰写审查意见通知书时采取不同的方式。这些方式包括有：

（1）详尽型。重点评述独立权利要求，意见详细，必要时还可能包括对法条的详细解释，对修改的示范建议等，从属权利要求可适当简评。详尽型通知书适用于对专利申请授权的相关要求不甚了解的申请人，如国内个人申请。

(2) 标准型。全面评述，繁简适度。标准型通知书适用于具有一定专利申请实务水平的申请人，如国内大公司申请、台湾申请。

(3) 简明型。重点评述，简明扼要。简明型通知书适用于对专利申请相关事务有充分的了解、能把握法条适用的申请人，如国外大公司。

上述针对不同需求撰写差异化通知书的方式，能够最大化地利用审查资源和节约审查资源，把审查资源用在最需要的地方，保障质量，提高效能。

详尽型通知书看似耗费更多的审查时间，却因通知书顾及了申请人的特点，使其能够读懂通知书而进行有针对性的答复，整体上还是节约了审查程序，提高了效能。简明型通知书看似没有全面审查评述，却因抓住了要点，使通知书整体上更加明了清晰，加之申请人具有足够的能力把握判断，能进行有针对性的意见陈述或修改，因而不会导致审查程序的延长。

3. 法律上的可行性

《专利法》第 37 条规定："国务院专利行政部门对发明专利申请进行实质审查后，认为不符合本法规定的，应当通知申请人，要求其在指定期限内陈述意见，或者对其申请进行修改"。该法条只强调对不符合本法规定的，要通知申请人陈述意见或修改申请，并没有规定以怎样的表达方式通知申请人，也没有要求通知申请人全部内容。

《专利审查指南 2010》第二部分第八章第 4.10.1 节规定："在审查意见通知书正文中，审查员必须根据专利法及其实施细则具体阐述审查的意见。审查的意见应当明确、具体，使申请人能够清楚地了解其申请存在的问题"。上述规定强调了审查意见的明确、具体，以使申请人明了问题所在，但并没有规定审查意见通知书必须全面审查、不分主次、面面俱到。

《审查指南》第二部分第八章第 4.7 节"全面审查"中规定："为节约程序，审查员通常应当在发出第一次审查意见通知书之前对专利申请进行全面审查，即审查申请是否符合《专利法》及其实施细则有关实质方面和形式方面的所有规定。"上述指南规定强调的是：为了节约程序的目的，应当在一通时全面审查。实际上，节约程序也是对审查效能的一种考虑。如果不全面审查也可以达到节约程序的目的，显然也可以在一通时不全面审查。而如前所述，针对不同需求撰写差异化通知书的方式，完全可以达到这样的要求。

综上，采用上述针对不同需求撰写差异化通知书的方式，能够满足上述各项法律规定的要求。因此，针对不同需求撰写差异化通知书的方式在法律上没有障碍。

（二）针对不同类型申请人的审查方式

通过对高效能审查员工作方式的研究发现，他们针对不同类型申请人的申请，往往采取不同的审查策略，在检索、通知书撰写等方面都有针对性的审查方式，既保障质量，又提高效率。通过企业调研、与申请人、代理人座谈可以了解到，不同类型申请人的专利申请在审查意愿、申请技术等方面各具不同特点。以下针对国外申请人、我国台湾地区申请人、国内专利大公司、国内一般公司与个人、国内高校与科研院所这五种类型的申请人，研究其专利申请的特点以及对应的高效审查方式。

1. 国外申请人

（1）申请人特点

国外申请人运用专利制度的能力较强，了解专利审查的一般规则。国外大公司往往在意是否能给专利申请一个合理的保护范围，并在专利权的稳定性和合理的保护范围上取得平衡，并不是特别在意是否能快速授权；另外，其一般具有自己的专利部门，并且会聘请国内顶尖的代理机构，因而无论是对我国《专利法》、《专利审查指南》的理解还是对申请文件的修改都具有很高的水平；再者，此类申请一般都会有国外专利同族，申请人对于权利要求的修改往往参考国外同族的审查过程；最后，国外大公司的申请涉及的一般都是较为先进的技术，在权利要求书的撰写上往往把其认为的重要改进点写入独立权利要求。

（2）针对性审查方式

1）检索

首先需关注这类申请国外同族的审查过程，并从国外同族的审查信息中获取相关的分类号以及关键词信息，特别是对应于申请人本国的分类号中与申请的改进点相关的分类号信息。检索中，重点关注独立权利要求的技术方案即可。另外，以申请人及其竞争对手为申请人入口进行检索也是针对这类申请行之有效的方法。

2）审查意见通知书

一般采用简明型的通知书撰写方式。

由于这类申请人重点关注独立权利要求的评述，因而只需要详细评述独立权利要求的新颖性和/或创造性，而采用简评的方式来处理从属权利要求。评述中不需要很多的套话，在评述后直接给出审查结论即可。另外，这类申请人会有他们自己对于案件修改的意见，因而除非十分必要，否则不用给出修改建议。

2. 我国台湾地区申请人

（1）申请人特点

台湾公司非常重视专利技术，他们更在意给专利申请一个较大的保护范围，并很注重是否能被授权，并不是特别在意审查进展的速度。

与国外大公司类似，台湾公司往往会有自己的专利部门，并且会聘请国内顶尖的代理所，对于我国《专利法》的理解以及申请文件的修改都具有很高的水平。但台湾公司的申请不仅会涉及先进的技术，还经常会有较为基础、发明高度相对较低的申请，另外，由于很在意能否被授权，因而对于从属权利要求的评述也非常关注。

（2）针对性审查方式

1）检索

由于台湾地区的国内申请通常存在可借鉴的准同族申请（准同族申请的含义为台湾地区公司通常会在我国申请的同时在美国等其他国家或地区也提交一份技术内容相同的申请，但由于我国原先不承认台湾申请作为优先权，在专利检索系统中经常表现为两个专利族，其中在其他国家的专利申请被定义为在我国申请的准同族），因而需要通过各种手段查找准同族[1]。由于大量台湾申请涉及技术细节，这类申请应该首先在S系统的全文数据库中进行检索。检索中不仅要关注改进点相关的独立权利要求，也需要关注可能加入的涉及改进点的从属权利要求。

2）审查意见通知书

一般采用标准型的通知书撰写方式。

由于这类申请人很在意案件能否被授权，因而在评述中应针对所有权利要求都作详细的评述。另外，在有授权前景的前提下，尽量给出合理的修改建议，以加快审查进程。

3. 国内一般公司与个人

（1）申请人特点

为了某种更为现实的目的，如科研课题的结项、高新技术企业的认定等，国内一般公司、个人申请的目的，主要在于能够被快速授权，而对于专利权的稳定性以及保护范围的大小并不太在意。

国内一般公司申请尤其是个人申请，很多都没有聘请代理人，即使聘请了代理人，代理人的业务水平也往往参差不齐。因而这类申请的显著特点是，其代理人和申请人对《专利法》理解不深入，也不知道如何修改以及如何进行意见陈述。还有，由于国内一般公司和个人的技术水平相对落后，为了追求更多的申请量，这类申请的技术往往包括发明点相对较低的技术，甚至是早期的基础技术，其权利要求往往包含许多的工艺参数，甚至是工艺原理。

（2）针对性审查方式

1）检索

除了采用关键词与分类号在文摘库中进行常规检索外，这类申请尤其需要注重在专利中文全文库以及在外网“读秀”中进行专利全文和书籍的检索，因为发明点相对较低的技术以及早期的基础技术一般不会出现在专利文摘数据库中。另外，检索这类申请时只需要重点关注独立权利要求的技术方案，而不需要关注从属权利要求。

2）审查意见通知书

一般采用详尽型的通知书撰写方式。

对独立权利要求的评述应详细全面，对从属权利要求可适度简评。需要注意的是，由于这类申请人对于《专利法》的理解不够，若任由他们自己修改，容易产生修改超范围的缺陷，因而一般而言，应当给出合理的修改建议，以避免申请人的修改偏离正常的审查轨道。

4. 国内高校与科研院所

（1）申请人特点

首先，国内高校与科研院所申请同国内一般公司和个人申请类似，更多地在意能够被快速授权，而对于专利权的稳定性以及保护范围的大小并不过多关注。另外，国内高校和科研院所专利申请往往注重技术的前沿性、新颖性和理论性，撰写的权利要求往往包含许多详细的工艺参数。

（2）针对性的高效审查方式

1）检索

由于此类申请的对比文件经常出现在非专利文献如期刊、会议论文以及硕、博士论文中，因此，非专利文献是检索的重点之一，尤其应重视发明人发表的文章以及由文章给出的参考文献的追踪检索。检索中通常只需要关注独立权利要求的技术方案。

2）审查意见通知书

审查意见通知书的撰写与针对国内一般公司与个人的申请的通知书撰写的要求相同。

5. 国内专利申请的大公司

（1）申请人特点

国内也存在一些专利申请大公司，比如华为、中兴等，这些公司更在意给专利申请一个较大的保护范围，并很注重是否能被授权，但不是特别在意审查进展的速度。

这些国内大公司与国外大公司类似，会有自己的专利部门，并且会聘请国内顶尖的代理机构，对于我国《专利法》的理解以及申请文件的修改都具有很高的水平。但这些大公司的申请不仅会涉及先进的技术，还经常会有较为基础、发明高度相对较低的申请，另外，由于很在意能否被授权，因而对于全部权利要求的评述也很关注。

（2）针对性审查方式

1）检索

首先采用常规的检索思路，检索中不仅要关注改进点相关的独立权利要求，也需要关注可能加入的从属权利要求的检索；另外，若是发明高度相对较低的申请，应该首先在S系统的全文数据库中进行检索。

2）审查意见通知书

审查意见通知书的撰写与针对台湾地区申请人的申请的通知书撰写的要求相同。

最后，根据上面的分析，就针对不同类型申请人的高效审查方式总结在表1中。

表1　针对不同类型申请人的高效审查方式

申请人类型	检索对象	主要检索策略	通知书撰写	有授权前景时的修改建议
国外申请人	重点关注独立权利要求	关注同族审查，注重以特殊分类号为入口，注重申请人/竞争对手为入口	简明型，详细评述独立权利要求，简评从属权利要求	非必要无需建议

续表

申请人类型	检索对象	主要检索策略	通知书撰写	有授权前景时的修改建议
中国台湾地区申请人	应关注独立权利要求和涉及改进点的从属权利要求	准同族的查找、专利全文数据库的检索	标准型，针对独立权利要求和涉及改进点的从属权利要求作详细的评述，其他从属权利要求可适度简评	尽量给出合理修改建议
国内专利大公司	应关注独立权利要求和从属权利要求	注重专利全文数据库的检索	标准型，针对所有权利要求都作详细的评述	尽量给出合理修改建议
国内一般公司与个人	重点关注独立权利要求	注重专利中文全文库（CNTXT）以及外网非专利文献的检索	详尽型，详细评述独立权利要求，可适度简评从属权利要求	必须给出合理建议
国内高校与科研院所	重点关注独立权利要求	重视发明人发表的文章以及由文章给出的参考文献的追踪检索	详尽型，详细评述独立权利要求，可适度简评从属权利要求	必须给出合理建议

上文针对不同类型申请人分析了他们的一般需求，并提出了针对性的审查方式。但并不是所有同一类型申请人都必然具备相同的需求，如国内一般公司与个人申请并不都只注重快速审查与授权，也会有一部分国内个人申请在意专利权的稳定性。因此，为了避免出现以偏概全的情况，我们在第四部分通过“菜单式的定制审查模式”来体现不同申请人的真实需求，并制定针对性的审查方式。

二、缩短审查周期的方式

审查效能的时间维度主要以审查周期来衡量。缩短审查周期是提高审查效能的一个重要方面。本部分从审查周期中的公开、审查、答复等环节，探讨缩短审查周期的有效审查方式。

（一）公开前的实质审查

对于一份发明专利而言，实质审查通常需要在 18 个月的公开周期之后启动[2]。一方面，根据对国内申请人的问卷调查显示，高达 70%的申请人认为该制度并不合理，应当压缩公开周期；另一方面，专利公开制度涉及法律规定、初审流程、国际惯例等众多因素，难以轻易改变。因而，在现有法律框架下，根据申请人的意愿，在等待公开的时期段实现公开前的实质审查是解决上述矛盾的一个值得探讨的方式。

1. 审查方式

公开前的实质审查，是指申请人在提交发明专利申请的实质审查请示时，可明确提出在发明专利申请公开之前即请求启动实质审查程序；专利局依据其请求，在初审结束、等待公开的期间启动实质审查程序，展开部分实质审查工作。必要时，给出检索报告，检索报告中列出与本申请最接近的对比文件并给出本申请是否具有授权前景的初步判断。

2. 法律上的可行性

《专利法》第 35 条第 1 款规定：“发明专利申请自申请日起三年内，国务院专利行政部门可以根据申请人随时提出的请求，对其申请进行实质审查”。依据该法条，只要申请人提出实质审查请求，就可以启动实质审查工作。

《专利法实施细则》第 51 条第 1 款规定：“发明专利申请人在提出实质审查请求时以及在收到国务院专利行政发出的发明专利申请进入实质审查阶段通知书之日起 3 个月内，可以对发明专利申请主动提出修改”。可见，申请人对申请文件的主动修改时机也与公开日期不相关联，在公开前进入实审阶段，不影响申请人的主动修改权力。

《专利审查指南 2010》第二部分第八章第 1 节规定：“根据专利法第三十五条的规定，专利局对发明专利申请进行实质审查。”

《专利法》、《专利法实施细则》以及《专利审查指南 2010》都没有规定实质审查必须在申请公开后进行。因此，公开前的实质审查不与现有法律法规相冲突。

公开前开始实质审查，需要申请人提出实质审查请求和公开前开始实质审查的请求。未公开的申请的审查须处于保密状态，在 E 系统中，可以只对该案的审查员开放访问和处理权限。

3. **实施的益处**

实施公开前的实质审查方式，使申请的实质审查提前启动，可以整体上缩短由申请日到结案的时间，即缩短全流程审查周期。申请人在公开日前可获得初步的实质审查结果，能够根据该结果决定是否保留该申请予以公开和继续审查，及时了解现有技术，确立或修正研发方向，有效规避重复研究，而不需要等待到两年之后才收到的审查意见通知书。

（二）立体沟通方式

现有审查过程中审查员与申请人或代理人之间的沟通方式，也是影响审查效能时间维度的一个重要因素。目前在实质审查程序中审查员和申请人之间主要通过书面通知书方式进行沟通、交流，并采用会晤、电话讨论等辅助手段。现有的审查模式下，审查员和申请人在发出第一次审查意见通知书之前通常没有交流。而且，由于书面沟通效率相对低，沟通效果也不直接，会导致审查员和申请人之间的书面沟通回合次数增多，无形中延长了审查周期。

1. **立体沟通方式的构建设想**

立体沟通是指在实审全过程中利用电子通讯工具实现审查员、申请人之间全面的沟通。

立体沟通有四要素，如图 2 所示，分别为：主体、客体、时间、方式。主体指参与沟通的人，一般情况下是申请人、审查员和/或第三方。客体指沟通的内容，即案情，包括本案相关的技术方案或法条。时间是进行沟通的时间点，可选时间点的范围覆盖从开始实质审查到结案的全部过程。方式是利用互联网的通讯软件，比如视频、电话、邮件、多媒体会议等沟通工具。

2. **立体沟通方式的管理**

从立体沟通的定义可知，立体沟通的时间覆盖整个实审过程，不仅可以在发出通知书后进行，在未发通知书时也可以和申请人进行交流。立体沟通主要包括通前讨论、视频会晤两个方面。

（1）通前讨论

1）法律上的可行性

《专利法》第 37 条规定："国务院专利行政部门对发明专利申请进行实质审查后，认为不符合本法规定的，应当通知申请人，要求其在指定的期限内陈述意见，或者对其申请进行修改；无正当理由逾期不答复的，

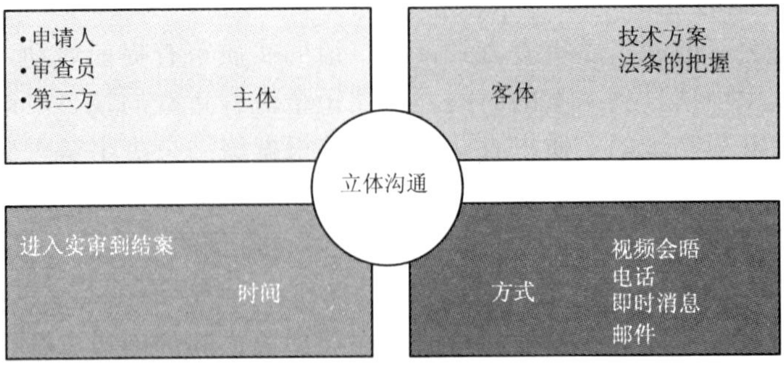

图 2　立体沟通方式的内涵

该申请即被视为撤回。”

《专利审查指南 2010》第二部分第八章第 4.10.1 节规定：“审查员对申请进行实质审查后，通常以审查意见通知书的形式，将审查的意见和倾向性结论通知申请人。”

从上述规定可知，没有排除在发出书面通知书之前可以进行以其他方式的前期沟通，因而在法律层面具有可行性。

2）通前讨论管理操作

由于通前讨论适用于不会产生误解的形式缺陷以及对技术方案的理解或需要澄清等方面的内容，其不具有通知书的效力。因此，在操作上通前讨论涉及指出形式缺陷时，需要作相应电话记录。并且，通前讨论记录单不会自动发给申请人，审查员需通过书面方式继续进行。

（2）视频会晤

1）法律上的可行性

目前《审查指南》中没有关于视频会晤的内容。由于视频会晤兼具电话的远程方便沟通和现场会晤面对面交流的特点，因而可以参照电话、会晤的相关法律规定。因而在法律层面是可行的。

2）视频会晤管理操作

在启动时机上，申请人可以向审查员提出进行视频会晤的请求，并且说明理由。对于确定需要进行视频会晤的，审查员应当通知进行视频会晤的内容、日期。在此基础上，双方应当对沟通内容进行准备，了解案情，掌握争议的焦点和需要调查的主要问题。视频会晤开始前审查员应确认对方有效证件。对于事实已经调查清楚、可以作出审查意见的，审查员可以终止本次沟通。视频会晤中，审查员对沟通过程进行记录，并且对视频资料存档。

（三）答复周期的缩短

专利审查过程实质为审查员与申请人不断交流沟通的过程。因此，加快审查，缩短审查周期不仅仅需要国家知识产权局单方面的努力，也需要代理人和申请人积极配合，快速响应。

1. 相关法律规定

《专利法》第37条规定："国务院专利行政部门对发明专利申请进行实质审查后，认为不符合本法规定的，应当通知申请人，要求其在指定期限内陈述意见，或者对其申请进行修改；无正当理由逾期不答复的，该申请即被视为撤回。"

《专利审查指南2010》对上述条款进行了解释：第二部分第八章第4.10.3节中规定"在审查意见通知书中，审查员应当指定答复期限。该期限由审查员考虑与申请有关的因素后确定。这些因素包括：审查意见的数量和性质；申请可能进行修改的工作量和复杂程度等。答复第一次审查意见通知书的期限为四个月"；第二部分第八章第4.11.3.2节中规定"再次审查意见通知书指定的答复期限为两个月"。

2. 缩短答复周期

根据《专利法》的规定，其要求申请人在指定期限内答复，并未硬性规定具体的答复期限。而《专利审查指南2010》一方面指出答复一通期限为四个月，答复中通为两个月，另一方面又指出该期限由审查员考虑与申请有关的因素后确定，显然不同申请情况不一。因此，根据《专利审查指南2010》所指出的"考虑与申请有关的因素后确定"、"申请可能进行修改的工作量和复杂程度等"，其指定的答复期限可以不同。如果将现有的按照一通和中通设定统一答复期限的模式，修改为根据通知书所涉及缺陷的不同而相应指定不同答复期限的模式，将有利于加快审查，同时兼顾申请人的权益。

3. 操作上的可行性

申请人需要的答复时间由可能进行修改的工作量和复杂程度决定，在考虑各方面因素之后，我们将各类缺陷根据答复难易程度从易到难分为四个层级：

（1）形式缺陷，《专利法》第9条、第31条第1款、第20条第1款。

(2)《专利法》第 33 条、第 26 条第 3 款、第 5 款,《专利法实施细则》第 20 条第 2 款、第 43 条第 1 款。

(3)《专利法》第 5 条、第 25 条、第 2 条第 2 款、第 26 条第 4 款、第 22 条第 4 款。

(4)《专利法》第 22 条第 2 款、第 3 款。

由于当前 E 系统环境下,申请人和代理人提交答复文件更加方便、便捷,同时也考虑到申请人和代理人沟通、修改、材料准备(翻译等)及邮路等时间因素,根据上述四个层级不妨将答复期限分别设定为一月、二月、三月和四月内。在与专利代理人的座谈交流中了解到,对于涉外专利代理而言,如果答复期限短于一个月,考虑到翻译审查意见通知书、准备资料、与国外申请人沟通等,则满足答复期限比较困难;对于一般国内专利申请,如果审查意见涉及的缺陷比较简单,则满足一个月的答复期限没有太大困难。

三、定制化服务审查模式

本部分探讨在实质审查中提供可定制的个性化审查模式。其主导思想是审查员在审查过程中满足申请人对实质审查中关于审查速度、审查意见通知书等方面的期望,同时要求申请人在相应方面作出配合。定制化的审查模式,以服务维度为切入点,将质量维度和时间维度贯穿于其中,从整体上实现审查效能的提高。

(一)国内申请的多样化需求

国内专利申请主要包括国内科研单位申请、高新技术企业申请、绿色科技领域申请、国内空白领域自主研发申请、以创业板上市为目的的申请等。在当前形势下,由于各申请主体的特点的不同,其对专利申请审批方面的需求也不尽相同,这对我国专利审批工作提出了更高的要求。

通过对不同类型申请主体关于审查速度、通知书、沟通方式及效力以及审查方式等方面的调研发现,多数申请人希望加快审查,其中 60% 的申请人期望专利申请在一年之内(首次)结案。93%的申请人愿意在加快审查时主动配合缩短答复期限,其中 77%的申请人选择在收到通知书后一个月内进行答复。33%的申请人希望收到全面、具体、详细的审查意见通知书,而更有 67%的申请人希望收到简明扼要、重点突出的通知书。91%的申请人愿意审查员在与其进行通前沟通,95%的申请人愿意在委托有代理人的情况下与审查员直接讨论技术方案。91%的申请人希望专利局将通知书同步送达申请人与代理人，以便申请人及时了解审批进程。

（二）以需求为导向的定制化服务审查模式

1. 菜单式定制化审查模式

本文提出的菜单式定制化审查模式是一种新的审查模式，按照申请人的需求类型提供菜单式订制，在菜单中提供更加灵活的选项供申请人选择，同时告知申请人相应的义务，为申请人“量身定制”针对其需求的审查模式。该模式的权利义务关系如表 2 所示。

表 2　菜单式定制化审查的权利义务关系表

供申请人选择的措施	申请人应配合的方面
A. 从申请日到公开日的时间：3 个月、6 个月、12 个月、18 个月、18 个月以上； B. 首次结案时间：6 个月、12 个月内、18 个月内、18～32 个月、32 个月以上； C. 审查员提案后首次处理时间：1 个月内、3 个月内、3～8 个月，8 个月以上； D. 发中间通知书时间：2 周内、1 个月内、3 个月内、3～8 个月、8 个月以上； E. 前置审查处理时间：2 周内、2 周～1 个月、1 个月以上； F. 独立申请的审查方式：由一位审查员审查、由不同的审查员审查、由审查小组审查； G. 通知书的撰写方式：标准型、详尽型、简明型； H. 系列申请的审查方式：由一位审查员审查、由不同的审查员审查、由审查小组审查； I. 是否在一次通知书中同时对多个系列申请给出审查意见：是、否；	A. 在一个月内答复审查意见通知书； B. 在两周内答复审查意见通知书； C. 提交同族申请的审查过程； D. 修改时提交修改对照页，指明出处并陈述不超范围的理由； E. 申请进入实审时提交现有技术 2 篇以上； F. 申请人与审查员对修改方式达成一致时，可由审查员对申请进行修改； G. 权利要求总项数少于 20 项，独立权利要求总项数少于 3 项，说明书总页数少于 50 页； H. 提交可专利性分析报告以及权利要求得到说明书支持的理由； I. 对 PCT 申请，应针对国际检索报告和国际初审报告说明其可专利性；

续表

供申请人选择的措施	申请人应配合的方面
J. 是否希望在通知书中给出修改建议：是、否； K. 是否进行公众评议：是、否； L. 是否愿意在通前与审查员沟通：是、否； M. 是否希望申请在公开前进入实审：是、否； N. 是否希望申请在公开前开始实质审查：是、否； O. 是否希望申请在公开时给出检索报告：是、否； P. 是否希望通知书同步送达代理人和申请人：是、否； Q. 是否希望审查员在驳回前短信提醒申请人：是、否； R. 是否希望审查员发通知书前短信提醒申请人：是、否； S. 是否希望期限届满前短信提醒申请人：是、否	J. 答复通知书时只能修改审查员指出的部分，不得擅自修改其他部分； K. 在申请审查过程中放弃两次主动修改时机； L. 在申请过程中放弃第二次主动修改时机（进实审 3 个月内）； M. 在整个申请审查过程中不得进行二次概括； N. 在申请公开后进行公众评议； O. 配合由审查员发起的通前讨论

菜单式定制化审查模式的基本流程如下：

申请人提出申请时，对应于申请人各方面的需求给出相应的菜单选项以供选择，如图 3（a）所示；

申请人可以根据自身的具体需求对相应的各项菜单进行选择，完成后请点击“下一步”，如图 3（b）所示；

在申请人完成需求菜单选择之后，会提示申请人为了实现其需求而应尽的具体义务，如图 3（c）所示；

申请人明确了应尽的义务之后，点击“下一步”，提交相关文件，以完成申请流程。

2. 菜单式定制化审查模式的意义

菜单式定制化审查方式为申请人在审查过程的各个方面提供选项，最直接地体现了申请人的意愿，该审查方式作为一种载体，涵盖了实审过程中程序、期限、速度、质量等方面，既体现了以申请人需求为导向的

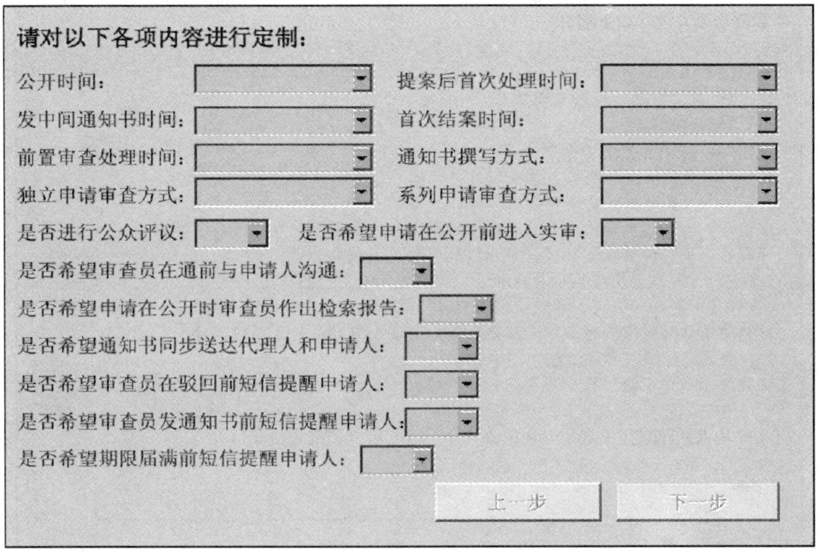

(a)

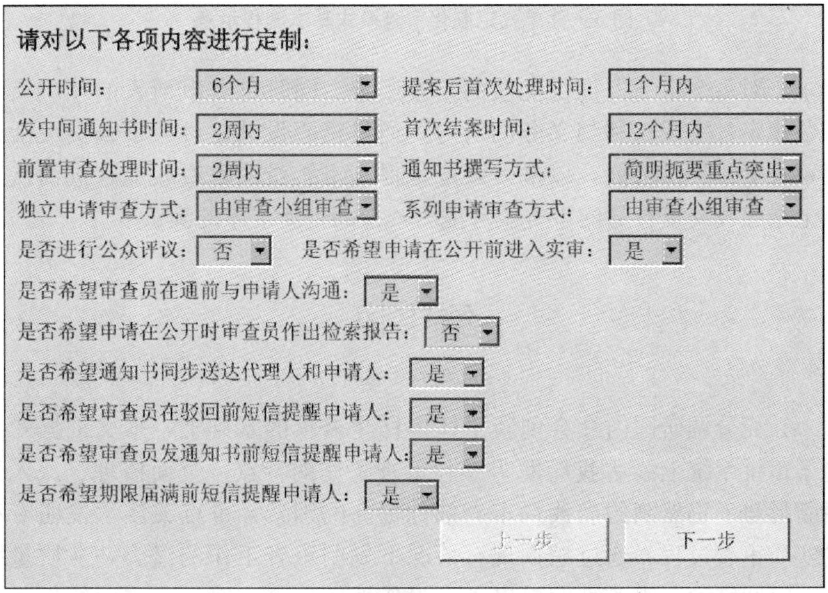

(b)

图 3　菜单式定制化审查模式基本流程示意

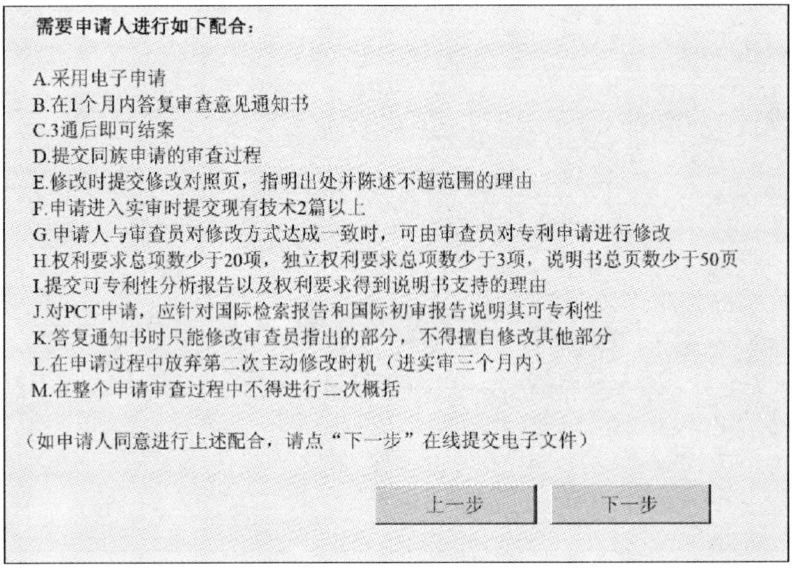

(c)

图 3　菜单式定制化审查模式基本流程示意

要求，对每个申请人提供优质的审查服务，同时也对申请人的相应义务作了规定，实现权利与义务的对等；通过精心设计，可为审查员灵活处理审查工作提供可能，以最大限度地提高审查员的审查效能，进而从总体上增强我局审查员的审查服务能力，提高创新主体的满意度。

结束语

在充分调研国内社会创新主体多样化需求的基础上，本文根据专利电子审批系统上线后我局发明专利审查工作的特点，全面梳理、深入分析新形势下仍然制约着我局审查效能提高的因素，重点关注了发明专利的实质审查过程，通过挖掘现有情况下发明审查工作的潜力，从质量维度、时间维度、服务维度提出了可操作性的建议方案，一方面给创新主体提供更加优质、高效的审查服务；另一方面通过提升审查员整体工作效能，缓解专利审查工作负荷快速增长与审查人力资源相对有限之间的矛盾。

参考文献

[1] 中华人民共和国国家知识产权局．专利审查研究 2010 [M]．北京：知识产权出版社，2011：160—161.
[2] 尹新天．中国专利法详解 [M]．北京：知识产权出版社，2011：424—425.

国家科技重大专项发明专利审查模式研究*

陈亚英　李娟　轩云龙　温锐
陈辉　王俊峰　王慧忠　王舒妍

摘　要：通过对主要国家多种特殊专利审查模式进行研究，并针对国家科技重大专项02专项——极大规模集成电路制造装备与成套工艺专项和04专项——高档数控机床与基础制造装备专项作为对象进行调研，基于我国专利审查模式的现状，提出针对国家科技重大专项的发明专利的审查模式设想，包括小组审查、全流程会晤审查及针对疑难案件的动态审查模式等。

关键词：国家科技重大专项　专利审查模式　需求调研

引　言

科学技术创新能力是衡量企业、产业乃至国家核心竞争力最重要的标准之一。如何提高科学技术创新能力，将科技优势转化为经济竞争优

* 本文源自“国家科技重大专项发明专利审查模式研究”，课题性质：北京中心课题，课题组负责人：仲惟兵、王晓峰、沈嘉琦，成员：陈亚英、轩云龙、温锐、李娟、陈辉、王俊峰、王慧忠、王舒妍。

势成为各国关注的焦点。

《国家中长期科学和技术发展规划纲要（2006－2020）》指出：今后15年，科技工作的指导方针是自主创新，重点跨越，支撑发展，引领未来。其中，在重点领域中确定一批优先主题的同时，围绕国家目标，进一步突出重点，筛选出若干重大战略产品、关键共性技术或重大工程作为国家科技重大专项。经过筛选，确定了16个国家科技重大专项，其中对外公开实施13项，分别为：核心电子器件、高端通用芯片及基础软件产品专项；极大规模集成电路制造技术及成套工艺；新一代宽带无线移动通信网专项；高档数控机床与基础制造装备；大型油气田及煤层气开发；大型先进压水堆及高温气冷堆核电站；水体污染控制与治理；转基因生物新品种培育；重大新药创制；艾滋病和病毒性肝炎等重大传染病防治；大型飞机；高分辨率对地观测系统；载人航天与探月工程等。

由此可见，国家科技重大专项的核心就在于科学技术创新，建立、健全针对国家科技重大专项涉及知识产权，尤其是发明专利的审批和保护政策，使国家科技重大专项的科技创新成果得到快速、稳定的知识产权保护，意义重大。其主要体现在以下四个方面：一是促进国家科技重大专项顺利实施，快速提高国家核心竞争力；二是保护国家科技重大专项创新主体在竞争中，尤其是在国际竞争中的经济利益；三是健全高效的专利审批和保护政策、具有特色的专利审查模式是国家知识产权局为国家、社会和申请人良好服务的重要体现；四是满足国家科技重大专项创新主体的项目验收和再申报的迫切需求。

为了满足我国创新主体的迫切需求，本文拟通过对主要国家多种特殊专利审查模式进行研究，并针对国家科技重大专项02专项——极大规模集成电路制造装备与成套工艺专项和04专项——高档数控机床与基础制造装备专项作为对象进行调研，基于我国专利审查模式的现状，提出针对国家科技重大专项的发明专利审查模式设想。

一、主要国家/地区多种特殊专利审查模式

（一）各国的特殊专利审查模式

1. 美国专利商标局（USPTO）

美国专利商标局非常重视对特殊领域中国家利益和社会公共利益的优先保护，对处于国家产业的发展或者公共利益需要等原因而急需紧急

处理的申请，美国专利商标局（USPTO）设置了加快/优先审查制度，同时通过不断地改进这种加快/优先审查制度，以满足特殊的审查需求。

在美国专利商标局对《专利审查程序手册》进行多次修订的过程中，其不断地对专利加快/优先审查的适用条件进行修订，以适应专利申请量的增长趋势，其还对审查员发出审查意见通知书以及申请人的答复期限均作出了相应的规定。

美国《专利审查程序手册 2006 年修订版》规定，为实现在 12 个月内完成专利审查的目标，USPTO 对于满足新加速审查程序要求的专利申请会迅速（自特殊化请求批准后的两周内）开展审查工作。首先，除授权决定外，USPTO 需先安排与申请人的会谈，若通过会谈仍未满足授权条件，再发出审查意见通知书。其次，对于 USPTO 作出的审查意见，除授权决定或其他最终决定外，申请人须在 1 个月或 30 天（取其长者）内通过 EFS—Web 电子申请系统作出答复，且该期限不能延长。申请人若未按时提交答复意见，申请将被视为放弃。如果未通过 EFS—Web 系统提及答复，则审查完成时间可能会超过 12 个月。另外，审查员在收到申请人答复后，须在两个星期内作出最后审查决定[1]。

为了增强申请人对专利审查速度的控制，并促进各国知识产权机构间的工作共享，提高专利审查效率，美国专利商标局实施了“三轨体系”的审查项目。根据“三轨体系”，专利申请人可通过“轨道一”项目要求优先审查，也可通过“轨道二”项目要求传统审查。对于首次向美国专利商标局提交的非继续申请，申请人可通过“轨道三”项目要求在申请被受理之前享有最长 30 个月的延期[2]。

2. 日本特许厅（JPO）

专利兴国是日本的国策，日本专利申请量自 1998 年以来几乎每年均达 40 多万件，居全球首位；而且伴随以尖端技术领域为中心的技术创新和进步，日本国内发明专利申请内容趋于复杂化，发明专利申请的平均权利要求项数自 2000 年以来稳步上升，审查工作量亦由此逐年增长，且这一倾向仍将持续。因此，日本在通常审查制度的基础上创立了“加快审查制度”和“特快审查制度”，以通过加快审查进度减少专利审查的沉积现象，其目标是：到 2013 年将专利审查期从平均 26 个月缩短到 11 个月[3]。

除了在审查制度上设置了加快审查和特快审查，日本特许厅还设置了巡回审查以及合并审查（集中审查）的特殊审查模式以服务于申请人。

3. 韩国知识产权局（KIPO）

韩国的专利审查周期可以说在全球处于领先地位。2006年年底，韩国知识产权局已成功将专利审查“一通”（从申请人提出实审请求到专利局发出首次审查意见通知书的时间）的平均周期从2002年的22个月缩至10个月，达到世界先进水平[4]。

除了优先审查、加快审查、快速审查，KIPO的创新点和特色之处在于在全球范围内首次提出了专利审查方式体系的概念，并高度重视对于其“体系”的宣传。2008年10月，KIPO将加快审查、延迟审查与常规审查相结合，首次提出“三轨制专利审查方式体系”，并积极将这一体系向PCT推广。

4. 欧洲专利局（EPO）

欧洲专利局（EPO）在常规审查模式之外设有加快审查方式PACE项目。申请人不需缴纳任何附加费用，即可通过该机制尽快获得专利检索报告、首次审查意见通知书以及欧洲专利授权[5]。已于2007年生效的《欧洲专利公约2000年修订案》对于PACE项目进行了完善，有关PACE项目的具体内容包括加快检索、加快实质审查。

另外，与其他专利局有所不同的是，为了确保审查质量，EPO一直采用的是三人小组审查制。EPO三人小组制的合议审查对提高审查质量的作用非常显著，其审查质量一直在世界范围内具有较好的认可度。同时，“质优于量”的工作原则使得审查周期相对而言较长，而加快审查方式为部分想缩短审查周期尽早获得专利权的申请人提供了渠道[6]。

5. 国家知识产权局（SIPO）

国家知识产权局（SIPO）专利审查的现有模式包括优先审查、巡回审查、集中审查。与欧美地区相比，SIPO专利审查程序更加严格、缜密，部分专利的审查周期较长。目前，在申请人没有办理优先审查手续的情况下，有些技术领域的发明专利申请在申请日后6个月左右便进入实审程序，申请日后9个月左右，实质审查部门的审查员便发出了第一次审查意见通知书。这表明，在相关技术领域，SIPO专利申请的实质审查力量已得到加强。

（二）我国目前专利审查工作存在的问题

（1）专利审查方式体系化特点不明显。SIPO现有的多种审查方式之间相互独立，各审查方式之间有机结合和关联度尚不充分，部分审查方式，如延迟审查等，还处于缺失状态。

（2）重点不明确、针对性不强。如对急需鼓励和支持的领域，没有针对性的审查模式，反应迟缓，重视和支持力度不够。

（3）各审查模式的具体执行方式还有待进一步完善。如巡回审查案源分散、系列申请发现源头滞后、分配灵活度不高等。

二、国家科技重大专项发明专利审查需求调研与分析

为了满足我国创新主体，尤其是国家科技重大专项创新主体的迫切需求，笔者选择国家科技重大专项部分课题承担单位作为调查对象，设计调查问卷，就专利申请和审查相关的问题进行了需求调研，最后对调研结果进行详细分析，找出专利审查工作中急需解决的问题，得出调研结果初步结论。

（一）调研单位选择

国家科技重大专项 02 专项（以下简称“02 专项”）是极大规模集成电路制造装备与成套工艺专项。集成电路产业是高新技术最高端、最密集的行业之一。“十一五”时期，集成电路装备专项各单位已累计申请专利 4 248 件，研发成果实现销售总额已超过 100 亿元，带动相关产业增长近千亿元。由此可见，“02 专项”的课题承担单位对知识产权的认知度较高，运用知识产权的能力较强，具有一定的代表性，故选择该专项课题承担单位作为调研对象之一。

国家科技重大专项 04 专项（以下简称“04 专项”）是高档数控机床与基础制造装备专项，该专项是对我国科技发展同样具有重大决定性作用的传统重点技术领域，但由于大部分课题承担单位是老企业，对知识产权的认知度较低，运用知识产权的能力较弱，具有一定的代表性，故选择“04 专项”课题承担单位作为调研对象之一。

（二）调研问卷设计

为设计调研问卷，首先对“02 专项”和“04 专项”的部分课题承担单位的发明专利申请和审批情况进行统计和分析。其中包括“02 专项”2009 年立项涉及的 74 家重大专项课题承担单位中的前 20 家、“04 专项”09 年立项涉及的 194 家重大专项课题承担单位中的前 20 家。分别对上述各单位的专利申请情况进行了详细的检索查询和记录，记录要点包括：

申请号、申请日、申请人、发明人、公开日、第一次审查意见通知书发文日、通知书总次数、结案日、是否申请加快审查、结案状态为驳回还是授权、驳回原因、是否提出复审请求、复审结论等。

调查问卷共分五部分、所涉及的方面具体如下：

第一部分：一般性问题

涉及调研单位的性质、基本情况、2009 年以来与国家科技重大专项课题有关的专利申请数量、课题验收对专利数量的要求等，设置该部分题目主要是为了了解国家科技重大专项课题的分布情况，课题承担单位对专利申请的需要和重视程度。

第二部分：专利申请情况

涉及课题承担单位对专利申请的态度、申请倾向、专利知识普及情况和具体困难。

第三部分：审查速度和流程

主要是了解涉及单位对于目前审查速度的满意程度、对于目前涉及审查速度的相关程序的了解和使用情况以及对于审查速度和流程的优化建议。

第四部分：实质审查标准

包括对于目前审查质量的满意度以及复审程序的使用情况，主要了解课题承担单位对审查意见的客观性、公正性、沟通方式等方面的意见和建议，以及国家科技重大专项单位对于复审程序的使用情况。

第五部分：其他内容

涉及前四部分未涵盖的内容，通过这部分弥补在设计调查问卷时未考虑周全的地方，通过主观题尽量客观地反映出课题承担单位的真实想法，涉及目前的专利审查流程和政策对国家科技重大专项课题的影响、相关专利在申请和审查过程中所遇到的困难、课题承担单位所希望实施的新举措等。

（三）调研结果初步结论

1. 申请人专利意识提升，但综合能力还需增强

国家科技重大专项创新主体对于专利申请的重视程度不断增加，知识产权保护意识不断提升，但目前来看，综合实力仍然不强，拥有专利数量不多，海外申请数量更少。因此，如何通过创新主体和专利行政部门的共同努力，迅速有效地增强专利申请、保护等各层面的综合能力，

是未来开展工作的重点。

2. 专利指导及其他专利服务的需求较大

调研结果显示，申请人需要在以下方面获得专业指导：申请文件的撰写和《专利法》的相关规定、现有技术的全面检索、审查意见的答复、相关专利或专利申请的法律状态及审查信息的获取等。

3. 创新审查模式势在必行

近几年我国发明专利申请量激增，而现行的加快审查、优先审查等专利审查模式严格、单一、周期长，尤其不能满足国家科技重大专项对专利审批的需求。在调研中，42%的单位希望审查周期控制在1年以内，28%的单位希望控制在两年以内；69%和72%的单位建议电话讨论和Email进行沟通；50%的申请人认为须至少两个审查员共同认定公知常识，35%的申请人认为需要对有争议的公知常识举证等，创新审查模式势在必行。

三、国家科技重大专项发明专利审查模式建议

基于我国专利审查模式的现状以及对国家科技重大专项发明专利审查需求的调研，提出多种针对国家科技重大专项的发明专利审查模式。

（一）设立办公室管理国家科技重大专项专利

主要工作包括：

（1）根据国家科技重大专项所涉及单位的需求以及审查员的需求组织召开技术交流会，双方就某一技术领域的发展趋势，现有技术状况进行交流，以利于审查的客观、公正，保证结果的准确性和一致性；不定期组织科研人员与审查员交流，增进互相了解，降低在审查过程中的误解，提高审查时交流的效率。

（2）不定期对国家科技重大专项所涉及的企业进行知识产权相关知识的培训交流，增强企业的知识产权意识，提高企业申请、运用知识产权的能力。

（3）负责与国家科技重大专项相关的专利申请的数据管理、审查过程的管理。对于在申请时提交国家科技重大专项办公室出具的证明的专利申请，认定为国家科技重大专项相关专利申请。这些专利在受理之后即由办公室统一管理，组织人员进行初步审查、出版公布，公布之后即进入实质审查程序，进入实质审查时根据申请人的需求或具体情况，从

审查模式中选择适合的一种进行审查。对于授权后的专利优先进行办理登记和公告手续。

（4）办公室可以根据情况需要以及审查过程中出现的问题，及时对审查模式进行调整，以保证审查工作的顺利进行。

（5）与国家科技重大专项办公室定期会商，及时解决专利审查及创新主体知识产权战略指定、实施过程中遇到的问题，保证涉及重大科技专项的专利申请的审查有序、高质、高效地进行。

（二）全流程会晤审查方式

对于国家科技重大专项办公室出具证明的且申请人提出优先审查的专利申请，审查员可以根据案件情况采取全流程会晤的方式。会晤应当由审查员提出，且需在专利局指定的地点进行，由负责审查的审查员主持，必要时，可邀请有经验的审查员协助。实习审查员主持会晤的，负责指导的审查员必须参加。

审查员可以根据自己的检索结果结合申请人提交的检索报告和其他国家审查结果决定是否采取全流程会晤的方式进行审查，如审查员发现专利申请明显不符合《专利法》第2条第2款、《专利法》第5条和第25条的规定，或者权利要求明显不具备新颖性、创造性（需所在实审部门领导确认），可以直接发出审查意见通知书进行审查，不必考虑进行全流程会晤审查。

审查员需在专利申请进入实质审查3个月以后的1个月内开始审查，如申请人明确表示放弃发明专利申请进入实质审查3个月以内所享有的主动修改的机会，审查员需在进入实质审查1个月内或得知申请人放弃上述主动修改机会的1个月内开始审查。

审查员应明确告知会晤的内容、时间和地点，在会晤前双方应将会晤所涉及的文件提交给对方。会晤日期确定后一般不得变动；必须变动时，应提前通知对方。申请人无正当理由不参加会晤的，审查员可以不再安排会晤，而通过书面方式继续审查。

申请人委托了专利代理机构的，会晤必须有申请人和代理人参加。参加会晤的代理人应当出示代理人证书。申请人更换代理人的，应当办理著录项目变更手续，并在著录项目变更手续合格后由变更后的代理人参加会晤。申请人没有委托专利代理机构的，申请人应当参加会晤；申请人是单位的，由该单位指定的人员参加，该参加会晤的人员应当出示证明其身份的证件和单位出具的介绍信。上述规定也适用于共同申请人。共有专利申请的单位或者个人都应当参加会晤。参加会晤的申请人或代理人等的总数，一般不得超过两名；两个以上单位或者个人共有一项专利申请，又未委托代理机构的，可以按共同申请的单位或个人的数目确定参加会晤的人数。

如果会晤时一方提供了新的文件，另外一方可要求会晤延期。如果在会晤中，对审查没有取得一致意见，审查工作可转入本章中所建议的针对疑难申请的动态审查员审查模式或通过正常审查模式进行。

会晤结束后，审查员应当填写会晤记录。会晤记录采用专利局统一制定的标准表格，一式两份，经审查员和参加会晤的申请人（或者代理人）签字或盖章后，一份交申请人，一份由审查员提交给初审流程部后录入到电子审查系统，并开始答复期限的监视。申请人未按期答复的，该申请将被视为撤回；如果申请人的答复不是按照会晤记录的方式进行的，则审查以书面形式继续进行，并按照《专利法实施细则》第 51 条第 3 款的规定处理。

如需多次会晤的，同样按照上述规定进行。

（三）小组审查模式

结合我国专利申请量较大、审查负荷较高的背景，建议对国家经济利益或产业发展利益起决定性作用的国家科技重大专项发明专利申请的实质审查采用小组审查模式，以求客观、公正地给出审查结论。现提出几种小组审查模式。

1. 主审为主制

审查小组的组成：包括组长 1 人、主审员 1 人、参审员 1 人；组长由专家级审查员担任，主审员选择有 5 年以上本领域审查经验的审查员担任，参审员为本领域的有经验审查员。

小组成员的职责分工：组长负责主持案件的分析、讨论；主审员负责案件的全面审查，包括检索现有技术、撰写审查意见通知书等；参审员参与审查并协助组长和主审员工作。

小组审查意见的形成：小组依照少数服从多数的原则对申请案件的审查意见进行表决，形成最终审查意见。

2. 检索、审查意见分离制

审查小组的组成：包括组长 1 人、检索员 1 人、审查员 1 人；组长由专家级审查员担任，检索员由本领域检索能力优秀的审查员担任，审查员由有5年以上本领域审查经验的审查员担任。

小组成员的职责分工：组长负责检索结果和审查意见的裁决；检索员负责案件的全面检索，包括检索可能影响新颖性、创造性的对比文件，检索可能影响单一性的对比文件，检索相关的现有技术等；审查员负责案件的全面审查，作出最终审查意见，在审查过程中检索员与审查员需要配合工作。

小组审查意见的形成：由审查员结合检索员的检索结果作出审查意见，审查意见最终交由组长形成审查决定。

3. 两人独审制

审查小组的组成：包括组长1人、审查员2人；组长由专家级审查员担任，审查员选择有5年以上本领域审查经验的审查员担任。

小组成员的职责分工：组长负责主持案件的分析、讨论；两名审查员各自独立完成案件的审查，包括分别独立地完成检索、审查意见的撰写工作。

小组审查意见的形成：小组三人在两份独立审查意见的基础上充分讨论，最终依照少数服从多数的原则对申请案件的审查意见进行表决，形成最终审查意见。

（四）批量集中审查

1. 在案源分配系统内设置新的提案规则和功能

尽量将国家科技重大专项涉及相同或相关申请人的发明申请分配给同一审查员或审查小组。按照“先按申请人/单位分配后再按分类号分配”的原则进行提案设置，若系列申请没有确定审查员的情况下，应对该系列申请进行锁定，统一分配。

2. 在E系统中设置有利于国家科技重大专项发明申请审查的相关功能

建立“国家科技重大专项申请人”检索栏，通过建立这样的检索项目，使得审查员能够快速了解重大专项的关联申请的审查状态，进而能够更好、更快地做好审查。

3. 拓展提出集中审查的途径

（1）申请人在申请阶段可自行提交集中审查请求，经国家科技重大专项办公室审批通过标记成为系列申请。

（2）利用非正常申请审查流程的审查结果。在当前非正常申请筛选流程中，将同一申请人同一时期间内申请 5 件以上专利申请筛选出来给予审查，确定为非正常专利申请的将按照程序进行处理，而不作为非正常专利申请的则不做任何标记，倘若给予这部分专利申请集中审查的标记，将对发现系列申请大有帮助。

（3）审查员自行发现和申报。

4. 借案源调配系统升级改造为集中审查预留渠道

当前，我局正在进行案源调配系统的升级改造。集中审查与案源调配工作息息相关。建议借案源调配系统升级改造之机，充分调研集中审查对于案源调配的需求，在系统的升级改造过程中为集中审查的案源调配预留出充分的规则调整空间，便于后续推进相关工作。

5. 建立前后审反馈机制

如果复审阶段的审查结果能够及时反馈给实审员或实审小组，这样将有助于统一前后审的审查标准和审查方式。

这种批量集中审查方式的缺点是单个审查员的审查意见错误容易导致多个系列申请的审查意见错误，在实践中可增加裁决监督机制以避免错误发生。

（五）巡回审查模式

1. 巡回审查案件的选择

根据前期的调研，承担国家科技重大专项课题的单位基本上拥有所属技术领域最尖端的技术力量，他们所提交的相关专利申请多为针对该专项的系列申请，且数量呈逐年递增的趋势，这为我局开展巡回审查创造了便利的条件，针对上述单位的巡回审查可以一定程度上避免案源相对分散的问题，往往通过一次巡回审查可以解决相关联的多件系列申请的审查。因此选择上述单位的系列申请以及关联申请作为巡回审查的案件是十分有利的。

再者，根据前期调研的结果，被调查对象反映的主要问题集中在审查员对现有技术的了解、对创造性的把握高度、对公知常识的认知以及修改超范围的把握。而上述问题完全可以通过审查员深入现场更好地了解背景技术以及发明的本质并通过与申请人面对面的交流澄清问题得以解决，因此巡回审查的案件应当尽量选取审查员需要了解专利申请的技术内容，同时主要问题涉及新颖性、创造性、公知常识认定、不支持、公开不充分以及需要借助技术内容判断超范围的案件。

2. 审查员资格

对于参与巡回审查的审查员资格，可以借鉴现有实用新型检索审查员和 PCT 国际检索审查员的选拔模式，即巡回审查员必须经过一定的选拔和考试，且由具有一定审查经验的审查员担任；当然也可以按照审查年限划分，即具有一定年限审查经历的审查员就可以自动成为巡回审查员。

根据国家科技重大专项自身的技术领域设置巡回审查员的数量，目前我局审查员已经按照审查单元进行审查，其审查单元的划分已经覆盖了上述 16 个重大专项技术领域，因此按照技术领域确定巡回审查员是十分行之有效的方式，根据各技术领域的重大专项专利申请的数量灵活设置巡回审查员的数量。

（六）建立审查标准的案例诠释体系

建立“国家科技重大专项专利审查案例诠释系统”，旨在通过选取不同技术领域中的典型案例的方式，生动地诠释不同技术领域中针对不同技术主题的法律适用标准，力求将抽象化的审查标准的执行理念具体化到个案的审查实践中，使其体现出同一技术领域中相对统一的执行标准。

将国家科技重大专项的专利申请/专利按照既定规则整合成为案例数据库，要求所选取案例应当具备一定的典型性，审查结论准确，审查意见充分，审查标准适当，对相关领域和相关法律条款的审查具有一定的指导意义，并且采用技术层面（技术领域、技术主题等）和法律层面（《专利法》及《专利法实施细则》中的规定）多层次索引模式，以便于准确锁定相关案例。由于采用案例诠释的方式，即主要通过案例来直观地体现对审查标准的把握，因此，对于不同的法律条款，应尽可能细致地划分各种适用情况。以创造性审查为例，简要说明该系统的设计理念和可行性。创造性审查中涉及的问题较多，可选择以下两个方面建立案例诠释：

（1）结合启示的判断

结合启示的判断在创造性认定中是非常关键的，而具体什么情况才属于具有结合启示则很难界定。在结合启示判断中容易产生一些问题，例如，对“本发明实际解决的技术问题”的理解，对用来结合的对比文件的领域的认识，对对比文件怎样才能给出结合启示的把握等，都会直接影响审查意见的正确与否。对于国家科技重大专项涉及的专利申请，其有着技术领域相对集中的特点，相应地，对比文件的技术领域和技术内容的跨度也相对较小，个案之间在技术内容方面时常具有一定程度的相关性，这便使得借助于案例诠释的方式界定特定技术领域的结合启示的标准具备了较高的可行性。

（2）公知常识的认定

在公知常识的认定方面，申请人的意见颇多，由于审查员的领域性和技术了解程度的局限性，常常出现偏颇地认定为公知常识或非公知常识或者“事后诸葛亮”等现象。因此，采用有效的方式详细阐释公知常识的适用标准是十分必要的，如在其他领域认为是公知常识的技术内容在本技术领域是否也能认定为公知常识等。期望以实际案例为切入点，对于公知常识的领域跨度、公知程度、来源证据等，给出尽可能细致、明确的实际案例上的诠释。

（七）针对疑难申请的动态审查员审查模式

为了保证审查结果准、速度快，如果申请中存在技术方案难以理解或存在对创造性、不支持、修改超范围等问题争议较大的，应归为疑难案例，对这些疑难案例的审查应给予特别的重视和处理。

国家科技重大专项涉及专利申请进入疑难案例审查模式的提出可以是申请人、也可以是审查员，可以在实质审查过程中的任何时间点提出，提出时要说明情况。审查员提出的，要说明如自己的专业背景、待审专利的技术领域、审查过程的争议点等，上交相应审查部门领导。申请人提出的，除提交审查过程争议说明外，还要提交相应重大专项办公室的证明函，流程部门应及时将该申请通知相应审查部门领导。

相应审查部门领导应及时对该申请进行处理。如果是审查员专业背景差别较大的问题，可查询审查员专业技术背景库，寻找相关或相近专业的审查员，在与该审查员协商后进行转案。如果是创造性、不支持、修改超范围等争议问题，可提交专家组审议，专家组在审议过程中可与原审查员沟通，并可作出审议决议随审查决定一并发给申请人。

结束语

本文以国家科技重大专项中的02专项和04专项作为调研对象，提出了针对国家科技重大专项专利审查的多种审查模式：

（1）设立办公室管理国家科技重大专项专利。办公室与科技部国家科技重大专项办公室对接，全面负责与国家科技重大专项相关的专利申请、专利审查以及保护等工作。

（2）全流程会晤审查方式。审查员可以根据案件情况采取全流程会晤审查方式，不发审查意见通知书，会晤结束后，审查员应当填写会晤记录。

（3）小组审查模式。对现有的合议审查模式上加以改进，可以采取主审为主制、检索与审查分离制、两人独审制等形式，以保证审查质量的合理性。

（4）批量集中审查。对现有系列申请审查在提案规则、提出途径、执行方式等方面加以改进。

（5）巡回审查模式。对现有的巡回审查模式在案件选择、审查员资格等方面加以改进。

（6）建立审查标准的案例诠释体系。建立案例诠释数据库，所选案例具备一定的典型性，指导不同领域、不同类型疑难问题，如公知常识、结合启示的评定。

（7）针对疑难申请的动态审查员审查模式。对领域相差较大的案例可查询审查员专业技术背景库进行转案。对创造性、不支持、修改超范围等问题存在较大争议的案例可提交专家组审议。

参考文献

[1] 何艳霞．美国新加速审查程序介绍［J］．专利文献研究，2007（2）：37－40.

[2] 吴昶琳．美国局宣布启动专利加快审查程序［EB/OL］．［2011－05－19］．http：//www.sipo.gov.cn/dtxx/ gw/2011/201105/t20110519_604725.html.

[3] 张青．中日专利“加快审查制度”之比较［J］．电子知识产权，2010（6）：92－93.

[4] 何艳霞．韩国专利审查速度达到世界先进水平［J］．知识产权简讯速递，2007（3）：1.

[5] 宋蓓蓓．欧洲专利加快审查情况介绍［J］．审查业务通讯，2007（10）：57.

[6] 宋蓓蓓，等．中国特色专利审查方式体系初探［R/OL］．［2011－02－03］．http：//www.xueshu/qcqs/qcqs_cgzs/qcqs_lxkt/201102/P020110223528599280486.pdf.

电话讨论在专利审查程序中的应用研究[*]

赵洁　汪卫峰　张丹　王丽
孙歆硕　毕元波　宋永杰　侯炳萍

摘　要： 为了进一步提高审查质效，解决实际审查过程中审查员及申请人/代理人采用电话讨论沟通方式所出现的问题，通过对国内外《专利法》、《专利法实施细则》、《专利审查指南2010》、《审查操作规程》及相关规定的调查研究，以及对审查员及代理人两方面的问卷调查，从电话讨论的时机、电话讨论的发起和接受、电话讨论的内容以及电话讨论的记录等方面进行了研究，提出了电话讨论操作规范及应用的相关建议。

关键词： 电话讨论　规范　记录　答复期限　应用

引　言

实施知识产权战略和建设知识产权强局是国家知识产权局两大长期的历史任务。而专利审查工作的质量和效率是知识产权强局建设的重要

* 本文源自“即时沟通审查模式的规范性研究”，课题性质：北京中心课题，课题组负责人：汪卫峰，成员包括：张丹、赵洁、孙歆硕、毕元波、王丽、宋永杰、侯炳萍。

评价指标，是专利局行政能力和效率的重要体现。我局《专利审查十二五规划》课题报告中指出，“为改进审查效能、提高审查效率，应进一步加强审查员与申请人之间的沟通”。

在我国的专利审查实践中，审查员在进行专利实质审查的过程中，除发送审查意见通知书外，无论是审查员主动发起还是被动接受，采用电话与代理人/申请人进行沟通的情形也日趋频繁。虽然我局在《专利审查指南 2010》（以下简称“指南”）第二部分第八章第 4.13 节对“电话讨论”作出了规定，但是其相关内容并不多，并对电话讨论的使用条件设置了较为苛刻的限制，比如，“电话讨论一般应在审查员发出一通后进行”，同时也“仅适用于解决次要的且不会引起误解的形式方面的缺陷所涉及的问题”，这使得审查员在具体采用以上沟通方式时存在不少顾虑。在具体实践中，有时出于实际案情的需要，使得一些审查员并没有严格遵守该项规定，审查员主动或被动地采用电话与申请人就诸如权利要求不清楚等非形式问题进行沟通后，以申请人/代理人通过“主动补正”的形式提交修改替换页的情况时有发生，从严格意义上讲，这种操作方法违反了“指南”的相关规定，然而从最终的审查结果看，往往并没有出现质量问题，反而通过这种沟通尽快澄清了问题，帮助申请人更快地克服在审案件中的缺陷，审查进程得以加快，审查质量亦得以保障。因此有必要重新审视相关规定。

另外，相对于美、日等局，我国关于电话讨论的提出与接受的具体要求、电话讨论前的准备以及电话讨论后的后续流程、期限设置等均没有详细的操作规程，对于电话讨论记录的制作，也不如美、日等局规定详尽。显然，我局目前并未就电话讨论给出一套较为完备的审查规范和操作流程，缺乏具体实践性和可操作性。正因为如此，审查员即使出于案情想采取电话讨论的方式，但是往往由于无操作层面的详细指南而尽量避免。因此，有必要对事务处理的相关规定加以规范，以使审查员在遇到各种问题时都能有规可循。

已有少数研究人员针对电话讨论的问题，尝试提出一些改进、规范操作规程的探索和建议[3]，例如，在电话讨论的时机上，有人建议审查员在发出第一次审查意见通知书前，可以就解决次要的且不会引起误解的形式方面的缺陷与申请人/代理人进行沟通，以提高审查效率；在电话讨论的法律效力上，虽然审查员、申请人/代理人双方可以在继续审查的基础上就实质问题进行讨论，但如果内容涉及专利申请文件以及意见陈述书记载内容之外的新的事实、解释或证据，审查员必须要求申请人进行书面提交，才能够发出授权通知书，同理，电话讨论也不属于驳回听证原则中所规定的一次“机会”；对于是否需要建立答复期限监视的思考中，也有人认为鉴于国内大部分申请人均会在电话讨论后按规定提交意见陈述书或修改文本，因此为避免加重流程部门的工作负担不建立电话讨论的答复期限监视。上述研究虽然从多个方面就电话讨论的应用模式进行了有益的探索，但是仍存在以下问题：

（1）现有研究对电话讨论可以讨论问题的研究不够深化、细化，对各个问题缺乏系统性归纳和比较分析，对于最终的结论也缺乏明确的意见；

（2）现有研究更多的出于法理层面的探讨，如何从操作层面上加以运用的研究不够深入全面，且更多的是针对个案所进行的某一方面问题的阐述，对审查员在操作过程中发生的所有问题没有一个系统的要求，缺乏宏观性和整体性；

（3）关于电话讨论法律效力的讨论较少，缺乏如何在电话讨论后对审查员及申请人/代理人双方产生相应约束的相关研究。

针对以上问题及现状，笔者主要通过文献搜集、问卷调查等研究方法，对电话讨论的规范性进行了研究，希望能够更为广泛、深入地推广电话沟通，以进一步提高审查质效。

一、电话讨论的时机

我国在现阶段的审查实践中，电话讨论一般均在第一次审查意见通知书之后进行。

美国专利法实施细则[4]对会晤（包括当面会晤、电话讨论、视频会晤及电子邮件等多种形式）的要求进行了原则性的规定，其中，§1.133（2）中要求“讨论审理中申请的可专利性的会晤不应在发出第一次审查意见通知书前进行，除非该申请为继续申请或替代申请，或者审查员判定，会晤可以推进申请的审查”。从以上规定可以看出，美国并不推荐在第一次审查意见通知书前进行会晤，但若审查员认为第一次审查意见通知书前的会晤可以推进案件的审查，则可以批准申请人提出的会晤请求。

但为了提高审查效率，美国于 2008 年 4 月宣布推出第一次审查意见通知书前会晤试行项目（First Action Interview Pilot Program，简称 FAI

试行项目），该项目中，在实质审查的第一次审查意见通知书之前，符合一定条件的申请人将通过一份简明的会晤前通知书（Pre－Interview Communication，简称 PIC），得到由审查员进行现有技术检索的结果，然后允许申请人与审查员进行会晤，讨论所引用的现有技术参考文献。此后，美国两次延长该试行项目的时间，并不断扩展使用的领域和范围，体现出了在一通前进行会晤以提高审查效率的决心和行动。

日本会晤操作指南[6]规定了可进行会晤（包括电话讨论、当面会晤、视频电话等）的时间，如图 1 所示，其从提出审查请求起到结案、复审期间均可进行电话讨论，在相关规定中明确了电话讨论可以用来解决说明书记载的技术内容不明确（比如翻译等造成的）使审查员理解有困难的问题，而该问题一般出现在第一次审查意见通知书之前。

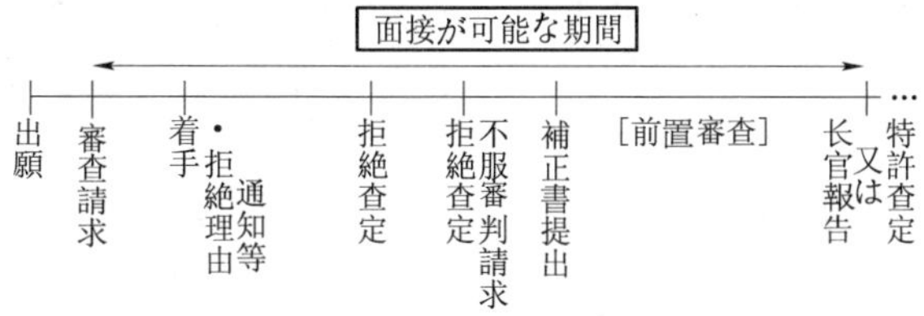

图 1

欧洲[7]及英国[8]专利局不建议在第一次审查意见通知书发出之前进行电话讨论。

在笔者进行的问卷调查中，仅有 17.2%的审查员认为一通前进行电话讨论不能够推进审查进程，29.03%的审查员不愿意在一通前进行电话讨论；17.4%的代理人认为一通前电话讨论不能够推进审查进程，13.3%的代理人不愿意在一通前进行电话讨论；可见，大部分审查员及代理人，特别是代理人都对一通前进行电话讨论持支持的态度。分析其原因，有以下两点：首先，一通前若可以进行电话讨论，审查员可以与申请人、代理人或发明人对技术内容进行充分的交流，避免由于技术内容理解错误或偏差而造成的问题，进一步提高审查效率；其次，在注重审查效率、缩短审查周期的大背景下，一通前的沟通可以就申请文件中存在的问题进行电话讨论，倘若讨论中达成一致意见，申请人可以就该意见提交补正文本，以期达成一次授权。

综合以上各国/地区的相关规定及对审查员、代理人的调查，笔者认为，应当放宽对电话讨论时机的要求，允许在实质审查期间审查员均可根据需要发起或接受电话讨论。但一通前进行电话讨论时，一般只适于由审查员主动发起，审查员一般不接受申请人发起的电话讨论。原因如下：在一通发出前，尽管案件已经分配给审查员，但若申请人主动发起电话讨论，如果案件还没有被审查员处理，此时的电话讨论可能造成审查员对案件理解、检索等不充分，也可能造成审查员不按照顺序处理案件从而对其他申请人不公平。

二、电话讨论的发起和接受

（一）电话讨论的预约

我国“指南”中要求会晤时需要进行预约，对电话讨论的预约没有特别的规定。但为了双方在电话讨论时都对要讨论的内容较为熟悉，使得电话讨论明确、有效、简短，首先进行电话讨论的预约是必要的。

EPO 专利审查指南明确审查员和申请人均可以作为会晤的发起者，但应事先进行预约安排。

美国专利商标局专利审查程序手册（MPEP）对申请人提出会晤请求作出了以下相关规定：会晤通常情况下应在事先安排，比如，以信函、传真、电子邮件、电报或电话的方式，为了保证主审查员和/或负责该申请的审查员在办公室并可出席会晤。当申请人提出进行会晤的请求时，应在会晤前向审查员提交“申请人提出的会晤请求”表格（PTOL－413A），以允许审查员提前准备会晤，并把重点放在要讨论的议题上。该表格应该确定会晤的参与者、会晤的建议日期、会晤采用的方式（面谈、电话讨论或视频会议），并应包括一个要讨论问题的简要说明。

日本在会晤请求的提出与接受方面作出了详细的规定，会晤请求可以由申请人或审查员提出，在会晤前应将会晤的目标和具体内容通知对方，可以采用电话、传真或者会晤请求书提出会晤请求。

综合参考以上各局对电话讨论的相关规定，笔者认为，在正式的电话讨论前，通常应先进行电话讨论的预约，将要讨论的主要内容告知对方，未经预约进行的电话讨论审查员或申请人一方可以不予接受；同时，审查员应及时填写电话讨论预约单。

这样，可以在电话讨论预约的程序中，避免电话讨论仅涉及专利是否能授权、催促审查员尽快处理案件等情况。虽然增加了电话讨论预约一项工作，但从总体上来讲还是提高了审查效率。

电话讨论预约单中，应写明日期、约定电话讨论的时间以及约定讨论的主要内容等；如果审查员或申请人准备在电话讨论中提出新的文件或证据，应当在预约时提供给对方。电话讨论的日期确定后一般不得变动，必须变动时，应当提前通知对方。在电话预约时，若对方认为电话讨论可以即刻进行，则预约与正式的电话讨论可以同时进行。在这样的情况下，审查员可仅填写电话讨论记录单，不必填写电话讨论预约单。

（二）电话讨论的接受

目前，我国“指南”中并未对申请人一方提出电话讨论请求时审查员是否接受进行规定。

EPO专利审查指南中规定，“当申请人请求会晤时，除非审查员认为通过讨论无法达成有效的结论，否则都应该被接受”。日本《会晤操作指南》也规定了审查员应该根据是否能迅速准确地有助于审查来判断是否接受该电话讨论。

笔者进行的问卷调查中，审查员及代理人也希望对电话讨论的次数加以限制，不希望过于频繁的电话讨论。

综合上述情况，笔者认为审查员对于申请人一方提出的电话讨论请求应进行判断，合理地接受及拒绝；判断的原则是该电话讨论是否有利于审查更加迅速、准确地进行。

当出现以下情况时，通常认为是不适宜电话讨论的情形，审查员可以拒绝或中止电话讨论：

（1）当审查员无法确认对方的身份，或能够确认对方不具有电话讨论资格时；

（2）当申请人单纯咨询申请能否授予专利权、审查进展等与本申请技术内容无关的情形时；

（3）当申请人单纯希望讨论对专利法条的理解时；

（4）当针对内容相同的问题再次进行讨论时；

（5）当与对方由于语言等问题存在沟通困难时；

（6）在电话讨论中，提出电话讨论预约之外的问题，导致电话讨论继续进行困难时；

（7）当审查员认为电话讨论的继续无助于案件的审查时。

如果审查员根据选择不接受由申请人一方提出的电话讨论请求，则应告知申请人不接受的原因。若申请人一方不接受审查员提出的电话讨论请求，则审查员应通过书面方式继续审查。

三、电话讨论的内容

目前，我国“指南”中规定“审查员可以与申请人就申请文件中存在的问题进行电话讨论，但电话讨论仅适用于解决次要的且不会引起误解的形式方面的缺陷所涉及的问题”。

美国并没有对电话讨论能够讨论的具体问题加以限制，并且，从MPEP §713.04 中对会晤纪要表格的要求中可以看出，可以针对实质问题进行讨论。

韩国审查指南[10]中规定，会晤（包括当面会晤、电话讨论以及电子邮件等）可讨论的内容包含以下方面：权利要求与现有技术之间的区别、审查员的审查意见中的拒绝性意见、申请人的答复意见中不清楚的内容、申请中由于技术方案非常复杂和含糊不清而难以理解的内容、以及审查员认为其他需要进行会晤讨论的内容。

日本未明确规定电话讨论中不可讨论的情况。在会晤操作指南中举例了两种会晤形式，第一种是本发明与现有技术的对比说明会晤，另一种是对说明书等补正案卷说明的会晤。从上述两种分类来看，第一种常常伴随着新颖性和创造性等问题的解决，第二种通常伴随着不清楚、不支持或者修改超范围等问题的解决。那么，可认为会晤是可以讨论实质性缺陷的。

欧洲也并未明确电话讨论中不可讨论的具体内容，但其专利审查指南中记载，“对于会晤所关注的更重要的内容，如新颖性、创造性或修改是否引入了新的问题，则应该在案卷中（会晤记录中）进行更全面的记录”，从中可以看出，电话讨论的内容可以涉及实质性缺陷。

澳大利亚审查指南[11]以及英国审查手册中也没有明确禁止采用电话交流的方式讨论实质性缺陷，仅建议审查员当案件涉及需要进行深入的思考的复杂的技术问题或法律问题时，采用较为有效的方式与申请人进行沟通，并且，电话讨论适于书面的意见交换可能导致审查员与申请人或代理机构之间产生误解的情况。

德国审查指南[12]对电话讨论的内容要求较为严格，仅限于提交文件副本等程序上的问题、澄清有关对比文件的疑问等解释性的问题以及说明书中错误的简单讨论，并不涉及申请的实质性问题。

综合以上各国/地区对电话讨论的具体问题的相关规定可以看出，大多数国家的专利审查过程中通过电话讨论探讨的问题不仅局限于形式方面，而是更多的放宽到实质性问题。

另一方面，笔者对目前审查员主动发起的电话讨论所涉及的内容进行了调查，从调查结果看，有 81.82%的审查员选择了“不清楚”，并且在“次要的不会引起误会的形式方面的问题”（56.15%）、“修改超范围”（27.81%）、“权利要求得不到说明书的支持”（10.70%）、“新颖性/创造性”（4.81%）和“说明书公开不充分”方面（3.21%）均有涉及。也就是说，尽管“指南”中规定对于电话讨论的内容仅限于次要的并且不会引起误解的形式方面的缺陷所涉及的问题，但是还是有很多审查员通过电话讨论与申请人就实质性问题进行沟通，表明审查员对于主动发起电话讨论进行实质问题探讨具有需求。

另外，在是否需要对《专利审查指南 2010》第二部分第八章第 4.13 节中规定的“电话讨论的内容仅限于次要的并且不会引起误解的形式方面的缺陷所涉及的问题”进行修改的调查中，有 60.75%的审查员及 70.41%的代理人均认为有修改的必要性。从调查结果中可以看出，大多数的审查员及代理人均认为“指南”中的相关规定有进行修改的必要；也就是说，大多数审查员及代理人都认为应扩大电话讨论适用的范围，充分发挥电话讨论沟通便捷、有效的优势。

从以上的各方面的分析研究可以得出，电话讨论的内容适用于解决不会引起误解的问题，不仅局限于形式方面的缺陷是合理、适当的。

当出现以下情况时，通常认为是适宜进行电话讨论的情形，审查员可主动发起电话讨论请求，或接受申请人的电话讨论请求，例如：

（1）当审查员对说明书记载的技术内容存在疑问或者对发明的理解存在技术困难时；

（2）当申请人对通知书中的意见存在疑问，或就进一步修改方向希望与审查员进行沟通时；

（3）当审查员对申请人的答复意见存在疑问时；

（4）当申请人对审查员的意见答复与审查员的意见存在明显偏差时；

（5）当申请人对申请文件进行修改，审查员无法确切找到修改依据时；

(6) 当举证材料存在某些问题需要澄清时。

四、电话讨论的记录

(一) 电话讨论记录的效力

我国“指南”中并未对电话讨论后程序的法律效力进行规定。但审查员、申请人之间的电话讨论与双方的书面交流相比根本的区别仅在于沟通方式的不同；因此，若能保证双方在电话讨论的内容和记录上均确认无疑义，则电话讨论的法律效力等同于书面交流。同时，电话讨论记录可以为后续程序参考时提供依据。

从笔者的问卷调查结果看，绝大多数的审查员倾向于仅对具有授权前景的申请进行电话讨论，而41.84%的代理人认为，不论申请的走向如何均可以进行电话讨论。该调查结果表明，审查员方面，因为现阶段并未给电话讨论及电话讨论记录赋予一定的法律地位，即使在电话讨论记录中记录了未达成一致意见的内容，也不能对申请的后续审查产生影响；而代理人方面，则希望尽可能多的与审查员进行沟通。

进一步地，问卷调查中，有49.95%的审查员、61.22%的代理人希望将电话讨论记录单作为一次听证程序的证据。从调查结果可以看出，将电话讨论记录单赋予法律效力是审查员及代理人两方面的共同期望。

综合以上，我们认为，电话讨论的效力等同于书面交流，不同仅在于沟通方式的不同；但前提是需要对电话讨论的内容进行详细的记录，并且，双方需要对电话讨论记录的内容进行书面确认。经过双方确认的电话讨论的内容和记录，可以作为驳回的依据。

(二) 电话讨论记录的内容

我国“指南”中对会晤记录有较为详细的要求，但对电话讨论记录仅要求“审查员应当记录电话讨论的内容，并将其存入申请案卷”。

对于会晤记录（包括电话讨论记录），欧洲、美国、日本等各国/地区专利局对其均有一定的要求，欧洲专利局要求对次要问题需要充分记录，对于新颖性、创造性、修改是否引入新内容等更为重要的问题需要进行更为全面的记录，并要求对达成一致意见的内容及未达成一致意见的内容均进行记录。美国商标专利局、日本特许厅也规定了电话讨论后需要进行电话讨论记录，对电话讨论参与的双方人员、日期、所讨论的问题、是否达成一致意见、双方争论的大概要点、最终的结果和结论等进行记录。由此可见，各局对于电话讨论记录应记录的内容的规定也大同小异，由于其不便于取证，因此应对各方面问题进行尽可能详细的记录，这样做同样也可以便于当事人的任何一方对沟通的内容进行回顾和研究。

从笔者的问卷调查结果来看，53.23％的审查员认为在电话讨论记录单中需要对达成一致的内容进行记录，有32.26％的审查员认为不需要对记录单进行规范；与之相对应地，48.98％的代理人认为在电话讨论记录单中需要对达成一致的内容进行记录，17.35％的代理人认为不需要对记录单进行规范。从审查员和代理人双方对电话讨论记录单是否需要规范的需求来看，代理人方面更希望对电话讨论记录单能够有更进一步的规范，以便于同时约束审查员和代理人，并便于代理人向申请人转达沟通意见。但由于电话讨论记录均由审查员完成，若对所有内容均进行记录，则可能增加审查员的工作量。

为了避免过多地增加审查员的工作量，电话讨论记录可以区别对待。对于电话讨论的内容，若双方达成了一致意见，可以在电话讨论记录单中简要记录；而对于未达成一致意见的内容，倘若审查员希望将电话讨论及电话讨论记录作为驳回的证据，则需要对未达成一致意见的内容进行详细记录，但若审查员对未达成一致意见的内容希望通过进一步的书面审查方式进行，则仅需要对未达成一致意见的内容进行简要的记录。这样，就给了审查员一定的选择权，同时，对申请人的权利也并无影响。

综合以上，电话讨论结束后，审查员应当填写电话讨论记录。通常，电话讨论记录中应当写明讨论的问题、结论或者同意修改的内容。审查员应记录双方达成一致意见的内容，并应对未达成一致意见的将作为驳回依据的内容进行详细的记录；若未达成一致意见的内容在后续程序中不作为驳回的依据，则可以简要记录。

同时，需要明确的是，电话讨论记录不能代替申请人的正式书面答复或修改。即使在电话讨论中，双方就如何修改申请达成了一致意见，申请人也必须重新提交正式的修改文件，审查员不能代为修改。

（三）电话讨论记录的发出

我国“指南”中要求会晤记录经双方签字或盖章后一份交给申请人，一份留在申请案卷中；但未要求电话讨论记录需要交予申请人；并且，从现阶段的审查实践中，电话讨论记录也仅作为备案，并不发送给申请人。

而美国专利与商标局的相关规定为：审查员发起的电话讨论，需要由审查员填写电话讨论记录，相应地，申请人一方发起的电话讨论，需要由申请人填写电话讨论记录。审查员填写的电话讨论记录应当与下一次审查意见通知书一起发出，或者在下一次审查意见通知书之前发出，或者与授权通知书一同发出；对于申请人提出的电话讨论，申请人应当尽快提交电话讨论记录，以免延误后续程序。日本、欧洲专利局也要求审查员在电话讨论结束后制作并尽快发出电话讨论记录，并且需要双方对电话讨论记录的内容进行确认；日本还要求审查员将会晤记录提交，以便于日后公众能够阅览会晤记录。

与当面会晤不同，电话讨论时审查员与申请人双方并不是面对面，这样，记录完成后就无法当面双方确认签字；而仅审查员单方面记录的电话讨论记录可能存在纰漏，日后作为证据使用时可能会存在争议。因此，电话讨论记录单需要得到申请人一方的确认。针对电话讨论的特点，电话讨论记录发送给申请人后，若申请人没有在规定的时间内针对记录的内容提出反对意见，则视为申请人肯定了电话讨论记录单及其中记录的电话讨论的内容，相当于完成了电话讨论记录单申请人一方的确认。这样，经过确认的电话讨论记录单可以作为驳回的依据。当然，申请人即使对电话讨论记录单中记录的内容本身没有疑义，也可以针对电话讨论记录单中记录的双方未达成的一致意见的部分进行进一步的意见陈述或者对申请文件进行修改。

审查员在电话讨论结束后，可以选择将电话讨论记录单迅速发送给申请人。这样，会使得电话讨论本身对双方产生有效的约束力，避免申请人提交文件或审查员发出审查意见通知书不及时的问题，并且利于代理人向申请人完整、准确地传达电话讨论的内容。

但由于电话讨论能够讨论的内容涵盖诸如申请文件中技术内容的理解、审查意见表述意思的澄清、申请人意见陈述意思表达的解释以及举证材料的澄清等方面，倘若电话讨论所讨论的内容仅为类似内容，则审查员在电话讨论后将电话讨论记录单发送给申请人的必要性不是很大。此外，若电话讨论中双方未就讨论的问题达成一致意见，并且审查员决定就未达成一致意见的内容再次发出审查意见通知书时，将电话讨论记录单发送给申请人也并无太大的必要性。针对以上类似情况，审查员可以自行裁量是否需要在电话讨论后发出电话讨论记录单。

审查员如果选择发出电话讨论记录单，则应当告知申请人；电话讨论记录单发出后，相应的期限监视开始，电话讨论记录单被赋予了相应的法律效力。审查员如果选择不发出电话讨论记录单，则电话讨论记录单不能产生对申请人提交文件日期的约束，不能作为驳回的依据，仅保存在案卷中作为备案与参考。

（四）电话讨论记录的期限监控

我国《专利审查指南 2010》中未规定电话讨论记录需要发送给申请人，并且，也未对审查员或申请人针对电话讨论后的行为进行约束。但从笔者针对申请人及代理人的问卷调查的结果可以看出，在电话讨论后均有审查员发出通知书不及时或者申请人/代理人回复不及时的情况。对电话讨论后审查员及申请人的行为进行约束，有助于使得电话讨论的行为本身更有效力，从而从整体上提高审查效率。

美国的 FAI 项目中规定：如果申请人和审查员在会晤中未达成一致意见，审查员将发出一通前会晤通知书，此时一通前会晤通知书实际上是第一次审查意见通知书，申请人必须在自一通前会晤通知书寄出或通知日期起 1 个月或 30 天两者较长的期限内进行答复，并且仅可以延长额外的 1 个月。欧洲专利审查指南规定："将电话讨论记录递送给申请人时，可以：（1）仅仅告知信息，在这种情况下，如果时限仍存在，则继续，如果没有监视期限，申请人不需要采取任何行动；（2）告知将存在的监视期限延长，在这种情况下，申请人应在延长的期限内答复；或者（3）提供一个新的答复期限，在这种情况下，申请人应在新的期限内答复。"英国审查操作手册中规定：如果在会晤中达成进一步的意见，如代理机构修改申请文件，或审查员承诺以书面的形式提出意见，则应当在会晤记录中清楚地记录，并且设置时间期限。

从以上各国/地区的相关规定中可以看出，电话讨论记录单发出后，应当设置一定的监视期限，在该期限内，申请人应当对电话讨论记录进行答复。

此外，在笔者对电话讨论记录单答复期限的调查中，约 1/3 的审查员认为申请人应当在两周内进行答复，接近半数的认为应在 2 周～1 个月之间进行答复。综合以上两个选项，有接近 80％的审查员认为应该在 1 个月内进行答复；但超过半数的代理人不希望将记录单的答复期限短于中通答复期限。

考虑到电话讨论中，若双方已经就讨论的问题达成一致意见，则申请人修改的方向已经相当明确；若双方未就问题达成一致意见，则针对相关问题的意见也已经在电话讨论中得以充分交换；因此，申请人在一个月内进行陈述意见或者修改文件是合理的。参考美国的相关规定，并考虑电话讨论记录的答复期限应当短于中通的答复期限，故设定一个月为电话讨论记录单的答复期限。对于原答复期限仍然存在的情况，则以原答复期限及一个月二者中后到期的为准，给申请人以较为充分的答复时间。

也就是说，电话讨论记录单发出后，即开始对答复期限进行监视，申请人需要在收到电话讨论记录单一个月内或原答复期限内（以后到期的为准）陈述意见或提交修改文件。如果申请人无正当理由逾期不答复，其申请将被视为撤回。

结束语

电话讨论是专利审查过程中审查员与申请人/代理人进行沟通的有效方式之一，但由于现阶段对专利审查提出了新的要求，有必要对电话讨论进行研究。以上从电话讨论的时机、电话讨论的发起和接受、电话讨论的内容及电话讨论的记录等方面进行了研究，建议我国可以从以下几个方面进行尝试：一是电话讨论在第一次审查意见通知书发出前即可进行，但应有一定的限制条件；二是在正式的电话讨论前进行电话讨论的预约，以使得电话讨论本身更有效率；三是电话讨论的内容可不仅局限于“解决次要的且不会引起误解的形式方面的缺陷所涉及的问题”，而是可以扩大到解决不会引起误解的问题；四是规范电话讨论的记录，审查员可以选择在电话讨论结束后发出电话讨论记录单，并且对发出的电话讨论记录单的答复期限进行监视，赋予电话讨论记录单一定的法律效力。

参考文献

[1] 中华人民共和国国家产权局．专利审查指南［M］．北京：知识产权出版社，2010.

[2] 张宪峰．关于改进电话讨论操作规程的建议［J］．审查业务通讯，2007（7）：32－36.
[3] THE UNITED STATES PATENT AND TRADEMARK OFFICE. Patent Rules：United States Code Title 37-Code of Federal Regulations Patents，Trademarks，and Copyrights［M/OL］．［2011－12－1］．http：//www. uspto. gov/web/offices/pac/mpep/consolidated_rules. pdf.
[4] The United States Patent and Trademark Office. First Action Interview Pilot Program［R/OL］．［2011－12－01］．http：//www. uspto. gov/patents/init_events/faipp_landing. jsp.
[5] JAPAN PATENT OFFICE. 面接ガイドライン［M/OL］．2007. 10. 05［2011－12－01］．http：//www. jpo. go. jp/cgi/link. cgi? url＝/shiryou/kijun/kijun2/mensetu_guide_sinpan. htm.
[6] EUROPEAN PATENT OFFICE. Guidelines for Examination in the European Patent Office［M/OL］．April 2010［2011－12－01］．http：//www. epo. org/law-practice/legal-texts/guidelines. html.
[7] INTELLECTUAL PROPERTY OFFICE，UK. Manual of Patent Practice［M/OL］．June 2006［2011－12－01］．http：//www. ipo. gov. uk/p-manual-practice. htm.
[8] THE UNITED STATES PATENT AND TRADEMARK OFFICE. Manual of Patent Examining Procedure（MPEP）［M/OL］．Original Eighth Edition，August 2001，Latest Revision July 2010［2011－12－01］．http：//www. uspto. gov/web/offices/pac/mpep/index. htm.
[9] KOREAN INTELLECTUAL PROPERTY OFFICE. Patent Examination Procedure［M/OL］．2010. 12［2011－12－01］．http：//www. wipo. int/wipolex/en/text. jsp? file_id＝214478.
[10] AUSTRALIAN GOVERNMENT IP AUSTRALIA. Patent Examiners Manual［M/OL］．2011. 8. 15［2011－12－01］．http：//www. ipaustralia. gov. au/pdfs/patentsmanual/WebHelp/Patent_Examiners_Manual. htm.
[11] DEUTSCHE PATENT-UND MARKENAMT. Guidelines for the Examination Procedure［M/OL］，March，2004［2011－12－01］．http：//www. dpma. de/docs/service/formulare_eng/patent_eng/p2796_1. pdf.

论关联审查与审查标准执行一致*

刘新民　吴亚男　谢京晶　傅晶

摘　要： 以关联审查为切入点，结合关联审查的具体表现形式，即主体关联、客体关联、时间关联和空间关联，探讨了关联审查对审查标准执行一致的促进作用，并对我局如何以“审查标准执行一致”专项工作为契机，在局内构建和完善关联审查模式提出了相关建议。

关键词： 审查标准执行一致　主体关联　客体关联　时间关联　空间关联

引　言

审查标准执行不一致是外部质量反馈的主要问题，直接影响我局的公信力和我国专利品牌的信誉。因此促进全局审查标准执行一致是我局审查工作的当务之急。“执行一致”这个用语本身强调的是一个相互的概念，要求彼此之间、互相之间的标准执行没有分歧。“关联审查”的目的是通过在审查主体（审查员）和审查客体（专利申请）之间、在时间纬度和空间纬度上建立有机联系，形成相应机制以促进审查效能提升，因

---

* 本文源自“关联审查的应用研究”，课题性质：局青春求索专项课题，课题组负责人：刘新民，成员包括：刘新民、吴亚男、谢京晶、傅晶、尹力、伍春赐、吴凡、赵超。

此“关联审查”本身强调的也是一个相互的概念。虽然“关联审查”更多强调的是审查过程的交互，而“执行一致”更多是对审查结果的要求，但过程和结果是不可分割的，好的过程往往是获得好的结果的前提和保证，因此构建并完善关联审查模式对于促进“审查标准执行一致”具有重要意义。下面本文即从关联审查的内涵及其具体表现形式入手探讨其对“审查标准执行一致”的促进作用。

一、关联审查的内涵及表现形式

关联审查要求在审查过程中形成有机联系。在当前电子审批环境下，审查系统中通常不存在物质和能量的流动，存在的只是信息的流动，因此有机联系必然表现为信息的关联。笔者认为，所谓关联审查就是在审查过程中，以信息化和智能化手段为支撑，将构成系统要素间有机联系的信息进行有效传递和共享，从而提高审查效率，促进审查标准执行一致，改进审查质量。基于该定义，关联审查的关键就在于找到关联信息，并对其有效传递和共享。

关联审查的具体表现形式按照审查要素来划分，可分为客体关联和主体关联。审查客体是专利申请，审查主体是审查员，因此所谓客体关联就是在特定专利申请之间形成有机联系，而主体关联就是在特定审查员之间形成有机联系。就客体关联而言，由于专利申请中所蕴涵的信息无外乎程序性信息和实体性信息，因此客体关联的建立与完善要从程序性信息和实体性信息的传递与共享入手。就主体关联而言，审查员之间传递与共享的信息可按所解决的问题来划分，一类是解决技术的认定问题，即涉及“事实”的信息，另一类是解决规则的适用问题，即涉及“法律”的信息，因此主体关联的建立与完善可以从“事实”和“法律”信息的传递和共享入手。

关联审查的具体表现形式还可以从时间和空间纬度来划分。就历史与现在之间的信息的交互而言，可以形成时间关联；就局内与局外之间的信息的交互而言，可以形成空间关联。就时间关联而言，在当前电子审批工作模式下，作为“有机联系”的信息可以分为环节内的信息和环节间的信息。环节内的信息可以将不同时间提交的申请在特定审查环节实现关联；环节间的信息可以使得上一环节的关联信息在下一环节得到充分利用，因此建立和完善时间关联要处理好环节内和环节间信息的利用。就空间关联而言，作为“有机联系”的信息可以在我局与外局之间和我局与社会公众之间传递与共享，因此空间关联的建立与完善要从我局与外局的合作以及我局对社会公众需求的响应入手。

二、关联审查对标准执行一致的促进作用

前文介绍了关联审查的四种表现形式。需要指出的是，这四种关联形式在实践中并不是非此即彼的关系，而是相互交织、共同存在的。例如，时间关联中的历史信息一般存在于审查客体之中，由此使得时间关联与客体关联之间产生交叉；而外部反馈会促使审查部门的业务指导机构直接参与特定问题的解决，即空间关联会导致主体关联的发生。但无论是哪种关联，通过关联信息的有效传递和共享，四种关联形式皆可以从不同侧面有助于审查标准的执行一致。

（一）客体关联

客体关联所涉及的典型案件包括系列申请、分案申请、非正常申请、PCT 国际阶段/国家阶段申请等。审查标准执行是否一致从这些实体上和程序上存在关联的案件审查中可以得到直接体现。例如，对于同一批技术方案十分相似的系列申请，如果审查员的审查结论大相径庭，那么标准执行的不一致就会清楚地暴露出来。但是，如果在审查过程中实现这些申请之间的关联，并采取有效的关联审查模式，例如实现关联案件的集中审查或者实现关联案件审查意见的强制借鉴与参考，无疑会有利于对关联案件给出更趋于一致的审查结论，有助于维护我局的公信力。

具体到我局的审查实践，目前实审阶段采用的系列申请人工关联审查模式以及 E 系统中的关联申请模块，就属于客体关联的范畴，但当前的实践侧重于通过程序性信息进行关联，如系列申请手工提案要求“申请人相同，申请日在一年内，分类号大组相同”，而关联申请模块则是基于“同一申请人”这样的著录项目信息进行关联。事实上，对客体关联而言，其更主要的目的是希望审查员能够互相借鉴和参考实体上相同或类似案件的审查结论。因此可以预期，如果通过信息化手段实现基于实体性信息的客体关联，对于提高审查标准执行一致将会更为有利[1]。

---

[1] “关联审查的应用研究”组采用两种语义搜索引擎进行了基于实体性信息的关联实验，获得了比较理想的实验效果，实验结果表明开发基于实体性信息的信息化支撑手段是完全可行的。

（二）主体关联

审查员要站在本领域技术人员的角度去审查，但本领域技术人员是一个虚拟的人，而审查员是存在差异的个体，对技术的理解和标准的把握难免会有所不同。因此，即使对于同一件案件，如果分配给不同的审查员进行独立的审查，也可能会得到不同的审查结论。保证审查标准执行一致，就要尽量缩小审查员之间的个体差异，而在审查员之间通过沟通形成联系，显然是缩小个体差异的有效方式。因此，通过审查主体之间的关联，传递并分享“事实”和“法律”信息，不但可以充分发挥审查员队伍中的“技术专家”和“业务骨干”对于普通审查员的示范作用，还可以在不同审查主体沟通交流的同时，减小自由裁量的尺度差异，使标准执行趋于一致。

目前，我局审查员虽然在审查过程中会自发形成讨论小组，但还没有制度化的主体关联模式出现。我局要形成“多级金字塔式的业务指导体系”，这个指导体系本身就是一种实现主体关联的长效机制，完善该工作机制必将有助于实现高效的主体关联。笔者认为，在形成和完善该工作机制的过程中，我局要考虑如何提供信息化、智能化的配套支撑，只有提供了相应的信息化、智能化的支撑手段，才会使得“技术专家”和“业务骨干”不仅有能力解决相应的技术和法律问题，而且有平台让其充分发挥其能力，从而为不同审查员的标准执行一致提供保障。

（三）时间关联

时间关联的“有机联系”表现为时间纬度的信息，由于这种信息要进行传递和共享，那么这种信息就应该是历史信息，或者说是已有信息。如前所述，时间关联按照信息流动的阶段划分，可以分为环节内的关联和环节间的关联。对于前者，由于环节内的历史信息的传递与共享可以起到积累知识、传承经验的目的，因此有助于促进标准执行的一致；对于后者，则集中体现在前后审级之间可以通过已有信息的交流促进审级间标准执行的一致。

我局目前正在建设针对实审阶段的“中国专利审查智库”。如果该智库能够顺利建成并且上网运行，其必然会有助于环节内的时间关联，有力地促进“知识的积累，经验的传承”，从而有效地促进审查标准的执行一致。就环节间的时间关联而言，虽然在我局内部存在一些定期交流的机制，但还没有针对性的项目出台。不同环节之间，特别是前后审之间标准执行不一致的现象在某些领域还比较突出，例如实审和复审阶段对于《专利法》第 33 条以及“说明书公开充分”的把握，都需要进一步协调。因此，通过信息化手段实现关联信息在环节间的传递与共享，对于提高整个系统的审查质量，特别是促进前后审级间的标准执行一致具有重要意义。

（四）空间关联

我局和外局关联对于标准执行一致的促进作用集中体现在同族专利信息的利用上。由于专利制度的地域性，同一件申请在不同国家/地区可能得到不同的审查结论，即某些案件“同案不同命”是合理的。但值得注意的是，实践中也存在着不合理的“同案不同命”现象，这种不合理的“同案不同命”现象，直接影响我国专利的信誉和国家的利益。建立和完善空间关联机制，充分借鉴他国审查经验，不仅有助于提高审查效率，而且会有效地促进同族专利审查结果的合理一致，从而维护我国专利的信誉和国家利益。

我局与社会公众之间的关联可以有多种表现形式，例如，通过外出调研主动形成关联，或者通过信访被动形成关联，以及通过搭建审查业务投诉平台主被动相结合的方式形成关联等。解决标准执行不一致的问题，首先要查找问题点，但查找问题点不能仅靠内部查找，仅在内部查找问题容易产生盲区，形成惯性，导致所谓的“当局者迷”；通过积极响应外部反馈，借助“旁观者清”，则会更容易达到“兼听则明”的效果。因此，通过与社会公众建立空间关联，可以有效改进内部控制，促进审查标准执行一致。

目前，我局的 S 系统中已经能够方便抓取同族专利信息，为审查员借鉴他国审查经验提供了很好的支撑；而 2010 年上线的审查业务质量投诉平台已经构成了我局与公众联系的主要渠道，虽然该投诉平台运行时间还不长，但该平台对于收集标准执行不一致的问题点，以及通过答复投诉帮助审查员调整标准、把握尺度的积极作用已经显现出来。笔者认为，由于该平台的功能目前还仅限于结果投诉，有必要进一步拓展，例如与我局的其他网络服务平台进行整合，使得审查业务投诉平台进化为审查业务参与平台，公众不仅可以对审查结果进行评价，而且可以对审查过程进行评价，不仅可以进行投诉，而且可以进行检索，甚至还能按需进行信息推送，从而通过方便公众参与过程，深化公众参与程度，达到激发公众参与热情的目的，显然这样一个平台对标准执行一致的促进作用会更明显。

结束语

综上所述，关联审查借助信息化、智能化手段支撑，通过实现关联信息的传递与共享，可以有效促进审查标准的执行一致。目前，我局在构建关联审查模式方面已经开展了一些有益的尝试，并积累了必要的经验，但我局内部的关联审查体系建设还有待于进一步完善。笔者认为：（1）就客体关联而言，应加大信息化开发力度，实现基于实体性信息传递和共享的客体关联；（2）就主体关联而言，在形成“金字塔式业务指导体系”的同时，应在电子审批系统中提供支撑主体关联的相应平台；（3）就时间关联而言，应通过信息化手段促进环节间信息的流动，特别是前后审级之间信息的传递与共享；（4）就空间关联而言，应进一步拓展我局审查服务投诉平台的功能，使其进化为审查业务参与平台。

总之，建议我局以“审查标准执行一致”专项工作为契机，构建并完善涵盖主体、客体、时间和空间关联的审查体系，使我局系统内的各要素之间建立有机联系，形成有序机制，从而提升我局的审查效率，改进我局的审查质量，促进我局审查标准执行一致，最终达到维护我局公信力，提升我国专利品牌信誉的目的。

利用数学建模规划审查进度*

王玉秀　胡金云　王健　杜睿

摘　要：通过从审查工作量和审查耗时两方面入手，利用数学建模的方法和统计学的知识，建立线性数学模型以及非线性数学模型。审查员可以将本月的审查工作时间和案件任务量带入该数学模型中，从而得到每个月对各类案件包括中通、一通、结案的最少处理数量和参考用时。这对审查员在日常工作中合理安排审查时间、合理规划工作进度、提高工作效率、确保工作质量具有一定的参考意义，对审查期限管理部门设定案件的处理期限和任务量也具有一定的参考价值。

关键词：审查进度　规划　数学建模　统计

引　言

审查进度规划对于审查员尽快了解审查过程、审查耗时和把握实审进度具有重要的作用，合理规划审查进度，能够使得审查员有效地把握案件审查流程和走向，合理掌握工作时间和工作量的关系，提高工作效率。

---

* 本文源自“基于控制理论的审查效率优化研究”，课题性质：北京中心课题，课题组负责人：杨玲，成员包括：王健、王玉秀、胡金云、杨庆林、杜睿、唐宇、庄慧敏。

有效规划审查进度，对于全局的发明专利实质审查工作的有效开展具有重要的意义，对于顺利完成“十二五”规划、建设强局、树立我局良好形象和公信力，都具有重要的作用。

然而，发明专利审查的影响因素众多，细化到每件专利申请，无论是审查员审查水平，申请人或代理人的撰写水平以及申请人或代理人的配合情况都不尽相同，可见，影响审查进程快慢的主要原因是人为因素。由于人为主观因素的影响，发明专利的实质审查工作难以找到量化的科学根据。随着审查任务的增长、审查周期的不断缩短，在发明专利实质审查工作中，工作规划科学化、定量化的呼声日渐高涨。

当前，数学建模在经济学以及管理学等领域有着广泛的应用，是否也可以将数学建模与发明专利实质审查工作相结合，建立科学的数学模型，从而令审查工作的规划更加科学呢？

一、数学建模与专利审查

首先，了解一下数学建模的特点。数学建模的一般步骤是：① 了解熟悉实际问题，以及与问题有关的背景知识；② 通过架设把所要研究的实际问题简化、抽象，明确模型中的诸多影响因素，用变量和参数来表示这些因素，运用数学知识和技巧来描述问题中变量之间的关系，一般情况下，用数学表达式来表示，构架出一个初步的数学模型，然后，再通过不断调整架设使建立的模型尽可能地接近实际，从而得到比较满意的结论；③ 使用已知数据、观测数据或者实际问题的背景知识给出数学模型中参数的估计值；④ 运行所得到的模型，把模型结果与实际观测结果进行比较，如果二者基本相一致，表明模型可以符合实际问题，如果二者的结果不一致，需要继续完善模型。

具体的数学建模理论和方法多种多样，选择哪种理论对发明专利实质审查工作进行建模更加科学呢？笔者通过研究，将主要采用两种数学思想对发明实质审查工作进行数学建模：数学规划和统计学。

数学建模中的规划问题主要研究的是：一项任务确定后，如何统筹安排，尽量做到用最少的人力、物力资源去完成这项任务；或者已经有一定数量的人力物力资源，如何安排它，使用它使得完成。

而在发明专利实质审查工作中，审查员每个月的工作量是确定的，每个月从事发明专利的审查工作时间审查员也可以大致安排出来，审查员面临的问题就是如何统筹、安排时间去完成审查任务。从以上分析，不难看出，发明专利的实质审查工作与数学中的规划问题存在相似之处。

统计学，是指统计工作实践的理论概括和科学总结，是研究、整理、分析统计资料的理论和方法的科学，它是以社会现象总体的数量方面为研究领域，以研究和阐明统计设计、调查、整理和分析统计资料的理论和方法为内容，是一门独立的社会科学。

在发明专利实质审查工作中，虽然如上文所述每一件专利申请的情况都不尽相同，其完成时间也不尽相同，案件难易程度不同，审查员和代理人水平有高有低，然而从全局整体上来看，在大样本空间内，在较长的特定时间内，案件的处理周期和审查工作具有统计学意义上的规律。

因此，本文将采用数学规划方法以及统计学思想建立发明专利实质审查工作数学模型，对发明审查工作进行规划。

二、审查进度规划模型的建立

首先，我们要明确模型中的诸多的影响因素。发明专利实审员的工作包括：一通、中通和结案的处理。影响上述通知书处理情况的因素包括：通知书的撰写水平，审查员对本领域技术的掌握情况、检索水平、审查能力、申请人的配合程度等。然而，上述诸多影响因素最终反映到通知书上，具体表现为完成各种通知书的数量以及时间，也就是说，在统计学意义上，大样本空间下各种通知书的数量和完成时间，已经包含各类内外部因素的影响。在下文中，将建立审查进度规划模型，其中采用了“线性规划”规划各类通知书数量的安排以及采用非线性规划，规划各类通知书的处理时间安排。

如何合理分配审查员的审查时间和审查数量，从而提高审查效率，进而保证审查任务的完成，成为我们针对“审查进度规划”方面的研究重点。为此，笔者引入了数学规划的理论，结合审查实践，以月为工作单位，建立了审查进度规划模型 F（x，y，z，t），具体如下：

$$F(x,y,z,t)=\begin{cases}N_{\min}(x,y,z)\\T_{\max}(x,y,z,t)\end{cases}$$

$N_{\min}(x,y,z)$代表数量规划函数：每月至少完成的一通量、中通量、结案量。

$T_{max}(x,y,z,t)$代表时间规划函数：完成一次一通、中通、授权、驳回分别用时；全部完成一件案子最多用时；平均一个案子在实审系统中的总逗留时间。

（一）数量规划函数

对于一通和结案的数量，审查员可以参考每月的任务量；对于中通并没有明确的任务量要求，但给出了审限要求。审查员在具体操作时，往往也仅处理即将到审限和结案较快的案件，对每月应当如何分配处理中通的时间，以及每月应当具体处理多少个中通才能保证年结案量都没有一个准确的标准。这种随机的处理方式给审查员提供了自由空间，然而也发现有部分审查员造成了中间通知书的大量积压，进而影响到全年任务量的完成。

尤其对于新审查员而言，由于没有审查经验，对一个案件投入的时间常常感到迷茫。显然，在审查任务逐年增长的情况下，不经过合理规划与安排，特别容易造成审查任务无法完成；或者，由于时间利用不合理，容易造成每月前期案件审查过慢，而快到出案截止日之前的案件，时间不够用，审查较为粗糙；或者，由于时间安排不合理，导致审查效率不好，常常加班等。对于长期审查工作，不论哪种情况都不利于案件的审查，也不利于良好审查习惯的培养。

为了给审查员均匀出案提供一定的理论依据，保证审查员顺利完成全年任务，本章将采用线性规划的理论对目前中心的审查任务，每月的中通、一通以及结案数量给出建议，为审查员的工作提供了理论化的依据。

1. 线性规划的理论

线性规划是运筹学中研究较早、发展较快、应用广泛、方法较成熟的一个重要分支，它是辅助人们进行科学管理的一种数学方法。在经济管理、交通运输、工农生产等经济活动中，提高经济效益是人们不可缺少的要求，提高经济效益一般通过两种途径：一是技术方面的改进，例如改善生产工艺，使用新设备和新型原材料；二是生产组织与计划的改进，即合理安排人力、物力资源。

线性规划所研究的是：在一定条件下，合理安排人力、物力资源，使经济效果最好。一般的，求线性目标函数在线性约束条件下的最大值或最小值的问题，统称为线性规划问题。满足线性约束条件的解叫做可行解，由所有可行解组成的集合叫做可行域。决策变量、约束条件、目标函数是线性规划的三要素。

本文就是利用线性规划的原理，探索线性规划在专利审查领域的应用，以合理安排工作时间，提高专利审查效率。对每月的数量进行规划，从而得到每月应完成的一通、中通和结案数量的最优值。

2. 线性规划函数模型

数量规划函数 $N_{min}(x,y,z)$ 表示：每月至少完成的一通量、中通量、结案量，具体为：

$$N_{min1}(x,y,z) \geqslant C1$$

$$N_{min2}(x,y,z)=N_{min1}(1-a)\delta+N_{min1}(1-a)(1-b)\beta+N_{min1}(1-a)(1-b)(1-c)\gamma$$

$$12N_{min2}(x,y,z) \geqslant N_{min3}(x,y,z)$$

$$N_{min3}(x,y,z) \geqslant C2$$

$$\delta=\delta_1+\delta_2+\delta_3+\delta_4$$

$$\beta=\beta_1+\beta_2+\beta_3+\beta_4$$

$$\gamma=\gamma_1+\gamma_2+\gamma_3+\gamma_4$$

$N_{min1}(x,y,z)$ 表示每月至少完成一通量，具体数值由审查任务 $C1$ 决定。

$N_{min3}(x,y,z)$ 表示每月至少完成结案量，具体数值由审查任务 $C2$ 决定。

$N_{min2}(x,y,z)$ 表示每月至少完成中通量，数学模型的具体内容为：设审查员每月至少完成一通的数量为 N_{min1}，平均一通回案后结案率为 a，二通回案后结案率 b，三通回案后结案率 c，审查员为均匀出案。

并设定中通的处理期限为四个月，δ_1 为距离审限截止日还有四个月的一通中发二通的案件数；δ_2 为距离审限截止日还有三个月的一通中发二通的案件数；δ_3 为距离审限截止日还有两个月的一通中发二通的案件数；δ_4 为距离审限截止日还有一个月的一通中发二通的案件数。β_1 为距离审限截止日还有四个月的二通中发三通的案件数；β_2 为距离审限截止日还有三个月的二通中发三通的案件数；β_3 为距离审限截止日还有两个月的二通中发三通的案件数；β_4 为距离审限截止日还有一个月的二通中发三通的案件数。

γ_1 为距离审限截止日还有四个月的三通中发四通的案件数；γ_2 为距

离审限截止日还有三个月的三通中发四通的案件数；γ_3 为距离审限截止日还有两个月的三通中发四通的案件数；γ_4 为距离审限截止日还有一个月的三通中发四通的案件数。

求解每月最少完成多少件中通才能保证全年审查任务（每月要求一通和结案量都要大于等于 10）（发五通以上通知书所占比例较小，故忽略，假设发四通后全部结案）。

其中：

线性约束条件为：$N_{\min1}(x,y,z)\geqslant C1$

$$N_{\min3}(x,y,z)\geqslant C2$$

$$12N_{\min2}(x,y,z)\geqslant N_{\min3}(x,y,z)$$

$$\delta=\delta_1+\delta_2+\delta_3+\delta_4$$

$$\beta=\beta_1+\beta_2+\beta_3+\beta_4$$

$$\gamma=\gamma_1+\gamma_2+\gamma_3+\gamma_4$$

目标函数为：$N_{\min2}(x,y,z)=N_{\min1}(1-a)\delta+N_{\min1}(1-a)(1-b)\beta+N_{\min1}(1-a)(1-b)(1-c)\gamma$

其中：

$N_{\min1}(1-a)\delta$ 为一通回案中需要发二通的案件数；

$N_{\min1}(1-a)(1-b)\beta$ 为二通回案中，需要发三通的案件数；

$N_{\min1}(1-a)(1-b)(1-c)\gamma$ 为三通回案中，需要发四通的案件数；

$N_{\min2}(x,y,z)=N_{\min1}(1-a)\delta+N_{\min1}(1-a)(1-b)\beta+N_{\min1}(1-a)(1-b)(1-c)\gamma$；为当月至少需要发的中间通知书总数量。

由此，获知了每月至少所需要发的中间通知书总量，对于审查进度中的数量规划，审查员就有了清醒的认识，如此按部就班地处理回案，既不会导致回案积压而造成中通审限问题，也不会导致由于回案处理量不够而造成的结案数量无法保证的问题，更加不会导致由于审查员盲目地集中处理回案而出现审查质量下降的问题。有了合理的中通处理进度，结案的质量和数量都有了保障。

（二）时间规划函数

从上一节所述，审查员可以根据线性规划模型，计算出每个月应当完成的一通、中通以及结案的数量。但是，审查员在实际工作过程中，处理的案件复杂程度不同，单件案件所需时间也不同，而为了合理分配时间，审查员有必要了解每件申请平均的耗时。由于审查员处理的都是个案，没有机会接触和了解部门层面的审查耗时问题，从而会导致审查员始终按部就班地工作，埋头审查，对于宏观的审查进度没有进行必需的调查研究和了解，尤其对于审查经验相对不足的新审查员，可能对于案情简单的案件花费了不必要的时间，对于案情复杂的案件又不得不投入大量精力进行处理，这样，在邻近月底、季度末、年底等时间点，才发觉工作时间不够，不得不牺牲休息时间加班加点工作，审查质量也会相应受到影响。这种前松后紧的现状，并非完全归咎于审查员的审查习惯，时间分配不当也是一个很重要的因素。对于一名有经验的审查员而言，也是经历了反复多次的上述过程，方才对案件审查时间有了较为清醒的认识，但这个过程是以审查员付出了大量无谓精力和时间为代价的。

为了帮助审查员，尤其是新审查员尽早对于案件审查时间和自身工作时间进行有效分配，提高工作效率，养成良好的审查习惯，节约劳动成本，帮助审查员顺利完成审查任务的同时尽量少牺牲个人休息时间，本节将采用非线性规划的理论对目前完成一通、中通、授权、驳回等通知书所需的时间以及完成一件案件的最多用时给出有指导意义的量化数值，为审查员合理安排时间提供了理论化的依据。

1. 非线性规划理论

非线性规划是具有非线性约束条件或目标函数的数学规划，是运筹学的一个重要分支。非线性规划研究一个 n 元函数在一组等式或不等式的约束条件下的极值问题，且目标函数和约束条件至少有一个是未知量的非线性函数。

非线性规划是 20 世纪 50 年代才开始形成的一门新兴学科。1951 年 H. W. 库恩和 A. W. 塔克发表的关于最优性条件（后来称为库恩一塔克条件）的论文是非线性规划正式诞生的一个重要标志。在 20 世纪 50 年代还得出了可分离规划和二次规划的 n 种解法，他们大都是以 G. B. 丹齐克提出的解线性规划的单纯形法为基础的。20 世纪 50 年代末到 20 世纪 60 年代末出现了许多解非线性规划问题的有效的算法，20 世纪 70 年代又得到进一步的发展。非线性规划在工程、管理、经济、科研、军事等方面都有广泛的应用，为最优设计提供了有力的工具。20 世纪 80 年代以来，随着计算机技术的快速发展，非线性规划方法取得了长足进步，在信赖域法、稀疏拟牛顿法、并行计算、内点法和有限存储法等领域取得了丰硕的成果。

本文，就是利用非线性规划的原理，探索非线性规划在专利审查领域的应用，以合理安排工作时间，提高专利审查效率。对完成一次一通、中通、授权、驳回的用时和全部完成一件申请审查的用时进行规划，从而得到完成一件申请审查的最多用时。

2. 用时间规划函数求解审查用时

时间规划函数 T_{max}（x，y，z，t）表示：完成一次一通、中通、授权、驳回的分别用时。

$$T_{max}=T_{max1}(x,y,z,t)+n*T_{max2}(x,y,z,t)+T_{max3}(x,y,z,t)$$

$$N_{min1}(x,y,z)*T_{max1}(x,y,z,t)+N_{min2}(x,y,z)*T_{max2}(x,y,z,t)+N_{min3}(x,y,z)*T_{max3}(x,y,z,t)\leqslant 8*22$$

$$N_{min1}(x,y,z)\geqslant C1$$

$$N_{min2}(x,y,z)=N_{min1}(1-a)\delta+N_{min1}(1-a)(1-b)\beta+N_{min1}(1-a)(1-b)(1-c)\gamma$$

$$N_{min3}(x,y,z)\geqslant C2$$

$$N_{min3}(x,y,z)=N_{min31}(x,y,z)+N_{min32}(x,y,z)+N_{min33}(x,y,z)$$

其中：

n 为中间通知书的次数；

$N_{min1}(x,y,z)$表示每月至少完成一通量，由审查任务 $C1$ 决定；

$N_{min2}(x,y,z)$表示每月至少完成的中通量，由数量规划函数的计算结果确定；

$N_{min3}(x,y,z)$表示每月至少完成结案量。

其中：

$N_{min31}(x,y,z)$表示授权数量；

$N_{min32}(x,y,z)$表示驳回数量；

$N_{min33}(x,y,z)$表示视撤数量；

三者总和由审查任务 $C2$ 决定。

$T_{max1}(x,y,z,t)$表示完成一件一通的时间；

$T_{max2}(x,y,z,t)$表示完成一件中通的时间；

$T_{max31}(x,y,z,t)$表示完成一件授权的时间，

$T_{max32}(x,y,z,t)$表示完成一件驳回的时间；

$T_{max3}(x,y,z,t)$表示完成一件结案所需时间。

数学模型的具体内容为：

设审查员每月至少完成一通的数量为 $N_{min1}(x,y,z)$，中通数量为 $N_{min2}(x,y,z)$，结案数量为 $N_{min3}(x,y,z)$，完成一件一通所需时间为 $T_{max1}(x,y,z,t)$，完成一件中通所需时间为 $T_{max2}(x,y,z,t)$，完成一件结案所需时间为 $T_{max3}(x,y,z,t)$，其中授权所需时间为 $T_{max31}(x,y,z,t)$，驳回所需时间为 $T_{max32}(x,y,z,t)$。求解平均完成每一个案件的最多用时（单位：小时）。

其中，约束条件为：

$N_{min1}(x,y,z)*T_{max1}(x,y,z,t)+N_{min2}(x,y,z)*T_{max2}(x,y,z,t)+N_{min3}(x,y,z)*T_{max3}(x,y,z,t)\leqslant 8*22$

$N_{min1}(x,y,z)\geqslant C1$

$N_{min2}(x,y,z)=N_{min1}(1-a)\delta+N_{min1}(1-a)(1-b)\beta+N_{min1}(1-a)(1-b)(1-c)\gamma$

$N_{min3}(x,y,z)\geqslant C2$

目标函数为 $T_{max}=T_{max1}(x,y,z,t)+n*T_{max2}(x,y,z,t)+T_{max3}(x,y,z,t)$

其中结案所需时间的计算涉及授权、驳回、视撤三种结案情况，需要加权计算，回案次数 n 的获取参照上一节的统计结果。

由此，获知了每件申请由开始审查到结案所需的最大用时，审查员在案件整体进度的时间把握方面就能够更加游刃有余，对于每个月的工作时间安排也能做到心中有数。毕竟，每个月的工作日和每天的工作时间都很有限，加上工作效率的起伏，有效的工作时间更是十分宝贵，对于每件申请的审查时间有了充分的认识，审查员在工作中才能更有效地分配工作时间，在整体上对于工作进度做到心中有数，能够有效地避免时而放松时而紧迫的工作状态的出现。

而对于部门和中心以及全局的工作计划制定，上述公式也具有指导意义。具体而言，每个月的工作日和每天的工作时间是固定的，而制定审查计划和审查任务时，必须考虑到审查员或多或少承担的相关的其他工作，因此，最大的工作量限定不能超出合理的范围，这个合理的范围就是由每个月或者每年的工作时间除以每件申请所需要的最大用时。当然，这只是理论上的最大值，是一个上限，在实际工作中，考虑到多方面的因素，实际的工作量还要远远低于这个理论上的最大值。其他方方面面的影响因素，还需要进一步深入的研究。

结束语

本文通过利用数学建模的方法和统计学的知识，分别建立线性数学模型以及非线性数学模型对审查案件的数量和审查案件的用时进行了讨论，通过本文中的数学模型，审查员可以将本月的审查工作时间和案件任务量带入数学模型中，从而得到每个月对各类案件包括中通、一通、结案的最少处理数量以及参考用时，对审查员在日常工作中合理安排审查时间，合理规划工作进度，提高工作效率，确保工作质量具有十分重要的参考意义，对审查期限管理部门设定案件的处理期限以及任务量都具有一定的参考价值。

参考文献

[1] 中华人民共和国国家知识产权局．专利工作“十一五”规划 [R/OL]．[2012－09－15]．http：//www.china.com.cn/policy/txt/2006－11/09/content_9252604.htm.

[2] 中华人民共和国国家知识产权局．专利审查工作“十二五”规划 [R/OL]．[2012－09－15]．http：//211.157.104.86：8080/ogic/view/govinfo！detail.jhtml?d=117.

[3] 中华人民共和国国家知识产权局．专利工作“十二五”规划 [R/OL]．[2012－09－15]．http：//www.sipo.gov.cn/gk/gzyd/201203/t20120319_654555.html.

[4] 管梅谷，郑汉鼎．线性规划 [M]．济南：山东科学技术出版社，1983：1－14，325－336.

[5] 胡毓达．非线性规划 [M]．北京：高等教育出版社，1990：1－15.

化学领域系列申请审查模式研究*

裴军　谭天　张金毅
刘文霞　朱宁

摘　要： 针对化学领域的系列申请，通过分析化学领域系列申请的特点和审查的难点，给出了具体的审查模式，即对于化学领域相关度高的申请，建议采用小组审查模式，形成统一的审查意见，并在指定期限内完成；对于化学领域相关度较低或无相关度的系列申请，建议审查员正常独立审查。通过对化学领域系列申请审查模式的研究和改进，以期为化学领域审查员在处理系列申请时提供借鉴，有助于审查标准的执行一致和切实做到同案同判。

关键词： 系列申请　化学　审查模式

引　言

目前，审查员遇到系列申请的情况越来越多，针对不同领域系列申请的特点，给出相应的审查模式，对于审查员准确把握审查过程，实现

* 本文源自“化学特定领域审查策略比较研究”，课题性质：北京中心课题，课题组负责人：朱宁，刘文霞，课题组成员：张金毅、蒋世超、温国永、裴军、王静、蒋世超、谭天、马旭、丁德宝、徐圆圆、李哲、孙思、王宏、王勤耕、卞志家、康旭亮、苏敏。

审查标准一致，提高审查效率和审查质量具有积极的意义。对于系列申请，《审查操作规程·实质审查分册》第八章第1.1.2.3节中规定："如果审查员发现自己所审查的案件具有系列申请，即相同申请人就相同主题提交了多件申请，为统一审查标准，对于尚未分配给其他审查员的案件，审查员可以提出提案请求，经部门领导及审查业务管理部批准后，案源调配系统可将上述案件分配给该审查员"。在审查实践中，系列申请往往包括更多的种类，比如：相同优先权的申请、分案申请；发明点相同而仅将技术方案中的某个特征进行等效替换；同一申请人为解决某一技术问题，采用了不同技术改进的技术方案的申请等。

已有文献对系列申请进行了初步探讨[1]，并提出了"独立审查"、"联合审查"等观点及相关检索模式[2]，而这些研究工作并未结合不同领域的具体特点以及当前审查软硬件条件现状给出可操作性强的审查模式。对此，本文针对化学领域的系列申请，通过分析化学领域系列申请的特点和审查的难点，给出了具体的审查模式，为化学领域审查员在处理系列申请时提供借鉴，进而推动化学领域整体审查质量的提高。

一、不同类型化学领域系列申请审查过程分析

化学领域的申请具有技术方案可预见性差、特定技术术语繁多的特点，化学领域的系列申请主要有以下两种情形：一种是围绕发明点，对其中的某个或某些特征进行等效替换，技术方案的相似度较高；另一种是针对某一技术问题，采用了不同的发明思路，技术方案相似度较低。据此，将化学领域的系列申请按照技术方案相关程度分为两类：一类为技术方案相关程度很高，其关键技术特征几乎相同，仅在次要特征上有差异；另一类为在大的技术主题相同（例如无机材料、化学工程），而其细分领域不相同，技术方案相关程度也不高。下面结合实际案例分析化学领域系列申请的特点和审查过程的差异，找到审查实践中存在的不足，从而提出适合化学领域系列申请的具体审查模式。

（一）相关度高的系列申请

【案例1】

本案例涉及某申请人提交的有关沸石分子筛的系列申请，共涉及10件申请（见表1），技术领域相近，均为混合物相的分子筛催化剂材料，从申请文件特别是权利要求的撰写来看，所采用的撰写方式也相似，他

们的发明点都基本相同，仅在分子筛的具体参数上存在区别，属于相关度很高的系列申请的类型。

表 1　系列申请案例 1 基本情况分析

申请号	申请主题	审查员	提案时间	一通发文日	结案日	一通引用法条	审查结果
分子筛申请 1	β 沸石共生材料	中心化学处 A	20100329	20100512	20110321	A26.4	授权
分子筛申请 2	丝光沸石共生材料	局材料部 B	20100318	20100423	20100611	A26.4	授权
分子筛申请 3	Y 沸石共生分子筛	中心化学处 C	20100325	20100519	20110212	A26.4	授权
分子筛申请 4	Y 沸石共生分子筛	中心化学处 D	20100328	20100511	20110107	A26.4	授权
分子筛申请 5	丝光沸石共生材料	中心化学处 E	20100401	20100414	20110225	A26.4	授权
分子筛申请 6	MCM—49 共生分子筛	局材料部 F	20100407	20100727	20101026	A26.4	授权
分子筛申请 7	MCM—56 共生分子筛	局材料部 G	20100407	20100511	20110117	A26.4	授权
分子筛申请 8	Y 沸石共生分子筛	局材料部 H	20100401	20100511	20101103	A26.4	授权
分子筛申请 9	Y 沸石共生分子筛	中心化学处 I	20100315	20100414	20110727	A26.4	授权
分子筛申请 10	丝光沸石共生材料	中心化学处 J	20100401	20100505	20110112	A26.4	授权

从上述系列申请的审查过程来看，该系列申请进入实质审查阶段时，各审查部门及提案系统未对该系列申请进行干预，10 件申请分别由 10 位

审查员独立审查，提案时间分布在2010年3～4月之间，一通发出时间分布于2010年4～7月之间，结案时间段则分布于2010年6月至2011年7月之间。系列申请审查过程参见表1，从中看出，审查员均指出权利要求不具备《专利法》第26条第4款缺陷，均未评述新颖性和创造性，最终该系列的10件申请均被授权。每件申请的撰写方式相近，对每件申请可能存在不符合《专利法》第26条第4款的缺陷进行了具体分析，归纳出以下4点：

A. 权利要求1存在“X射线图谱中的*d*间距最大值”的特征，是否清楚；

B. 权利要求4的特征“纳米无定型物”是否清楚；

C. 方法权利要求4中原料“有机硅”概括是否合理，是否得到说明书支持；

D. 权利要求4中，“无定形二氧化硅与硅溶胶”是否属于上下位并存。

在每件申请的实质审查过程中，审查员在一通或后续审查时，给出了并不相同的审查意见，具体情况参见表2。

表2　案例1实际审查过程中所指出的缺陷统计

申请号	申请主题	所指出的问题	申请人答复
分子筛申请1	β沸石共生材料	AB	陈述了“*d*间距最大值”的确切含义；
分子筛申请2	丝光沸石共生材料	B	将原权利要求4中的“丝光沸石前驱体的晶粒在1～500纳米的无定形物”修改为“丝光沸石前驱体的粒径为1～500纳米的无定形物”。
分子筛申请3	Y沸石共生分子筛	AB	陈述了“*d*间距最大值”的确切含义；将原权利要求3步骤（2）中的“晶粒径为1～500纳米的无定形物”修改为“晶粒在1～500纳米的无定形物”

续表

申请号	申请主题	所指出的问题	申请人答复
分子筛申请 4	Y 沸石共生分子筛	ABC	陈述了"*d* 间距最大值"的确切含义；将原权利要求 3 步骤（2）中的"晶粒径为 1～500 纳米的无定形物"修改为"晶粒在 1～500 纳米的无定形物"
分子筛申请 5	丝光沸石共生材料	AB	删除原权利要求 3～7；陈述了"*d* 间距最大值"的确切含义
分子筛申请 6	MCM－4 共生分子筛	C	将原权利要求 4 步骤（4）中的"有机硅"修改为"正硅酸乙酯"
分子筛申请 7	MCM－56 共生分子筛	B	陈述了纳米无定形物的具体含义
分子筛申请 8	Y 沸石共生分子筛	ABC	陈述了纳米无定形物的具体含义；将原权利要求 4 步骤（4）中的"有机硅"修改为"正硅酸乙酯"
分子筛申请 9	Y 沸石共生分子筛	AB	删除原权利要求 3～7；陈述了"*d* 间距最大值"的确切含义
分子筛申请 10	丝光沸石共生材料	AB	陈述了"*d* 间距最大值"的确切含义；陈述了纳米无定形物的确切含义

从上述统计结果来看，对于权利要求中同样存在的事实，不同的审查员给出了众多不同的审查意见（共有 4 种），无疑会给申请人答复审查意见带来一定的困惑。问题 A 涉及独立权利要求 1 是否清楚的实质问题，直接关系到案件的走向，结合申请人的意见陈述，笔者认为"*d* 间距最大值"是 X 射线测试领域常规的一种表述方式，其所表达的含义能够为普通技术人员所理解，不应构成保护范围实质不清楚的缺陷；虽然指出上述缺陷的审查员最后均接受了申请人的意见陈述，但上述审查意见至少存在过度质疑的缺陷；对于缺陷 B 和 D，确实属于未能清楚限定权利要求保护范围的缺陷，在没有引用对比文件评述新颖性、创造性的情况下，按照全面审查原则，应当全面指出上述缺陷；而从统计结果来看，没有

一名审查员在实际审查过程中正确、全面地指出了上述缺陷；对于缺陷C，属于审查员可以合理置疑的范围，有3名审查员提出了质疑，另外7名审查员未对同样的概括方式表示了认可。

从以上的数据和初步分析可以看出，针对案例1的实际审查情况，在未对高相关度系列申请的提案及审查过程进行干预的情况下，审查过程存在问题：不同审查员对于权利要求中存在缺陷的尺度把握不一，对于存在的形式缺陷难以一次性审查全面，这增加了申请人答复的难度，并导致系列申请的结案周期被延长，不同审查员之间结案周期最大相差13个月。

（二）相关度低的系列申请

【案例2】

案例2涉及某化工股份有限公司申请的有关氟化工领域的发明系列申请。

笔者从中挑选有代表性的部分案例，其中申请1～4涉及相关度很高的同一主题的系列申请，其分别为不同审查员所审查；申请5～7涉及氟化工领域下属的不同分支的技术领域，其恰好为同一审查员所审查；整个系列申请的审查过程同样未经过人为的干预，由不同审查员在提案系统中自行提案并进行审查。各申请的具体情况请参见表3。

申请1～4涉及相关度非常高的同一主题的技术方案，仔细分析后，4件申请仅是在“铝厂电解质块”、“铝厂碳渣”、“氟铝酸铵”以及“氟化氢钠”进行了不同的排列组合，仅有1名审查员检索得到了对比文件并评述了创造性，其余3件申请的新颖性、创造性均未受到质疑；而申请5～7虽然为同一申请人所提交，但其涉及的细分领域有较大差异，各申请的权利要求的撰写方式及内容也差别较大，而此3件申请为同一审查员审查，该审查员针对这3件申请均给出了不符合《专利法》第22条第3款（A22.3）的审查意见，并最终以创造性的理由驳回了这3件申请。

表3　案例2各申请基本情况

申请号	发明名称	审查员	结案时间	一通所用法条	案件最终状态
氟化工案例1	一种制备冰晶石的方法	中心审查员A	20110421	A26.4	授权

续表

申请号	发明名称	审查员	结案时间	一通所用法条	案件最终状态
氟化工案例 2	一种生产冰晶石的方法	材料部审查员	20100528	A26.4	授权
氟化工案例 3	一种制备冰晶石的方法	中心审查员 B	20110225	A22.3	视撤
氟化工案例 4	一种冰晶石的生产方法	中心审查员 C	20111017	A26.4	授权
氟化工案例 5	一种生产二水氯化钙副产氟化钙的方法	中心审查员 D	20100612	A22.3	驳回
氟化工案例 6	一种氟化钠的生产方法	中心审查员 D	20100713	A22.3	驳回
氟化工案例 7	一种生产氢氟酸、无水硫酸镁、氟化钠的方法	中心审查员 D	20100122	A22.3	驳回

申请 1～4 属于相关度高的系列申请，有的审查员对于所属的氟化工领域的上述几种原料认为是公知常识，而有的审查员则认为将碳渣和铝厂电解质块应用于氟化工产品的制备是非显而易见的，也没有检索到更充分的现有技术作为证明，因此应当承认其创造性。可见，在高相关度的系列申请中，审查员独立审查时出现了创造性尺度把握不一致的现象。对于申请 5～7，审查员在审查时，经简单检索后，发现该企业存在大量系列申请，与同部门其他审查员进行交流后，认为该公司的申请存在将各种常规技术手段进行拼凑组合的嫌疑。于是，审查员采用了公知常识对申请进行评述，并以创造性驳回了其中的 3 件申请。从上述申请 5～7 的审查过程来看，该审查员在引用相应对比文件的基础上，将所涉及的大量区别（一通中，对比文件与独立权利要求的主要区别大多超过 4 项）均认定为公知常识，申请人意见陈述后，审查员未举证并作出驳回决定，

存在创造性标准过于严苛的问题。

案例2的申请1～4属于相关度高的系列申请，由于审查员自身对于技术问题和尺度把握的不同，出现了创造性审查尺度不统一导致审查意见结论不一致的问题；申请5～7属于相关度不高的系列申请（其技术方案本身从撰写至实质内容上均属于不同的申请），审查员之间经过讨论得到了同一性结论，由于在讨论中获得了“申请人将公知常识进行排列组合”的共识，审查员在审查时往往先注入了“该系列申请应不具备创造性”的印象，导致后续审查过程中创造性审查尺度过于严苛的情况出现。

二、化学领域系列申请的审查模式

通过案例1和案例2的分析可以看出，在未对化学领域系列申请的提案及审查过程进行干预的情况下，审查过程存在审查标准把握不一致的问题。造成该问题的主要原因在于：

（1）审查员的专业背景存在差异、对技术的理解程度存在差异。化学领域案件所涉及的技术跨度广，不同审查员的专业背景不尽相同，具体到案例1，分子筛的制备实际属于无机化学和材料领域，但X射线测试的原理及数据表达则实质属于物理检测技术，审查员掌握的跨领域的知识差异造成对“d间距最大值”这个技术术语理解上的偏差，造成有的审查员指出该术语不清楚，有的审查员未指出该术语不清楚。此外，对于“晶粒径为1～500纳米的无定形物”中同时出现晶粒和无定形物这个问题来讲，有的审查员认为清楚，有的认为不清楚，客观上讲，该句话的表述是清楚的，这基于对分子筛无定形物的客观理解上，无定形物实质上就是未发育完美的晶体（俗称骸晶），可见权利要求的表述并无不清楚之处。

（2）审查员之间针对同一系列申请的沟通和交流不够充分。由于审查员在提案系统中单独提案、独立审查，审查员之间通常缺乏必要的小组讨论或交流，容易造成两种结果：一种是审查员在E系统中可以查询相似系列申请的审查进程，存在“等你审完我再审”或者“可以直接参考你的审查结论或对比文件”的现象，容易忽略系列申请个案的特点而造成“一刀切”式的审查过程，比如，案例2中申请5～7的审查员均评述了创造性并最终驳回，一通中审查员将对比文件与独立权利要求超过四项区别均认定为公知常识，并且对于申请人的意见陈述并未举证，存在创造性标准过于严苛的问题，审查员的审查过程和审查意见明显存在互相借鉴的痕迹，这导致一件申请被驳回，系列申请的其他几件也均被驳回；另一种是审查员独立审查，完全不理会和参考其他审查员的审查过程和审查意见，容易导致该审查员的审查意见与其他审查员意见不同甚至相反，这给申请人的答复带来困惑和困难，不利于审查标准的执行一致。

针对以上问题，为了保证今后发明专利系列申请的审查质量，努力实现审查标准执行一致的目标，笔者对于系列申请的审查流程及制度提出以下几点建议：

（1）对于审查操作系统进行部分改进，从初审流程部门至实质审查全过程对系列申请进行监控，具体的，首先可由系统识别系列申请，并在该申请首次提案时发出预警或提示；其次，可由S系统根据申请的相关程度将申请分为较高相关程度与较低相关程度的两类（S系统的准备检索子系统目前已经具备提供相关文献的相关度的功能）。

（2）根据S系统和E系统给出的数据，可试推行以下案卷分配方案：对于高相关度系列申请，可试行下列规则：① 每人次提案数量不应大于5件；② 系列申请所属审查单元不能存在进审超过18个月的案件；③ 系列申请进审时长应当超过6个月，且系列申请与已提案件的进审日期间隔在6个月以内。一方面，上述规定可以避免由单一审查员提到该系列申请中的大量案件；但对于案件数量远远大于5件的系列申请如何分配并没有规定，对此可以由部门制定多名审查员进行集体审查，即在该多名审查员间平均分配案件，由集体讨论形成一致意见后集体处理，既能够保证及时处理案件，又有利于实现审查标准执行一致。另一方面，上述规定又可使提案流程满足ISO9001质量体系的相关规定；而对于低相关度系列申请，由于其技术方案相差较大，因此该情况下对于该类案件可由部门或者提案系统随机分配给审查员进行审查，这样可以避免先入为主或惯性思维给审查结果带来的影响。

（3）系列申请提案后，可由E系统自动生成相关提案表单，返回审业部相关负责部门确认并备案；同时，由于ISO9001质量体系中规定各部门应成立案源管理工作组，该工作组在E/S系统帮助下可更方便得到提案相关数据，每隔一段时间，可对已审查结束的系列申请进行分析核查，确定审查结果及判断该结果是否正确，并以此调整提案指标或参数

（例如审查时长、每位审查员提案上限等）。

参考文献

[1] 顾雯雯，等．系列申请审查模式探讨 [J]. 审查业务通讯，2011 (2)：57—61.
[2] 李伟．从个案看具有系列申请的大公司案件的检索与优先权核实 [J]. 审查业务通讯，2011（机械部专刊）：42—46.

排队论在审查周期管理中的应用*

杜睿　王健　王玉秀　胡金云

摘　要：审查周期是衡量我局专利审查效率的关键指标，因此，加强对审查周期的精细化管理在当前形势下显得尤为重要，为了实现上述目标，就需要我们去寻找一种科学的、系统的计算E系统中局部环节审查周期的方法。为此，本文首先从排队系统与实质审查中回案处理流程的相似性出发，利用排队论理论建立回案排队系统模型；其次，针对该回案排队系统模型，确定需要研究的平均等待队长、平均等待时间和平均逗留时间等指标；最后，运用问卷调查与数理统计的方法对上述指标进行计算，并对计算结果进行具体的分析和研究，从而为部门的审查周期精细化管理提供理论依据，同时也为审查员对自己的审查周期进行优化控制提供参考。

关键词：排队论　审查周期　E系统　回案排队系统

引　言

“十二五”时期，我国将以科学发展为主题，以加快经济发展方式转

* 本文源自“基于控制理论的审查效率优化研究”，课题性质：北京中心课题，课题组负责人：杨玲，成员包括：杨玲、王健、庄惠敏、唐宇、王玉秀、胡金云、杨庆林、杜睿。

变为主线，实现国民经济的长期稳定可持续发展。在此背景下，经济社会的发展对专利审查工作提出了新的挑战，创新主体对专利审查工作的多元化需求日趋强烈。为了贯彻实施《专利审查工作“十二五”规划(2011—2015)》，需要我们进一步提高审查效率、改进审查质量。审查周期是衡量我局专利审查效率的关键指标，同时审查周期也是社会各界关心的热点，申请人和代理机构对此提出的反馈意见也较多，因此，审查周期也是服务于强局建设的重要评价指标。由此可见，加强审查周期管理在当前形势下显得尤为重要。

（一）问题的引出

专利电子审批系统（简称“E 系统”）上线后，我局实现了纸件审查向电子审查的过渡和转变，通过 E 系统可以很便捷地获得工作量统计、案卷的审查周期等数据，但是 E 系统无法精确统计某些局部环节（例如案卷回案后在 E 系统中等待再次处理的时间间隔以及回案处理所需时间等）的审查周期数据，使得审查周期的精细化管理缺乏科学有效的数据支持。同时，审查员作为个体，相互之间存在差别，工作经验多少、自身知识水平、对法条的理解等因素都会影响审查周期的长短，尤其是入职时间较短的审查员，更加需要对局部环节的审查周期平均水平有所了解，并作为参照寻找自身差距，以期尽快提高工作效率。

（二）研究的思路

为了解决上述问题，本文的研究思路在于寻找一种系统科学的统计测算局部环节审查周期的方法，通过笔者研究发现，管理学中的排队论为我们提供了一种行之有效的统计测算方法，其可以对 E 系统中局部环节的审查周期进行统计计算，从而为部门的审查周期精细化管理提供理论依据，同时也为审查员对自己的审查周期进行优化控制提供参考，有利于审查员尽快提高自身审查能力，提高工作效率，更加有效地在有限的工作时间内保质保量地完成审查任务。

一、排队论概述

排队论，顾名思义，就是关于排队的理论。排队是日常生活和工作中常见的现象，例如乘客等候公共汽车的排队、顾客到商店购物排队、病人到医院看病等待排队等，这是人的排队，还有文件等待打印或发送、汽车排队通过十字路口等，这是物的排队。排队现象由两个方面构成，一方要求得到服务，另一方设法给予服务。我们把要求得到服务的人或物统称为顾客，给予服务的服务人员或服务机构统称为服务员或服务台，顾客与服务台就构成一个排队系统[1]。一般的排队系统可以简化如图 1 所示的模型。

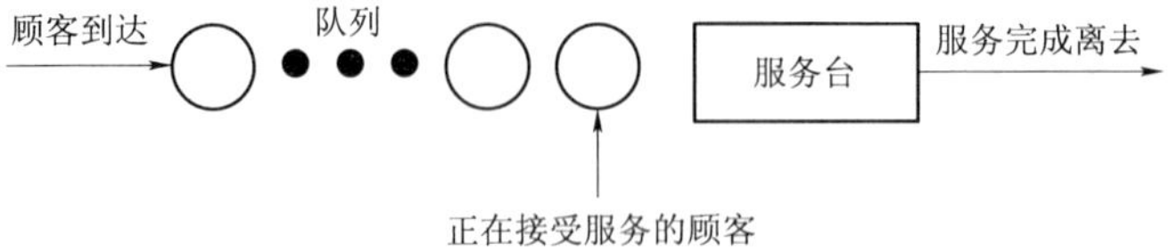

图 1　排队系统模型[1]

二、建模与统计分析

（一）回案排队系统的构成

通过对排队系统理论和模型的理解和分析，结合我局实审工作的模式和特点，我们发现在实审的案卷处理过程中也存在排队现象。以回案处理为例，对于每个审查员来说，回案是一个个随机地回到审查员的 E 系统中，由于审查员是逐一进行处理，若未处理的回案数量大于一个，那么未处理的回案就在 E 系统中排成队列等待审查员进行处理。如果把回案看成顾客，审查员看成服务台，那么回案与审查员就构成了一个排队系统，在此称之为回案排队系统。回案排队系统可以简化如图 2 所示的模型。

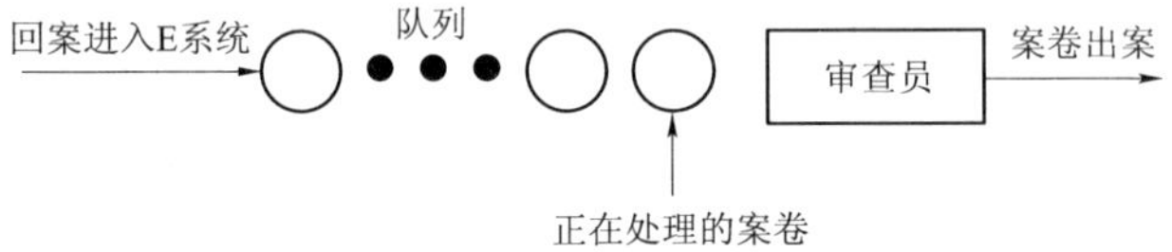

图 2　回案排队系统模型

（二）回案排队系统模型的建立

一个排队系统的模型通常采用 4 个英文字母表示，分别表示排队系统的 4 个参数，第 1 个字母表示输入分布类型，第 2 个字母表示服务时间的分布类型，第 3 个字母表示服务台的数目，第 4 个字母表示系统的容量[1]。

为了建立回案排队系统的模型，经过我们的分析研究，分别确定其参数如下。

1. 回案排队系统的输入分布类型

对于已经稳定上全岗的审查员来说，相继到达 E 系统的回案序列满足三个条件。

（1）平稳性：在一定的时间间隔内回案的案卷数仅与这段时间间隔的长短有关，而与这段时间的起始时刻无关。

（2）无记忆性：在互不相交的时间区间内回案的案卷数相互独立，互相没有影响。

（3）普通性：在足够小的时间区间内一般只有一个案卷回案，不存在两个以上案卷同时回案的情况。

因此，相继到达 E 系统的回案序列构成了泊松（Poisson）流，且案卷相继到达的时间间隔（即输入分布）服从负指数分布，用字母 M 表示[2]。

2. 回案排队系统的服务时间分布类型

对于已经稳定上全岗的审查员来说，回案在 E 系统中处理完毕后出案的出案序列相应地也满足三个条件。

（1）平稳性：在一定的时间间隔内出案的案卷数仅与这段时间间隔的长短有关，而与这段时间的起始时刻无关。

（2）无记忆性：在互不相交的时间区间内出案的案卷数相互独立，互相没有影响。

（3）普通性：在足够小的时间区间内一般只有一个案卷出案，不存在两个以上案卷同时出案的情况。

因此，出案序列也构成了泊松（Poisson）流，且审查员对于每个案卷的处理时间（即服务时间分布）服从负指数分布，用字母 M 表示[2]。

3. 回案排队系统的服务台数目

每一回案排队系统中仅有一个审查员，即一个服务台（单服务台）。

4. 回案排队系统的系统容量

审查员的 E 系统中可以同时有无数个案卷在排队等待审查员处理，因此，回案排队系统的容量为无穷。

在确定了上述 4 个参数后，我们建立回案排队系统的模型为：$M/M/1/\infty$，即回案排队系统是输入过程为泊松流、顾客相继到达系统的时间间隔服从负指数分布、服务时间也服从负指数分布、系统内有 1 个服务台、系统容量为无穷的排队系统。

（三）回案排队系统模型的统计计算

1. 研究计算的指标与参数

在审查周期管理中，我们最关心的是回案在 E 系统中从进入系统直到开始接受处理的等待时间、处理所需的时间，为了了解回案在系统中的积压状况，还有必要获得 E 系统中等待处理的回案数量。因此，对于回案排队系统，我们主要研究计算了以下几个指标：

（1）平均等待队长，即 E 系统中等待处理的回案数量；

（2）平均等待时间，即回案从进入 E 系统时起直到开始接受处理时止的这段时间；

（3）平均逗留时间，即回案从进入 E 系统时起直到处理完毕出案时止的这段时间，平均逗留时间等于平均等待时间与平均处理时间之和。

根据排队系统 $M/M/1/\infty$ 模型的计算公式，为了计算出上述三个指标，只需要获得以下两个参数：

（1）到达率 λ，即单位时间到达的案卷数，为了便于统计分析，以月为单位时间，则 λ 为审查员平均每月回案的数量（件/月）；

（2）服务率 μ，即单位时间处理完毕的案卷数，为了便于统计分析，以月为单位时间，则 μ 为审查员平均每月处理的回案数量（件/月）。

由此可见，通过建立回案排队系统模型，能够将难以测算的时间数据转化为容易获得的数量数据，使得统计计算的工作更加简单易行。

2. 问卷调查与数据统计计算

由于 E 系统暂时不能提供 λ 和 μ 的具体数据，因此，我们采用了问卷调查的方式，对北京中心原机电处 184 名工作两年以上的审查员的 2010～2011 年度的工作情况进行了调查。通过对调查问卷的数据进行统计，我们计算出：

审查员平均每月回案的数量大约是 10.4 件，即 $\lambda=10.4$（件/月）；

审查员平均每月处理的回案数量大约是 12.1 件，即 $\mu=12.1$（件/月）。

将 λ 和 μ 的数值代入 $M/M/1/\infty$ 模型的计算公式[1]，求解得到：

$$\rho=\frac{\lambda}{\mu}=\frac{10.4}{12.1}\approx 0.86$$

平均等待队长为：$\overline{N}'=\frac{\rho^2}{1-\rho}=\frac{0.86^2}{1-0.86}\approx 5.3$ 件

平均等待时间为：$\overline{W}=\frac{\rho}{\mu\ (1-\rho)}=\frac{0.86}{12.1\times\ (1-0.86)}\approx 0.51$ 月

平均逗留时间为：$\overline{T}=\frac{1}{\mu-\lambda}=\frac{1}{12.1-10.4}\approx 0.59$ 月

3. 数据分析

通过以上问卷调查统计的数据以及通过模型公式计算得出的数据，不难看出：审查员平均每月处理的回案数量大约是 12.1 件，多于平均每月回案的数量 10.4 件，可见当前在审查员 E 系统中的案卷存在一定程度的积压，但是随着审查员审查能力和处理速度的提高，积压的程度在逐渐减少，直至消除案件的积压问题；“平均等待队长”的值为 5.3，其含义为如果审查员保持目前的处理速度，在积压案卷消除后，审查员 E 系统中等待处理的平均回案数为 5.3 件；“平均等待时间”的值为 0.51，其含义为如果审查员保持目前的处理速度，在积压案卷消除后，一件回案从进入 E 系统开始到审查员开始处理的时间为 0.51 个月（折合成工作日约为 11.7 天）；“平均逗留时间”的值为 0.59，其含义为如果审查员保持目前的处理速度，在积压案卷消除后，一件回案从进入 E 系统开始到审查员处理完成的时间为 0.59 个月（折合成工作日约为 13.6 天）。

结束语

由此可见，通过引入排队论理论，建立回案排队系统的模型，使得我们仅通过获取每月回案的数量 λ 和每月处理回案的数量 μ 这两个数量参数，就可以计算出以往难以测算的平均等待队长、回案平均等待时间和平均逗留时间等 E 系统中局部环节的指标。通过对上述指标的分析和研究，可以为部门对审查周期的精细化管理提供理论依据，同时，上述指标也反映了案卷在 E 系统中的运转情况，审查员可以通过对比上述指标参考值，从而确定案卷在自己的 E 系统中运转是否正常，从而为审查员对自己审查周期的优化控制提供参考。

由于时间关系，笔者仅进行了回案排队系统的研究，但是这一模型同样可以推广适用到新案排队系统的研究中。此外，由于每月回案的数量λ和每月处理回案的数量μ的具体数据是通过问卷调查统计得来的，因此，样本数量以及统计时间阶段的局限性导致上述指标的计算结果可能存在一定的误差，如果E系统能够进行这两个参数的统计计算，那么结果会更加准确，更有参考和借鉴意义。

参考文献

[1] 唐应辉，唐小我．排队论——基础与应用 [M]. 成都：电子科技大学出版社，2000：1—52.

[2] 孟玉柯．排队论基础与应用 [M]. 上海：同济大学出版社，1989：1—78.

专利审查实务研究

基于实际案例探讨专利保护客体的审查标准

邓学欣　唐晓君　王子光
黄树军　轩云龙

摘　要：在不授予专利权保护客体的审查中，有关技术方案的判断在不同领域、不同审查员之间存在较明显的不一致。从实际案例出发，对判断权利要求是否属于专利保护的客体进行探讨，提出判断是否是技术方案时应立足具体技术领域，尽量从技术手段出发的审查思路，以推进审查标准执行一致。

关键词：发明　专利保护　客体　技术方案

引　言

一项发明是否属于《专利法》所规定的可以授权的客体，是专利审查的首要内容之一。《专利法》第 2 条第 2 款规定：《专利法》所称发明，是指对产品、方法或者其改进所提出的新的技术方案。该条款对可给予专利保护的客体进行了正面的定义。在定义中，规定了构成《专利法》意义上的发明的客体必须是针对产品或方法的技术方案。而对于如何认定技术方案，《专利审查指南》[1]（以下简称《审查指南》）中也给出了一些指导。在《审查指南》的第二部分第一章第 2 节规定："技术方案是对要解决的技术问题所采取的利用了自然规律的技术手段的集合；技术手段通常是由技术特征来体现的”；“未采用技术手段解决技术问题，以获得符合自然规律的技术效果的方案，不属于专利法第二条第一款规定的客体”。

事实上，国际上对于“发明”还没有一致的定义，而且不少国家在其专利法中选择不从正面对“发明”作出定义，只从反面排除一些不属于发明的内容。对于“发明”的定义虽然不统一，但以下两点认识是共同的：① 发明是一项新的技术解决方案，是利用自然规律的创造；② 发明可以是产品发明，也可以是方法发明。这两点认识在我国《专利法》第 2 条第 2 款中都得到了体现。

从我国《专利法》中对发明的定义可以看出，是否属于《专利法》意义上的发明的判断涉及是否构成技术方案的判断。在审查实践中，技术方案的判断通常需要判断技术方案是否具备三个“技术”要素，即要有解决的技术问题、采用的技术手段和达到的技术效果。反之，不能同时满足上述三个条件的技术方案则排除在专利保护客体之外。一般来说，通过技术手段解决的问题都是技术问题，通过技术手段实现的效果都是技术效果。

由上述可知，从《专利法》鼓励技术创新、促进技术进步的立法宗旨来看，一项解决方案只要具备了“技术性”，都应当属于技术方案，都是《专利法》应当保护的客体。

然而，在实际审查过程中，当遇到涉及专利保护客体判断的权利要求时，鉴于对“技术性”的把握不同，审查标准的执行也存在差异。因此，如何把握方案所涉及的问题、手段和效果的“技术”性，对于客观、准确地判断方案是否为《专利法》保护的客体，统一审查标准，具有一定的意义。本文旨在从实际案例出发，尝试讨论授权客体的判断思路，为该问题的审查标准执行一致提供参考。

一、案例分析

【案例 1】

（一）案例介绍

本案涉及一种基于复杂度控制的交叉口空间设计方法。交叉口空间设计为根据一定的设置依据在交叉口功能区对机动车通行空间、非机动车通行空间、行人通行空间进行设计；以往的交叉口空间设计仅针对某一具体设计要素，整体协调性和指导性不够，缺乏一个综合性的指标。本发明针对现有交叉口空间设计方法存在的不足，提出一种提高交叉口安全、效率的基于复杂度控制的交叉口空间设计方法。采用的主要手段为用“复杂度”计算代替以往的“交叉口通行能力、延误、排队长度”等评价指标，从整体上对交叉口空间设计进行指导，以提高交叉口空间设计的工作效率。

本申请的权利要求为：

一种基于复杂度控制的交叉口空间设计方法，其特征在于包括如下步骤：

（一）基础资料收集；

（二）交叉口空间设计：根据已有交通因素设计方法设计交叉口机动车、非机动车、行人通行空间，生成初步设计方案；

（三）复杂度计算及评价：依据交叉口交通、信号、流量条件，计算初步设计方案中冲突点冲突概率、冲突点复杂度和交叉口复杂度，并分析冲突点和交叉口复杂度是否符合条件；若不符合则返回步骤（二），符合则进入下一步；

（四）方案评价：通过计算交叉口延误，判断交叉口服务水平是否满足服务水平要求，若不符合则返回步骤（二）；

（五）方案评价符合要求则生成交叉口空间设计方案。

（二）两种观点

针对上述权利要求是否为《专利法》所规定的可授权客体，目前主要有以下两种观点：

观点一：该权利要求不属于可授权客体。由本申请的发明目的可知，本申请的技术方案是采用“复杂度”计算来代替以往的评价指标，以对交叉口空间设计进行指导从而提高设计效率，具体到权利要求，其主题虽然是一种交叉口空间设计方法，但其核心是通过第三步、第四步的复杂度计算和评价对第二步中通过已有交通因素设计方法生成的初步设计方案进行判断和评价，而复杂度计算所选择的参数都是基于人为的规定。也就是说，本申请的权利要求实质上是利用人为的规定对现有的设计方法进行评价，得到的仍然是第二步中通过已有交通因素设计方法生成的初步设计方案，其并没有采用利用自然规律的技术手段来解决技术问题，即未对客观世界进行改造，因而不属于《专利法》第 2 条第 2 款规定的技术方案。

观点二：该权利要求属于可授权客体。技术方案是对要解决的技术问题所采取的利用了自然规律的技术手段的集合。从该定义出发，该权利要求的许多步骤中都包括技术手段，例如“基础资料的收集”、“复杂度设计”等以及设计过程中所依赖的交叉口的实际交通状况。从权利要求的整体而言，通过得到一个布局合理的交叉口设计方案，从而解决了通行能力的需求，即利用了上述技术手段解决了技术问题，并获得了相应的技术效果。因此，该权利要求是《专利法》意义上的技术方案，属于可授权客体。

（三）观点分析

根据《审查指南》上述第二部分第一章第 2 节的规定，一项技术方案应该同时具备技术手段、技术问题和技术效果三要素。在技术方案的判断中，应当将权利要求的方案作为一个整体，判断整个方案是否采用了技术手段，解决了技术问题并产生了技术效果。如果从权利要求整体判断采用了技术手段或者利用了自然规律并解决了技术问题，则应当认为其属于可授予专利权的客体。

具体到本案的“交叉口设计方法”而言，其包括 5 个步骤，其中的步骤（一）“基础资料收集”属于技术手段；步骤（二）中的交叉口空间设计，其依据的已有交通因素生成设计方案，利用了机动车、非机动车、行人的通行特性等规律为自然规律，属于利用了自然规律的技术手段；步骤（三）中的“复杂度计算”是依据交叉口的实际情况选择相应的参数，其体现的是城市道路交叉口的冲突点数和车辆在冲突点的冲突概率，其值的大小与交叉口的空间布局、信号设置、交通量有关，也就是说，复杂度值的大小是由城市道路交叉口的自然特性决定的，是不以人的意志为转移的，属于技术特征；步骤（四）和步骤（五）对方案的评价，实质上是根据方案的实际情况以及前面复杂度的计算和评估得出的结论，属于基于实际情况并根据复杂度计算而给出的一个客观结论，这个评价本身不具有主观的随意性，而是客观的，具有唯一确定性，同样也属于技术手段。

根据该申请的技术方案，虽然权利要求中没有给出具体如何设计交叉口，但是本领域技术人员在不断的设计过程中，可以快速得到一个合理的设计方案，从而解决现有设计方法中设计效率不高的问题，显然该问题也属于技术问题。通过该方法，提高了交叉口空间设计的工作效率，简化了交叉口空间设计过程，显然也属于符合自然规律的技术效果。

本案权利要求的步骤（三）体现了评价的思想，但该评价仅是整个设计思想的一个环节。本案的权利要求虽然没有给出常规意义上的步步推导、得出结论的设计方法，但这种反复设计验证的方法也是工程中常用的设计方法，本领域技术人员在不断的设计、验证的过程中，会逐渐明确设计方向，越来越逼近一个合理的设计方案。从这个角度讲，本案权利要求能够得到交通畅通的路口，解决了技术问题，当然也就是一个技术方案。

另外，从《专利法》概念的理解上，不能因存在“评价”、“评估”这样的文字而对权利要求一概而论，因为同属于“评估”、“评价”这个概念外延，其内涵可能不同。有一些评价方法其评价结果完全因人而异，是一种主观喜好的体现，属于人为规定。但是本案中的评价是客观的，要依托于实际交通状况和路口周围设施等而定，而且这种评价是项目实施前的预算，交叉口设计确定，则评价结果就确定，其结论的确定性正是自然规律导向下的必然结果。

发明创造的主体是人，发明创造本身是人类智慧的结晶，不能因为其中涵盖了人的因素就统称为人为规定。现实生活中，很多人为规定的背后都隐藏了一些自然规律。例如，红绿灯的颜色选择和特定路口时长设置，就利用了不同颜色的波长不同和特定路口的交通状况，符合这些自然规律就可以解决路口交通堵塞，显然它是利用自然规律的体现。

二、授权客体判断方法的论证

以前涉及授权客体的案件多为有关计算机程序的装置和方法，因此，《审查指南》第二部分第九章专门对涉及计算机程序的发明专利申请的审查作出相应规定。但随着科学技术的发展，其他领域也出现越来越多的涉及授权客体判断的案例，是否为《专利法》所规定的授权客体直接关系申请人能否获得专利权，因此授权客体的判断也越来越受到专利行政部门的重视。下面讨论后续复审程序和审查业务指导组给出的类似案例，来印证上述案例1的讨论结果，以保持各审级之间的审查标准执行一致。

（一）复审相关案例

针对交通控制方面授权客体的判断，有相关的复审决定。

【案例 2】

决定号为 FS21724 的复审决定涉及申请号为 03106914.2，发明名称为“交通控制法及设施”的发明专利申请。本申请的方案是通过将交通控制处理装置相互连接构成功能完备的交通信息控制系统，其中的排阵通行控制处理装置处理接收的交通数据信息、通过预设模型生成交通控制信号。该方案通过计算机网络对采集得到交通信息数据作为输入，按照编制的特定程序和算法完成对所采集数据的一系列处理，从而得到相应的交通诱导显示信号，实现对现有的交通资源进行合理配置利用。

本案在实质审查阶段以不符合《专利法》第 2 条第 2 款（原《专利法实施细则》第 2 条第 1 款）所规定的授权客体而驳回。复审委员会于 2010 年 1 月 12 日发出撤销驳回的复审决定。决定中指出，如果权利要求的方案解决了技术问题、采用了技术手段并且获得了技术效果，那么该权利要求属于《专利法》意义上的“技术方案”。决定中进一步指出，本案能“消除现有交通系统无法对车流预先进行秩序高效的纵向或横向有序阵列排布组合和通行的控制诱导”，以及“消除不能充分利用路口、路段的通行空间等弊端，提高路口通行能力、减少延误”，从而解决缓解交通拥堵的具体技术问题，这属于技术问题；所述方案中采用的手段属于能够解决其相应技术问题而采用的技术手段；整个系统能够实时地对现有交通系统进行疏导和配置，达到提高路口通行能力、减少延误的效果，也属于技术效果。因此，本案权利要求的技术方案属于《专利法》保护的客体。

可见，在进行授权客体的判断时，复审审查员也是从技术方案所涵盖的三要素出发，判断的基准同样依赖于具体的技术领域和该领域内的客观规律，即判断是否有符合客观规律的技术性思维在某一具体技术领域内的应用，也恰恰是由于本案技术方案的技术手段符合自然规律，而实现了相应的技术效果，因此，该技术方案属于可授权的客体。

（二）相关典型案例

在机械部标准一致性案例征集过程中，各科室也提交了一些涉及专利保护客体的案例，其中有一个较为典型的案例。

【案例 3】

本申请的独立权利要求为“1. 一种压电陀螺的可靠性评估方法，该压电陀螺包括敏感器件部分和后部电路部分，其特征在于，所述方法包括如下步骤：(1) 对压电陀螺进行分析从而获得基本失效率、环境系数、复杂度系数、结构系数、应用系数和成熟系数；(2) 根据所述基本失效率、环境系数、复杂度系数、结构系数、应用系数和成熟系数的乘积评估压电陀螺的可靠性程度。”

有一种观点认为，从主题名称看，可靠性评估方法就属于质量控制方法范畴，属于《专利法》第 25 条第 1 款第（二）项所规定的智力活动的规则，而且对压电陀螺的可靠性进行评估是一种定量的可靠性预计，其依赖于人的思维分析，对任一压电陀螺，根据不同的使用需求，所考虑的压电陀螺的各项因素不同，对压电陀螺的可靠性标准划分不同，甚至所采取的计算模型也不相同，而以上关于压电陀螺可靠性评估所考虑的各方面均属于人为设定，因此不属于授权客体。

然而，北京中心业务指导组机械领域组在讨论中认为，不能仅单纯的根据“评估方法”的存在而否定其属于授权客体，而是应对其作出具体分析，关键判断是否是从客观规律中总结的经验而得出，并且结合压电陀螺的具体应用领域探讨失效率等参数的客观性，否定其并不是简单、随意的人为规定。另外，该组还指出，案例“车轮径向冲击试验方法”(申请号：20101028777698) 中的技术参数是依赖于客观规律的、并非脱离实际技术领域的人为规定；案例“一种分区域确定锅炉防结渣能力的方法”(申请号：2008101175722) 中参数的设定也是对锅炉实际使用过程中结渣规律的经验总结，是客观规律的延伸。

可见，不单纯地从“评估”、“人为规定”的存在而否定其可能属于授权客体的范畴，在此方面已经达成基本共识。

结束语

《专利法》第 2 条第 2 款的相关规定是对可申请专利保护的发明客体的一般性定义，其中的“技术方案”是对可授权客体的基本属性的规定。因此，判断一个方案是否属于该条款定义的客体，关键在于判断该方案是否属于“技术方案”。按《审查指南》的规定，技术方案是对要解决的技术问题所采取的利用了自然规律的技术手段的集合。由此，构成“技术方案”的核心是采取了利用自然规律的技术手段、解决了要解决的技术问题，至于技术效果是在此前提下的必然结果。根据这个逻辑思路，在实际判断中可从是否采用了技术手段和是否解决了技术问题两个方面着手：一方面，从是否解决了技术问题着手时，一般应当将技术问题理解为方案本身实际解决的技术问题，此外当无法直接确定该问题是否具有技术性的时候，需要进一步确定是否应用到具体的技术领域并结合解决该问题的手段进行综合判断；另一方面，从是否采用了技术手段着手时，要将方案作为一个整体，判断是否利用了自然规律或自然力的手段的集合。但是由于申请人撰写的主观性和可变性，并且不同审查员对同一方案的“技术问题”的判断结果可能不同，容易导致从“技术问题”角度进行判断时的不一致性，因此建议重点判断是否采用了技术手段。

此外，对于技术手段中出现了人为规定的因素，不能因否认其“利用了自然规律”，就断然认定它不属于授权客体，而是要具体判断该人为规定是仅取决于人的思维或智力因素的主观结果，还是隐含了相应的符合自然规律的技术手段。特别是对于涉及具体技术领域的方案，一般情况下，即使是人为设定的技术参数，也一定不是脱离该技术领域的随意设定，而是一种经验的总结或者客观规律地延伸。因此，在已经明确该方案的技术性的前提下，就不要剥离技术方案中的技术手段，而纠结于人为规定的因素。

本文从实际案例出发，针对授权客体问题提出了立足具体技术领域、尽量从技术手段出发的判断思路，相信对于同一类问题采用相同的判断思路，应当得到相同的判断结果，从而有效推进授权客体问题的审查标准执行一致。

参考文献

[1] 中华人民共和国国家知识产权局．专利审查指南 2010 [M]. 北京：知识产权出版社，2010.

对专利申请文件主动修改时机的思考

王克伟　陈红霞　彭晓琦
姚云　张金毅

摘　要： 本文从《专利法实施细则》第 51 条对于专利申请文件的法定主动修改时机的规定出发，分析了现行法律规定的不足，并对比了欧洲、美国和日本的相关规定以及我国关于修改时机相关规定的历史沿革，结合我国专利申请和审查工作的现状，提出了对《专利法》及其实施细则的修改建议。

关键词： 申请文件　修改　专利法　专利法实施细则　检索报告

一、实审阶段发明专利申请文件修改时机的相关规定

专利申请文件的修改是指专利申请人向国务院专利行政部门提出申请以后、专利批准以前对有关说明书、权利要求、说明书摘要予以修改和/或澄清的专利申请行为。在实审阶段的修改过程中，除了要符合《专利法》(2010 年)(以下简称“法”)第 33 条规定的“不得超出原说明书和权利要求书记载的范围”之外，《专利法实施细则》(2010 年)(以下简称“细则”)第 51 条还规定了发明专利申请的修改方式和修改规则：

- 细则第 51 条第 1 款规定：发明专利申请人在提出实质审查请求时

及在收到专利局发出的发明专利申请进入实质审查阶段通知书之日起 3 个月内，可以对发明专利申请主动提出修改。

• 细则第 51 条第 3 款规定：申请人在收到专利局发出的审查意见通知书后对专利申请文件进行修改的，应当按照通知书的要求进行修改，即针对通知书指出的缺陷进行修改。

在细则第 51 条第 1 款规定的修改方式中，申请人可以对发明专利申请文件进行主动修改，此时只要符合法第 33 条的规定，申请人对权利要求进行扩大、缩小或者变更保护主题都是允许的，这种修改的自由度比较大。

而细则第 51 条第 3 款规定的修改方式中，则要求申请人应当按照审查意见通知书的要求进行修改，这种修改属于被动修改，申请人对申请文件的修改只能针对通知书指出的缺陷进行修改，一般不能增加新的权利要求主题，也不能扩大权利要求的保护范围。

二、现行规定存在的不足

现行《专利法》和细则对于申请文件的修改作了原则性的规定，但在实际操作过程中存在以下几个方面的不足之处。

1. 不利于保护申请人的利益

基于前文的分析可知，主动修改和被动修改时申请人享有的权利存在很大的差别。申请人在进行发明创造时，首先就应当进行开题检索，以了解现有技术的状况并提出改进，这样才能有利于避免重复劳动以及社会财富的浪费。然而，在细则第 51 条第 1 款规定的主动修改时机内，由于申请人掌握的资源有限以及对审查标准的不熟悉，可能很难对现有技术的发展状况作出准确的判断（例如没有找到最相关的现有技术）；或者即便获得了相关的现有技术，也不能很好地确定其合适的保护范围。因此，在实质审查前，虽然申请人享有主动修改的权利，但申请人缺乏主动修改的动机和依据，此时往往难以进行合理而有效的主动修改。而在收到审查意见通知书之后，申请人可能会根据审查意见所提供的信息（例如现有技术的状况、审查标准的适用等）具有主动修改的动机和依据，但此时法律却不再给他主动修改的机会，只能按照细则第 51 条第 3 款进行被动修改。换句话说，申请人在细则第 51 条第 1 款所规定的主动修改时机内往往由于没有足够的能力作出有益的修改，因而不希望在此时进行主动修改，而在申请人具有相应的信息希望进行主动修改时却又不符合细则第 51 条第 3 款的规定。可见，现行的规定尽管有利于节约审查程序和审查成本从而提高行政审批的效率，也有利于鼓励申请人开展研究前尽量检索现有技术，避免重复研究的考虑，但却忽视了申请人的实际需求以及大部分国内申请人对专利制度缺乏了解的现状，目前的规定不利于保护申请人的利益[1]。

2. 不利于保护国内申请人的发明创造

中国《专利法》不仅适用于中国国家申请，也适用于进入中国的 PCT 国际申请，PCT 不仅享有中国国家申请的全部修改时机，还享有依据 PCT 条约进行修改的机会。根据 PCT 第 19 条的规定，申请人在收到国际检索报告后，有权享有一次修改权利要求的机会；依据 PCT 第 34 条的规定，申请人在国际初步审查报告作出之前，有权享有修改权利要求书、说明书和附图的机会；在进入国家阶段时，还可以依据 PCT 条约第 28 条、第 41 条的规定享有修改的机会。而且，PCT 法规对于依据上述条约所作的修改除了“不得超出原说明书和权利要求书公开的范围”这一规定之外，没有其他约束条件，也就是说都属于主动修改方式。由此可见，PCT 国际申请在收到国际检索报告和初审报告之后都享有主动修改时机，此时申请人已经能够充分了解现有技术和法律法规的适用并据此作出有益的修改，而中国国家申请仅在收到审查意见通知书之前享有主动修改时机，难以作出有益的修改。由于大部分 PCT 国际申请为国外申请人，中国《专利法》的相关规定使得国外申请人获得了较多的主动修改时机，而中国国家申请的申请人则缺少有益的主动修改时机。考虑到国外申请人还可以根据国外同族专利的审查情况在细则第 51 条第 1 款规定的时机内进行主动修改，这种不公平就显得更为突出。PCT 的修改时机考虑到了多种因素（例如国际申请程序设立的初衷、提供足够的信息供申请人参考以便于其选择是否进入国家阶段等），这些均与我国国家申请有所不同，但过于严苛的主动修改时机对中国国家申请申请人仍然有失公平，不利于保护我国申请人发明创造的热情。

三、其他国家/地区的相关规定及启示

为了解其他国家/地区对于主动修改时机的规定，笔者查阅了欧洲、美国、日本的相关规定。

欧洲专利公约实施细则第86条的规定：“（1）除非有特别规定，在收到欧洲检索报告之前，申请人不得修改欧洲专利申请的说明书、权利要求书或者附图；（2）在收到欧洲检索报告之后和收到来自审查部门的第一次审查通知之前，申请人可以根据自己的意志修改说明书、权利要求书和附图；（3）在收到来自审查部门的第一次审查通知之后，申请人可以根据自己的意志修改一次说明书、权利要求书和附图，没有审查部门的同意，不得进一步作出修改；（4）修改的权利要求不得涉及与原始权利要求所限定的一项发明或者构成单一总体发明构思的一组发明相结合的未经检索的主题”。基于上述规定可知，欧洲专利的申请人在收到检索报告或第一次审查意见通知书之后，在满足单一性的情况下都至少有一次主动修改申请文件的机会，而且这样的修改是有依据的。

根据美国专利审查程序手册（MPEP），专利申请文件的修改包括初步修改和答复最后审查意见（final action）修改。初步修改是从专利商标局收到申请之日起到发出第一次审查意见通知书之前所提交的修改。一般地说，如果初步修改没有干扰专利商标局发出第一次审查意见通知书，就应当允许。答复最后审查意见的修改受到很大的限制，“可以作出这样的修改：删除权利要求或者符合在前一次审查意见通知书中明确提出的形式要求。”“在答复修改申请中被拒绝的权利要求时，申请人必须清楚地指出其考虑到引用的参考文献所公开的现有技术权利要求具有专利新颖性的理由。申请人还必须表明修改是如何克服这些参考文件和拒绝理由的”。可见，美国的专利审查中，除了答复最后审查意见的修改之外，没有对各个阶段的修改作出特别的限制性规定。

根据日本专利法的规定，只要没有引入新的内容，在接受决定（decision of allowance）送达之前的任何时间，申请人均可以提出主动修改，申请人在不增加新的主题的情况下，可以主动修改说明书、权利要求书和附图。但在收到最后审查意见后几乎不再有主动修改，修改受到极大限制。

对比关于主动修改时机的规定，上述国家/地区在向申请人提供检索报告或者审查意见通知书之后都给予了申请人主动修改申请文件的机会，即在申请人充分了解现有技术和法律法规之后享有主动修改时机，其规定充分强调检索或审查意见发出后的主动修改的重要性，使得申请人的修改能够做到有的放矢，能够较好地兼顾“可专利性”要求和申请人自己的商业利益。而我国目前的审查制度并不向申请人提供检索报告，细则第51条第3款又规定在答复第一次审查意见通知书时不允许申请人作出主动修改，相比较而言，中国专利制度对于主动修改规定相对较为严格而且主动修改时机相对较少。

四、专利申请文件修改规则的历史沿革和修改建议

《中华人民共和国专利法实施细则》自1984年公布至今，历经1992年、2001年和2010年三次大的修改。在这三次修改中，该细则第51条在1992年和2001年都进行了较大幅度的修改。

1. 细则第51条的历史沿革

根据1984年颁布的条文，申请人在申请日起15个月内，在提出实质审查请求或者对异议提出答复时，可以进行主动修改；1992年颁布的条文则变更为申请人只能在提出实质审查请求或者答复第一次审查意见时进行主动修改；而2001年颁布的条文进一步修改为申请人只能在提出实质请求时以及收到专利局发出的发明专利申请进入实质审查阶段通知书之日起3个月内，进行主动修改，这一规定在2010年颁布的条文中未进行修改。

从上面的介绍来看，主动修改的时机随着细则的修改越来越少，这是由当时的历史条件所决定的。在2000年前后，由于发明专利申请量大幅度增加，专利实质审查的积压问题一直是当时困扰专利局工作的中心问题。平均结案周期虽然已经由1996年的68个月缩短至2000年的46个月左右，但社会公众仍然对于不能及时获得专利证书存在较大意见[3]，因此，细则修改时作出的减少主动修改时机、节约程序、提高行政审批效率的规定，是与当时的客观条件相适应的。

2. 法定修改时机如何与时俱进

随着我国社会主义市场经济不断完善和发展，专利申请的数量和质量都有了较大提高。根据国家知识产权局2011年年报公布的统计数据[4]，其中发明专利申请的职务比例从2000年时的73.3%增长到77.9%，在2007年国内发明专利的申请中，来自企业的申请占71.6%，由此可见，企业作为创新主体的地位逐步体现。相比于个人申请，企业申请专利不仅注重授权专利的数量，也注重授权专利的质量。此外，随着我国加入WTO之后，相关的知识产权纠纷不断上升，企业的自主创新意识不断增

强，知识产权的综合应用能力不断提高，企业对于获得合理的权利要求保护范围有现实的需求。因此，如何保护企业的自主创新热情，实现建设创新型国家的战略目标，使得法律的规定与公众的需求相适应是立法工作考虑的重点之一。完善知识产权制度也是国务院印发的《国家知识产权战略纲要》所确定的工作要点之一。

随着强局建设的不断深入，审查员队伍日益强大，信息化建设不断完善，我局审查能力有了突飞猛进的发展，在申请量大幅度增加的情况下，平均结案周期从 2000 年的 46 个月降低到 2011 年的 22.9 个月，积压基本消除，因此，国家知识产权局客观上也有能力给予申请人更多的主动修改时机，切实保护专利申请人的利益。

此外，目前大量的国内申请人对于如何快速获得专利授权的需求仍然很强烈，即便是增加主动修改时机，对于这部分申请人而言使用的可能性也不会很大，因此增加主动修改时机不会造成专利审批的工作量大幅度增加。而对于部分比较在乎专利授权质量而不过于追求审批速度的申请人而言，增加主动修改时机能够有利于这部分申请人获得更高质量的授权专利，否则如果申请人仅是通过修改形式缺陷获得授权，其专利缺乏商业利益，对于申请人而言所获得的专利授权没有任何实际价值。因此增加主动修改时机不会过多增加专利审批的工作量，却有利于提升专利授权的质量，更符合《专利法》鼓励发明创造的立法宗旨。

3. 专利申请文件修改规则的修改建议

基于上述的分析可知，现行的《专利法》及其实施细则给予申请人的主动修改时机不多，特别是中国国家申请的主动修改机会则更少，不利于保护中国国家申请申请人的利益和自主创新的热情，与现阶段我国专利申请和审查的现实情况不适应。由于《审查指南》属于部门规章，其不能突破《专利法》及其实施细则的规定，因此仅靠修改《审查指南》也不能解决上述问题，在此笔者提出关于专利申请文件修改时机规定的建议。

修改细则第 51 条的相关规定，增加允许申请人主动修改的条款：在申请人收到随审查意见附带的检索报告时，申请人可以修改申请文件，但修改的权利要求应当与原始权利要求符合单一性的规定。这一规定与 1992 年颁布的条文有相似之处，也存在一些区别，主要是基于以下几个方面的考虑：

首先，1992 年颁布的条文规定在实审阶段仅允许申请人在答复第一次审查意见通知书时进行主动修改，但考虑到《审查指南》中规定有可以不检索直接发出审查意见通知书的情况，此时即使申请人收到第一次审查意见通知书也仍然不足以了解现有技术的状况，修改也无法做到有的放矢，因此，主动修改的时机应以收到首次检索的检索报告为起始点，而不是以收到第一次审查意见通知书为起始点。

其次，实际审查工作中，还存在首次检索不充分的情况，也就是说基于首次检索报告申请人仍可能存在无法全面掌握现有技术发展状况的窘境，因此在补充检索到新对比文件时允许申请人进行主动修改也具有相应的合理性，也就是说主动修改时机也不宜仅局限于收到首次检索的检索报告，还应该包括收到补充检索报告。

此外，为了防止出现申请人只支付一件专利的费用而审查员需要对几项不同发明进行实质审查的情况，主动修改的权利要求应当与原始权利要求具备单一性，这一规定主要出于经济上的原因，也考虑到审查员的工作强度和行政审批的效率。

最后，考虑到专利审查是一个行政审批的过程，因此程序节约也是一个必须要考虑的因素，主动修改的机会也应当受到适当的限制。因此，建议在实际审查过程中，申请人在答复不附带检索报告的审查意见时，应当严格按照审查意见进行修改，以避免申请人滥用主动修改的时机造成过多次数的审查意见、修改和答复，导致审查周期的延长，甚至可以考虑将细则第 51 条作为驳回条款加入到细则第 53 条中。

以上是笔者关于专利申请文件法定修改时机的一点粗浅的看法，难免有片面和不妥之处，还望各位同事不吝批评指正。

参考文献

[1] 李翔．对专利申请文件修改规定的一些思考［J］．中国发明与专利，2009（9）：59－60.

[2] 陶凤波，专利申请文件的修改规则探讨［J］．电子知识产权，2004（12）：25－29.

[3] 吴伯明，加快专利申请的审批是专利局新世纪的首要任务［J］．中国专利与商标，2001（2）：29－33.

[4] 中华人民共和国国家知识产权局．2011 年度报告［R/OL］．［2012－10－30］．http：//www.sipo.gov.cn/gk/ndbg/2011/.

关于同一申请人“一发明一实用新型”类型重复授权的处理

陈正军　孙红花

摘　要： 对《专利法》第三次修改后关于同一申请人“一发明一实用新型”类型的重复授权的处理方式进行了研究，介绍了几种常见重复授权问题的处理方式，并提出“以中间文件形式补交的同日声明”、“同日就同样的发明创造分别提交一件实用新型申请和一件PCT国际申请”等几种特殊情况的建议和处理方式。

关键词： 重复授权　实用新型　同日声明

《专利法》第三次修改及实施后，出现大量涉及旧案、过渡案和新案的关于同一申请人“一发明一实用新型”类型的重复授权的处理问题，由于存在修改前后法条衔接和目前法律法规以及《审查指南》等部门规章对上述问题的处理方式不够完善等原因，导致很多审查员在涉及重复授权案件的具体操作中难以准确把握，笔者因此对现行《专利法》、《专利法实施细则》及《专利审查指南2010》中关于重复授权的具体规定进行了梳理分析，并且结合审查实践，分情况给出了处理方式的建议。

一、关于禁止重复授权的相关规定[1,2]

《专利法》第 9 条规定："同样的发明创造只能授予一项专利权。但是，同一申请人同日对同样的发明创造既申请实用新型专利又申请发明专利，先获得的实用新型专利权尚未终止，且申请人声明放弃该实用新型专利权的，可以授予发明专利权。两个以上的申请人分别就同样的发明创造申请专利的，专利权授予最先申请的人。"

《专利法实施细则》第 41 条第 2 款规定："同一申请人在同日（指申请日）对同样的发明创造既申请实用新型专利又申请发明专利的，应当在申请时分别说明对同样的发明创造已申请了另一专利；未作说明的，依照《专利法》第九条第一款关于同样的发明创造只能授予一项专利权的规定处理。"

《专利法实施细则》第 41 条第 4 款规定："发明专利申请经审查没有发现驳回理由，国务院专利行政部门应当通知申请人在规定期限内声明放弃实用新型专利权。申请人声明放弃的，国务院专利行政部门应当作出授予发明专利权的决定，并在公告授予发明专利权时一并公告申请人放弃实用新型专利权声明。申请人不同意放弃的，国务院专利行政部门应当驳回该发明专利申请；申请人期满未答复的，视为撤回该发明专利申请。"

《专利法实施细则》第 41 条第 5 款规定："实用新型专利权自公告授予发明专利权之日起终止。"

《专利法》的修改及实施，使得过去存在的一些不合理的地方得以改变，首先允许同一申请人既申请实用新型专利，又申请发明专利，但必须同日提出，这样就确保了申请人所能获得的专利保护总共不会超过自申请日起的 20 年的期限；其次，避免了出现申请人事先放弃其已经获得的实用新型专利权，或者其获得的实用新型专利权已经届满终止，随后又授予发明专利权的现象；并通过同日声明的形式进一步确保公众的知情权，确保公众的利益不受损害。

二、关于禁止重复授权的相关操作规定

根据《专利法》第 9 条和《专利法实施细则》第 41 条的规定，对于新案，涉及同一申请人提交的"一发明一实用新型"的发明专利申请，

要满足以下四个条件，审查员才可以发出避免重复授予专利权的通知书或者审查意见通知书，要求申请人放弃已经被授予的专利权：① 已经被授予的专利权为实用新型专利权，且尚未终止；② 两者的申请人相同；③ 两者为同日（仅指申请日）提出；④ 申请人在提出申请时已分别作出过说明。

为严格执行《专利法》关于“禁止重复授权”的规定，国家知识产权局研究制定了《同日申请发明专利和实用新型专利的声明》表格，同时规定：2009 年 10 月 1 日以后（含该日），同一申请人同日对同样的发明创造既申请实用新型专利又申请发明专利的，应当按要求填写两份对应的《声明》表格，即提交发明专利申请请求书时填写一份表格，提交实用新型专利申请请求书时填写另一份表格，分别说明对同样的发明创造已申请了另一专利。当实用新型专利申请获得专利授权后，国家知识产权局将在专利公报中予以公告，一并公告上述声明。

但考虑到修改后的《专利法实施细则》在 2010 年 2 月 1 日以前尚未正式施行，所以要求申请人在申请时分别提交同日声明，否则不能通过放弃实用新型专利权而获得发明专利权的作法缺乏法律依据，所以 2010 年 2 月 24 日国家知识产权局发布了关于“讨论过渡案对同人同日对同样的发明创造既申请实用新型专利又申请发明专利的审查规则问题”的会议纪要，规定对于过渡案，不论申请人是否提交《同日申请发明专利和实用新型专利声明》，只要在先获得的实用新型专利权尚未终止，均允许申请人通过声明放弃实用新型专利权获得发明专利权。

因此，根据国家知识产权局对过渡案提交同日声明的以上宽松处理规定，对于过渡案涉及同一申请人“一发明一实用新型”的发明专利申请，只要满足以上四个条件中的前三个，审查员就可以发出避免重复授予专利权的通知书或者审查意见通知书，要求申请人放弃已经被授予的专利权。

三、几种同一申请人“一发明一实用新型”重复授权类型的处理方式

下面针对审查过程中有关同一申请人既提交发明又提交实用新型时的常见的几种情形以及比较特殊的情形，探讨他们各自的合理处理方式以及笔者的一些看法。

（一）常见的几种情形

1. 同日申请

对于新案，同一申请人同日提交了为同样发明创造的实用新型专利和发明专利申请，实用新型专利已经授权且尚未终止，但在提出申请时没有分别作出过说明（注：2010 年 2 月 1 日以后的申请，均可在发明专利请求书中直接勾选同日声明栏），即使其中一份申请提交而另一份未提交，根据目前的《专利法》及其实施细则的规定，申请人不能通过放弃实用新型专利权而获得发明专利权，而只能选择修改发明专利申请使两份专利申请的保护范围不相同。

而对于旧案和过渡案，则没有上述对同日声明的严格限制，申请人即使没有提交，其也可以通过放弃已经被授予的实用新型专利权而获得发明专利权。

2. 不同日申请先发明后实用新型

同一申请人先向专利局提交一份发明专利申请，之后又向专利局提交一份涉及同样发明创造的实用新型，对此进一步分两种情况：若其是旧案或过渡案，首先，根据老版《审查指南 2006》第二部分第七章第 12 节的规定，在后实用新型构成在先提交的发明申请的 R 类文献，因此，在检索报告中要将上述新型标记为“R”类文献；其次，对旧案，申请人可以通过放弃“实用新型专利”而获得发明专利授权。

而对于新案和过渡案，目前尚存争论，主要存在两种观点。观点一认为，根据《专利法》第 9 条第 2 款规定的“两个以上的申请人分别就同样的发明创造申请专利的，专利权授予最先申请的人”，即根据在先申请制原则，在先申请有权获得专利权；此种情况下，由于申请人违背诚信原则，其应放弃实用新型专利权。观点二认为，在先申请制原则并不适用就同样的发明创造分别申请专利的是同一申请人的情况；而根据《专利法》第 9 条第 1 款第一句“同样的发明创造只能授予一项专利权”的规定，对于同一申请人的两项同样的发明创造，已授予实用新型专利权，因此，不能够再授予发明专利申请专利权，否则，将构成重复授权；关于《专利法》第 9 条第 1 款第二句规定的“但是，同一申请人同日对同样的发明创造既申请实用新型专利又申请发明专利，先获得的实用新型专利权尚未终止，且申请人声明放弃该实用新型专利权的，可以授予发明专利权”，其不适用关于就同样的发明创造申请人分别于不同日申请专利的情形，因此申请人不能够通过放弃实用新型获得发明专利权。也就是说，在本发明申请满足授权条件的情况下应在通知书中明确告知申请人存在“重复授权的问题”，并且明确告知申请人其将无法通过放弃“实用新型专利”而获得发明专利授权，除非申请人通过修改使得发明申请的权利要求与所述实用新型专利不属于相同的发明创造。当然，申请人也可以先通过自诉无效手段利用在前申请的发明专利作为“抵触申请”将在后的实用新型专利无效掉，从而该实用新型专利权自始不存在，这时发明专利申请也可以获得授权。但由于这种手段将会使申请人付出相当大的代价，因此很难使人信服申请人有必要采取这种手段。

3. 不同日申请先实用新型后发明

对于同一申请人先向专利局提交一份实用新型，之后又向专利局提交一份涉及同样发明创造的发明专利申请，分旧案/过渡案和新案也有不同的处理方式，具体方式同上述第二种情形。只是要注意这种情形下的过渡案和新案，根据目前的《专利法》第 22 条第 2 款的规定，在先申请的实用新型已经构成了在后申请的“抵触申请”，因此即使申请人通过修改使得发明申请的权利要求与所述实用新型专利不属于相同的发明创造，但由于“抵触申请”采用的是“全文对比”原则，申请人在修改发明专利申请以期克服上述缺陷时，不仅要考虑实用新型权利要求书的内容，还必须要考虑说明书的内容，因此其希望通过修改发明专利申请而获得专利权的修改余地将会比第二种情形小很多。

因此，属于同样发明创造的发明专利申请和实用新型提交的先后顺序对其日后专利权的授予会有相当大的影响。

（二）三种特殊情形

1. 同一申请人同日既申请实用新型又申请发明专利

由于目前审查周期的缩短，实审过程中出现同一申请人同日既申请实用新型又申请发明专利的，实用新型专利尚未授权，而发明专利申请已经在审的情况越来越多。此时如果申请人未在申请日提交同日声明提醒审查员注意，而检索数据库由于实用新型尚未公开或时间上的原因而没有收录的话，审查员是很难注意到这种重复授权的存在的。因此这种情形下，很难避免同样的发明创造同时存在两项专利权的情况出现。即使以后可以通过无效等后续手段，将其中一个专利权无效掉，但显然对公众有失公平，也浪费了宝贵的审查资源。

对于上述这种特殊情形，笔者注意到，目前在E系统查询子系统中，可以查询到尚未公开或授权的专利申请的申请日或预计公开日的信息，因此建议在审申请的审查员以申请人或发明名称为入口，进行相关申请的检索，如果存在有“疑似同样发明创造”时，可对在审发明专利申请暂时不处理，等该“疑似同样发明创造”公开时再进行进一步审查，这样不仅可以避免上述后果的发生，还可以节约审查程序。

2. 申请人在提交申请时未提交同日声明

申请人在提交申请时未提交同日声明，而是之后通过中间文件形式补交同日声明，或者只在其中一个申请中进行说明，而未“分别”说明的，都不符合《专利法实施细则》第41条第2款的规定，不属于可以通过放弃实用新型获得发明专利权的情形，这两种情形的申请案应当依照《专利法》第9条第1款“关于同样的发明创造只能授予一项专利权”的规定处理。因为根据目前的审查实践，这种补交的声明是不能被接受的。笔者认为这种做法可能是考虑到要对法规进行严格执行以及在审查环节不便操作等原因，但显然对申请人有点苛刻。

要求申请人提交同日声明的目的是保障公众及时了解专利申请的相关信息。一方面，申请人在申请时对同日提出的两项专利申请的事实分别予以说明，以便国家知识产权局在专利公报中予以公布，使公众在看到实用新型专利时即可知道就同样的发明创造还有一件发明专利申请有可能被授予专利权，从而采取适当措施主动避免侵权行为；另外，申请人在申请时进行说明也为专利审查员提供了明确的线索。

因此，同日声明的主要作用在于对公众和审查员的一种告知，而该告知是在专利公报公布后和当审查员进行审查时才起作用的，在此之前的任何时候，这种告知是没有对象的，因此是不起任何作用的。因此，笔者觉得对申请人由于客观原因以中间文件补交的同日声明可以考虑接受，但必须限定在该专利申请公布前或进入实审前的某个时间范围内。这样不仅可以使得申请人有机会对自己的失误进行弥补以免带来不必要的损失，而且也不影响同日声明原本想要起到的作用或所要达到的目的。

3. 同一申请人同日就同样的发明创造分别提交实用新型申请和PCT申请

同一申请人同日就同样的发明创造分别提交一件实用新型申请和一

件 PCT 申请，该 PCT 申请为发明专利申请且已进入中国国家阶段，根据《〈专利法实施细则〉第三次修改导读》给出的解释“综合考虑申请日、专利申请的类型以及申请时分别说明等因素，同日提交一件实用新型专利申请和一件 PCT 申请不能适用《专利法》第 9 条的例外规定”[3]，该 PCT 申请是不能通过放弃在先获得的实用新型专利权而获得发明专利权的。

笔者认为，上述处理方式，将会导致不同的申请途径会对申请人产生不同的法律效果，而这种做法显然会有损于申请人的利益。首先，按照 PCT 的规定，已确定国际申请日并指定中国的国际申请，视为向国家知识产权局提出的专利申请，其国际申请日也被视为《专利法》第 28 条所称的申请日，因此对于第三种特殊情形中已经进入国家阶段的该 PCT 申请，其具有和上述实用新型申请相同的申请日；其次，该 PCT 申请的类型已经确定为发明专利申请。因此上述第三种特殊情形实际上也能够满足前面提到的适用于新案的涉及同一申请人提交的“一发明一实用新型”的发明专利申请，审查员可以发出避免重复授予专利权的通知书或者审查意见通知书，要求申请人放弃已经被授予的专利权的四个条件的前三个。虽然申请人在提出国际申请时无法“分别说明对同样的发明创造已申请另一专利”，但这是由于 PCT 申请手续上不允许等客观原因造成的，而不是申请人主观故意造成的，由此带来不利的法律后果不应该由申请人承担。况且对于过渡案涉及同一申请人“一发明一实用新型”的发明专利申请，并未要求一定满足“分别说明对同样的发明创造已申请另一专利”这一条件。

由此，笔者认为，对于“申请人同日就同样的发明创造分别提交一件实用新型申请和一件 PCT 申请，该 PCT 申请为发明专利申请且已进入中国国家阶段”这种情形，尤其是过渡案，为避免由于申请途径的不同对申请人造成不利的法律后果，应当给予宽松处理，建议其适用《专利法》第 9 条的例外规定，或者采取以下规定，即在申请人在申请实用新型时应声明同时提交了 PCT 申请，同时在该 PCT 申请进入国家阶段后再补充声明其同时还提出过同样的实用新型专利申请，这样可以与《专利法》第 9 条相符，同时又保护了申请人的利益。

结束语

《专利法》修改后，在程序上从专利申请到授权筑起了一道道“禁止重复授权”的屏障，既保障了申请人取得合理专利权的权益，又保障了公众的利益不受侵害。笔者以上仅从几个方面谈了谈对目前的《专利法》实施后关于同一申请人“一发明一实用新型”这种类型的重复授权的处理方式，并对“以中间文件形式补交的同日声明”以及“同日就同样的发明创造分别提交一件实用新型申请和一件 PCT 申请”等几种特殊情形提出了自己的一些建议和看法。笔者认为，对于申请人由于客观原因以中间文件补交的同日声明可以考虑接受，但必须限定在该专利申请公布前或进入实审前的某个时间范围内；对于“申请人同日就同样的发明创造分别提交一件实用新型申请和一件 PCT 申请，该 PCT 国际申请为发明专利申请且已进入中国国家阶段”这种情形，尤其是过渡案，为避免由于申请途径的不同对申请人造成不利的法律后果，应当给予宽松处理，并提出了补充声明等具体操作建议。

参考文献

[1] 国务院．中华人民共和国专利法 [M]. 北京：知识产权出版社，2009：2.
[2] 中华人民共和国国家知识产权局．专利审查指南 2010 [M]. 北京：知识产权出版社，2010：563.
[3] 国家知识产权局条法司．《专利法实施细则》第三次修改导读 [M]. 北京：知识产权出版社，2010：71.

创造性判断中对“相反的教导”的思考

邵烨　马志勇　张剑铭　张辉

摘　要：通过对“相反的教导”一般含义的分析，探讨了实际专利审查过程中的理解方式。结合实际案例提出了是否存在“相反的教导”的初步判断方法，并分析了其与技术启示之间的关联性。

关键词：相反的教导　创造性　启示

引　言

在专利的实质审查中，创造性的把握是一个难点。《专利审查指南2010》给出了突出的实质性特点的一般性判断方法，俗称“三步法”，其中第三步就是“显而易见”的判断。判断发明是否“显而易见”，关键在于本领域技术人员在发明申请日之前的技术水平及其合理预期，由此确定现有技术整体上是否存在改进最接近的现有技术而获得发明的启示。

在审查实践中，普遍存在这样一个观点：作为最接近的现有技术的对比文件，或者其他对比文件，给出了与发明相反的教导，则不存在技术启示。该观点在美国专利审查程序手册（MPEP 2145）中有相关规定：当存在背离结合的教导时，参考文件之间不能结合[1]。此处“背离的教导”（teach away）其实就是“相反的教导”。同时，在中、欧、美的专利判例中屡次出现与“相反的教导”有关的案例[1~3]。

但美国专利审查程序手册（MPEP 2145）的相关规定并没有进一步阐述什么是“相反的教导”，中国《专利法》、《专利审查指南 2010》和欧洲专利法的相关规定中也没有对“相反的教导”进行具体解释，也没有给出具体的案例来进一步阐释什么程度上的公开属于相反的教导。因而“相反的教导”给审查员、代理人、申请人在有关创造性的判断标准上带来一些分歧与差异，目前主要集中在以下两个方面：一是“相反的教导”的内涵和如何科学的对其进行判断；二是“相反的教导”是不是绝对不具备技术启示，是否存在特殊情形。本文将结合案例，谈谈笔者对上述问题的一些粗浅认识。

一、相反的教导及其初步判断方法

“教导”一词在《辞海》中的解释为教育指导，引申为指点、指引。《专利法》中的教导应理解为对比文件指导本领域技术人员改进最接近的现有技术，那么《专利法》中的“相反的教导”就应该是对比文件指导本领域技术人员对现有技术进行与发明的方案相反的改进。这样的解释只是一般范畴的定义，在实际审查中对于上述定义的理解仍然存在一些分歧。笔者通过下面的案例 1 和案例 2 表明由“相反的教导”的模糊含义导致创造性判断的分歧，并给出相应的初步判断方法。

【案例 1】

某申请的权利要求 1 为：一种制造半导体器件的方法，先通过多个特定工序形成隧道栅极，在隧道栅极上形成绝缘膜后，通过光刻形成与隧道栅极的电接触。该技术方案的主要改进点在于形成隧道栅极的多个特定工序，并由此实现了防止制造工艺中未对准引起的电性能降低的效果。

对比文件 1 公开了上述多个特定工序，但在隧道栅极上形成绝缘膜后，通过光刻形成了与有源区域的电接触。权利要求 1 相对于对比文件 1 的区别仅在于形成绝缘膜后，权利要求 1 形成了与隧道栅极的电接触，而对比文件 1 形成了与有源区域的电接触。审查员利用对比文件 1 公开的形成隧道栅极的工序的技术方案，并结合公知常识（通过光刻形成与隧道栅极的电接触）评述了权利要求 1 不具备创造性。

对比文件 1 整体上给出了与该申请不同的教导，即教导了在沉积绝缘膜后形成与有源区域的电接触，而不是形成与隧道栅极的电接触。而这样的不同教导是否属于“相反的教导”呢？事实上，本领域中无论是隧道栅极，还是有源区域，一般都需要制作电接触。对比文件 1 虽然在制作隧道栅极后形成了有源区域的电接触，但本领域技术人员有需求、也有动机在形成隧道栅极后形成与隧道栅极的电接触，因而笔者认为，对比文件 1 只是一般性公开了在形成隧道栅极后形成与有源区域的电接触，其没有明确指出在形成隧道栅极后不能形成与隧道栅极的电接触，上述不同的教导不是“相反的教导”。

既然“不同的教导”的一般性公开不是“相反的教导”，那什么才是“相反的教导”呢？笔者认为：在实际审查过程中，当对比文件与公知常识或另一篇对比文件结合时，对比文件的其他部分给出了不能结合或者不利于结合的教导时，就认为该对比文件给出了“相反的教导”。

下面给出一个初步的判断方法，就是先将对比文件与其他对比文件（或公知常识）进行结合，通过判断结合后的技术方案是否存在对比文件明确需要解决的技术问题，以及是否无法根据对比文件记载的方式来解决该技术问题，来判断该教导是否是“相反的教导”。若结合后的技术方案不存在该无法解决的技术问题，则认为没有给出“相反的教导”。例如本案中，结合后的技术方案虽然形成了与隧道栅极的电接触，但不排除在该半导体器件中也形成与有源区域的电连接，即结合后的技术方案可以同时形成与隧道栅极与有源区域的电接触，因而结合后的技术方案可以采用对比文件 1 的多个特定工序来制作隧道栅极，以实现防止制造工艺中未对准引起的电性能降低的技术效果，并不存在无法解决的对比文件 1 需要解决的技术问题。因而认为本案中的对比文件 1 没有给出“相反的教导”。

若结合后的技术方案不仅存在对比文件明确公开需要解决的技术问题，而且无法根据该对比文件记载的方式来解决该技术问题，则认为该对比文件给出了结合的“相反的教导”。

【案例 2】

某申请的权利要求 1：一种微机电系统，包括衬底；位于衬底上方的电极；位于电极上方的介质层，该介质层包含 SiO_2；以及位于介质层上的蚀刻阻挡层。

对比文件1作为最接近的现有技术，与权利要求1之间的区别仅在于介电层包括 SiO_2；而对比文件1的相应介电层为 Al_xO_y。对比文件2公开了位于电极之上的起到保护和绝缘作用的 SiO_2 介电膜，并与对比文件1结合评述了权利要求1不具备创造性。

对比文件1解决的技术问题是：现有技术中电极表面氧化形成的 Al_xO_y 的介电常数相对较低，因而无法提供高的开/关阻抗比。对比文件1提出需要避免低介电常数材料，采用高介电常数介电层以解决上述技术问题。

如果将对比文件1和2相结合，需要将对比文件2中的比 Al_xO_y 介电常数更低的 SiO_2 替代对比文件1中的 Al_xO_y 介电层，结合后的技术方案就存在了低介电常数材料 SiO_2，从而不能提供高开/关阻抗比，即结合后的技术方案存在对比文件1中明确需要解决的技术问题，而且无法根据对比文件1记载的方式（采用高介电常数介电层）来解决该技术问题。因此，对比文件1给出了与对比文件2相结合的“相反的教导”。

对于本案，换个角度思考，在实际科研和技术工作中，当本领域技术人员受到对比文件1的影响，为了提供高开/关阻抗比从而允许微波信号的有效切换，是不会想到去寻找“低介电常数” SiO_2 来作为其中的介电层，即使其出于如绝缘等其他问题的考虑，也会尽量避免使用低介电常数的介电层。也就是说，即使存在某种结合的启示，当存在“相反的教导”时，本领域技术人员还是会尽量避免采用这种结合，这也正是上文中得出的不能结合或不利于结合的原因。

二、具有技术启示的“相反的教导”

虽然主流观点认为“相反的教导”是不存在技术启示的一种情形，不过也存在例外的情形：对比文件公开了存在特征A，并明确指出其会导致技术方案存在某种技术问题。由于事实上该对比文件已经公开了该技术方案中包括该技术特征A，我们不能因为其会导致技术方案存在某种技术问题而否认这个事实。例如案例2中对比文件1，虽然其公开了需要采用高介电常数介电层来替代 Al_xO_y 介电层，但其首先就公开了在该半导体器件中采用了低介电常数材料（Al_xO_y）作为介电层的事实，我们不能由于存在“相反的教导”而否认这个事实。以下通过案例3对具有技术启示的“相反的教导”进行进一步的阐述。

【案例 3】

某申请涉及多晶硅薄膜的制作方法。现有技术中由于非晶硅晶种的形成不可控，因而形成多晶硅晶粒的位置、大小都无法控制。为了克服上述技术问题，权利要求 1 提出：一种多晶硅薄膜的制作方法，在基板缓冲层上沉积一第一非晶硅层，通过微影/刻蚀工艺刻蚀该第一非晶硅薄膜以形成多个分散的晶种；然后沉积第二非晶硅层并晶化形成多晶硅薄膜。该技术方案的主要改进点在于“通过一微影/刻蚀工艺”形成多个分散的、位置可控的非晶硅颗粒作为结晶的晶种。

对比文件 1 与权利要求 1 涉及相同的技术领域——晶化非晶硅领域，并需要解决相同技术问题——如何形成可控的非晶硅晶种。对比文件 1 的说明书中记载“碍于光刻工艺解析能力无法小于 1μm 的问题，故直接在非晶硅层上进行曝光、显影及蚀刻法，硅晶种的尺寸无法达到异质成核所需的临界尺寸”，因此，对比文件 1 提出了一个包括牺牲层和多个生长和蚀刻步骤的复杂的技术方案以获得小于 1μm 的位置可控的非晶硅晶种，之后再生长第二非晶硅层并晶化形成多晶硅层。可见，对比文件 1 明确给出了不能直接采用微影/刻蚀工艺来形成非晶硅晶种的“相反的教导”。

观点一认为：按照一般理解，“相反的教导”不存在技术启示，对比文件 1 明确公开了不能直接采用微影/刻蚀工艺来形成非晶硅晶种，从而给出了与权利要求 1 中“通过微影/刻蚀工艺来形成非晶硅晶种”相反的教导，因而对比文件 1 不能作为现有技术用于评述权利要求 1 不具备创造性。

相反的，观点二认为：对比文件 1 的上述记载虽然采用一种否定式写法，即由于光刻工艺解析能力无法小于 1μm 而不能直接在非晶硅上曝光、显影及蚀刻来形成非晶硅晶种。但实际上也已经公开了一定的信息，即当光刻工艺的解析能力达到小于 1μm 时，就可以采用曝光、显影及蚀刻来直接形成小于 1μm 的非晶硅晶种。而在本申请的申请日时光刻技术确实进步至光刻解析能力小于 1μm，在这样的前提下，对于本领域技术人员来说，在对比文件 1 以及已经实现光刻解析能力小于 1μm 的现有技术基础上，容易想到采用微影/刻蚀工艺来直接形成多个分散的非晶硅颗粒作为再结晶的晶种。

上述两个观点的差别在于：观点一只是根据常规进行一般性判断；而观点二是从对比文件 1 的技术方案出发，客观分析了提出“相反的教导”的前提因素，并认为作为本领域技术人员可以从对比文件 1 得到相关启示。审查员采用观点二评述后，该申请以视为撤回的方式结案，这也看出申请人对于观点二的认可。

从本案的分析可以看出，即使对比文件给出了“相反的教导”，也不应该机械地认为必然不存在技术启示。“相反的教导”首先公开了一定事实，其并不必然不存在启示。特别是当该“相反的教导”的提出有一定限制的前提时，更应该判断该限制前提在该申请的申请日时还是否成立。若在申请日时该限制前提已经不复存在，此时，不但对比文件可能没有给出“相反的教导”，还事实上给出了可以结合的启示。因此，在创造性判断中需要根据实际案例来具体分析。

结束语

本文通过对《专利法》中“相反的教导”的一般含义的分析，探讨了实际审查过程中对“相反的教导”的理解与把握，结合案例提出了是否存在“相反的教导”的初步判断方法，即判断结合后的技术方案是否存在对比文件明确公开需要解决的技术问题，和是否无法根据该对比文件记载的方式来解决该技术问题。而且，“相反的教导”并不绝对不存在技术启示，本文对比文件这一特殊情形进行了分析和阐述，以便于读者对“相反的教导”进行更加全面的理解和认识。上述观点是笔者个人的一些认识和思考，限于水平有限，难免存在不足与谬误，望大家指正。

感谢朱晓琳老师和欧阳石文老师对于本文的指导！

参考文献

[1] USPTO. Consideration of Applicant's Rebuttal Arguments [EB/OL]. [2012－09－13]. http://www.uspto.gov/web/offices/pac/mpep/s2145.html.

[2] 国家知识产权局专利复审委员会．决定号 FS45806 [EB/OL]. [2012－09－24].

http：//www. sipo-reexam. gov. cn/reexam_out/searchdoc/decidedetail. jsp? jdh=FS45806&lx=FS.

[3] 国家知识产权局专利复审委员会．决定号 FS45806 [EB/OL]. [2012-09-09]. http：//www. sipo-reexam. gov. cn/reexam_out/searchdoc/decidedetail. jsp? jdh=FS45739&lx=FS.

通信领域中功能模块构架权利要求的新颖性审查标准探究

赵剑　冯美玉

摘　要： 针对在审查实践中申请人和审查员对于功能模块构架权利要求的疑惑，基于对功能模块构架权利要求的含义、产生原因及撰写要求，分析了功能模块构架权利要求与对应的方法权利要求间的关系，对通信领域中功能模块构架权利要求的新颖性审查标准进行了探讨，尤其是针对对比文件公开的方法以及公开的所含模块数目不同的功能模块构架装置能否影响功能模块构架权利要求的新颖性问题进行了详细的讨论，并给出具体操作建议。

关键词： 功能模块构架　新颖性　方法权利要求

引　言

随着计算机技术的发展，软件技术飞速发展并得到广泛应用。很多计算机程序都是在通用的计算机上运行，其应用不需特定的硬件结构，这种计算机程序被称为纯软件，即计算机的硬件结构没有变化，完全由计算机软件实现。通信领域中存在大量的涉及此类计算机程序改进的发明创造。随着计算机和相关技术的飞速发展，对涉及计算机程序的发明创造寻求专利层面全面、完善的保护呼声日益强烈。

与此相对应的，按照传统的专利保护理论，涉及计算机程序的发明创造仅能够通过方法权利要求对其涉及计算机程序的发明创造的整体方法流程步骤进行保护，而不能得到产品权利要求方面的保护。在 2006 年的《审查指南》修订中，引入了功能模块构架权利要求的概念，该概念沿用至今，从而允许涉及计算机程序的发明创造通过功能模块构架的形式寻求产品权利要求方面的保护。

从近几年对功能模块构架权利要求的审查实践来看，申请人在对功能模块构架权利要求的概念的理解与运用中均存在诸多疑问，对审查员发出的相应审查意见常常提出较多争议，同时，审查员在对功能模块构架权利要求的审查也存在一定程度的标准不一、对事实认定存在困惑的现象。

因此，有必要对功能模块构架权利要求的审查标准进行进一步的深入探讨，特别是针对特殊情况下的功能模块构架权利要求的新颖性审查标准进行研究，以有助于深入理解并澄清功能模块构架权利要求的概念的实质，统一对功能模块构架权利要求的审查标准，并有助于对涉及计算机程序的发明创造的促进和保护。

以下从功能模块构架权利要求的含义、产生原因、相关撰写和审查规定以及该类权利要求的保护范围入手，展开对功能模块构架权利要求的新颖性审查标准进行深入探讨。

一、功能模块构架权利要求的含义

在《专利审查指南 2010》[1]第二部分第九章（以下均简称为指南）中对涉及计算机程序的发明专利申请给出相应规定，其中第 5.2 节指出，“如果全部以计算机程序流程为依据，按照与该计算机程序流程的各步骤完全对应一致的方式，或者按照与反映该计算机程序流程的方法权利要求完全对应一致的方式，撰写装置权利要求，即这种装置权利要求中的各组成部分与该计算机程序流程的各个步骤或者该方法权利要求中的各个步骤完全对应一致，则这种装置权利要求中的各组成部分应当理解为实现该程序流程各步骤或该方法各步骤所必须建立的功能模块，由这样一组功能模块限定的装置权利要求应当理解为主要通过说明书记载的计算机程序实现该解决方案的功能模块构架，而不应当理解为主要通过硬件方式实现该解决方案的实体装置”。可见，指南对涉及计算机程序的发明，提出了一种新的保护形式，即功能模块构架。

指南对“涉及计算机程序的发明”的定义及相关规定主要是从计算机领域的角度考虑而作出的。由于通信领域的专利申请与计算机领域相比，通信领域中计算机程序与硬件的结合更加紧密，因而其专利申请的类型和构成方式具有一定的特殊性。对通信领域来说，“计算机”的概念不应当仅限于通用计算机，还应当包括具有控制或处理等功能的专用机或处理器等。只要一项发明是通过处理器或控制器对相关信息进行某种处理，以实现一种新的功能或方法，则无论申请人是否在其申请文件中声明该发明是由计算机程序实现的，审查员在没有相反证据的前提下，都可以将其认定为“涉及计算机程序”的发明[2]。

二、功能模块构架权利要求的产生原因

随着计算机和相关技术的飞速发展，涉及计算机程序的发明专利的申请量与日俱增。这些发明创造既可以通过对计算机硬件和软件的改进来实现，也可以仅通过软件改进而无需对计算机硬件进行改进即可实现。而且，在计算机技术高度发达的今天，软件所扮演的角色越来越重要。随着计算机技术的发展，大量的发明创造仅靠计算机软件的创新即可在已有的计算机硬件上实现，而不必依赖于硬件的改进。因此，发明核心内容仅在于计算机程序创新的发明专利申请越来越多。按照传统的专利保护理论，只有方法权利要求和具有物理实体结构的产品权利要求这两类专利保护类型，但相当多的发明专利申请的发明基础仅在于计算机程序的创新，不涉及产品的物理实体结构的变化，则这类专利申请无法通过传统的产品权利要求谋求专利保护，而只能通过方法权利要求来谋求专利保护[3]。然而，仅具有方法权利要求很难对一项发明创造进行全方位的保护。涉及计算机程序的方法权利要求保护的客体仅是执行计算机程序所形成的处理和/或控制活动过程，并不能保护完成处理和/或控制所必须依赖的计算机程序的功能模块构架，即只能保护行为过程，不能保护产生行为所必需的条件[4]。

目前，对于涉及计算机程序的发明，国际通行的做法已允许对其通过方法权利要求、装置权利要求进行全方位的专利保护，且一项方法权利要求和执行该方法的装置类权利要求应当具有一致的审查结论，如

2005 版欧专局审查指南 C 实审部分第三章第 7.2 节中规定："在同一份申请中下述不同类型的权利要求的组合中的任何一种应当具有相同的结论……；(ii) 除了给定方法独立权利要求之外，专用于执行所述方法的装置的独立权利要求……"。

但是，从目前软件行业及涉及软件的领域，如通信领域的技术发展总体水平来看，我国企业的技术发展水平尚处于成长期，绝大部分的技术实力低于国外大公司，为了推动国内企业的发展，使得其在知识产权竞争中占据有利地位，我国倾向于采取相对保守的态度而将涉及计算机程序的发明的产品权利要求的保护限定在以软件方式实现的范围内，功能模块构架权利要求便是应此需要运用而生。功能模块构架权利要求将一项涉及计算机程序的发明中产品权利要求的保护限定在以软件方式实现的范围内，是基于国内行业的技术现状考虑到国家利益所采取的一种过渡性措施。功能模块构架权利要求保护的是主要通过说明书记载的计算机程序实现该解决方案所必须依赖的计算机程序运行的功能模块构架。

三、功能模块构架权利要求的撰写规定

《专利审查指南 2010》第二部分第九章第 5.2 节中给出了基于计算机程序的功能模块构架权利要求的完全对应一致的撰写要求。完全对应一致的撰写要求首先要求主题名称完全对应一致，其次是特征部分所记载的内容应该完全对应一致，即与计算机程序流程的各步骤完全对应一致，或者与反映该计算机程序流程的方法权利要求完全对应一致。其中的"完全对应一致"不应理解为形式上的绝对一致，而应当理解为其技术方案实质上的完全对应一致。

四、功能模块构架权利要求与对应的方法权利要求间的关系

功能模块构架权利要求源于对应的方法权利要求或说明书中记载的计算机程序流程。从本质来看，这种完全对应一致的方法权利要求和功能模块构架权利要求来源于同一个发明创造，建立在同一个基于计算机程序的解决方案之上。只要一项发明专利申请的技术创新是在于计算机程序，而且在说明书中存在这样的以计算机程序流程为依据的方法流程，那么无论说明书和说明书附图中是否记载有相应功能模块的框图或是记

载实现计算机程序的硬件环境，都应该允许在权利要求书中采取与方法权利要求或程序流程各步骤完全对应一致的方式来撰写的功能模块构架权利要求。

功能模块构架权利要求不同于对应的方法权利要求或说明书中记载的计算机程序流程。功能模块构架权利要求与对应的方法权利要求的反映方式不同，保护对象不同，保护角度不同，保护作用不同，两者的保护范围互补。方法权利要求包含了实现该方法的所有实现方式，包括软件、硬件和软件、硬件结合的所有实现方式，涉及计算机程序的方法权利要求的保护客体是执行计算机程序所形成的处理和/或控制活动过程。而功能模块构架权利要求是以计算机程序流程为基础的，其所请求保护的内容并不涉及产品物理实体结构的变化，仅包含以软件方式实现的方式，其实质是从计算机程序的组织结构角度反映涉及计算机程序的发明，是保护一种运行计算机程序/软件以实现特定功能的功能模块构架。

五、功能模块构架权利要求的新颖性审查标准探讨

下面结合笔者审查过程中的实际案例对功能模块构架权利要求的新颖性审查标准分情况进行探讨。

（一）申请请求保护功能模块构架权利要求，而对比文件公开的是方法

【案例 1】

权利要求 1：一种保障移动终端内资料信息的安全的方法，至少包括：

预先为移动终端内存储的资料信息设置安全标志；

移动终端在向用户提供存储的资料信息之前确定资料信息的安全标志，并根据该安全标志来处理该资料信息；

所述的安全标志包括保密资料分类标志，预先为移动终端内存储的资料信息设置安全标志具体为：

根据资料信息进行分级设置保密资料分类标志。

权利要求 20：一种保障移动终端内资料信息的安全的装置，至少包括：

设置单元，用于为移动终端内存储的资料信息设置安全标志；

查询单元，用于移动终端在向用户提供存储的资料信息之前确定资料信息的安全标志；

所述安全标志包括保密资料分类标志，所述设置单元为移动终端内存储的资料信息设置安全标志具体为：

根据资料信息进行分级设置保密资料分类标志；

处理单元，用于根据查询单元确定的安全标志来处理该资料信息。

权利要求 20 为与权利要求 1 的方法权利要求完全对应一致的功能模块构架权利要求。

经检索，对比文件 1（CN1801975A）公开的技术方案构成权利要求 1 的方法权利要求的抵触申请，能够影响权利要求 1 的方法权利要求的新颖性。具体的，对比文件 1 公开了一种手持装置个人数据安全的加密方法，并具体公开了以下的技术特征（参见该对比文件说明书第 4 页第 5～22 行）：步骤 S200，接收至少一设定指令，以设定对应至少一设定指令的功能或数据的机密等级（相当于预先为移动终端内存储的资料信息分级设置保密资料分类标志）；步骤 S202，接收一机密等级选择指令；步骤 S204，根据该机密等级选择指令一执行锁住功能或数据；步骤 S208，接收一输入信号；步骤 S210，判断该输入信号是否为一解除密码（相当于移动终端在向用户提供存储的资料信息之前确定资料信息的安全标志）；步骤 S212，若判断为是，则解除被锁住的至少一功能或数据（相当于根据该安全标志来处理该资料信息）；其中当机密等级选择指令下达后，设定的机密等级等于及其更高的功能或数据进入锁住状态，使使用者无法执行这些功能或显示这些数据。该对比文件 1 是一件由他人向专利局提出的专利申请，其申请日早于本申请的申请日，公开日在本申请的申请日之后。权利要求 1 所要求保护的技术方案与对比文件 1 相比，两者的技术方案实质上相同，且对比文件 1 所公开的技术方案与该权利要求所要求保护的技术方案属于相同的信息安全的技术领域，解决了相同的技术问题，即如何避免移动终端内存储的资料信息的泄漏，并能产生相同的技术效果。因此，对比文件 1 已经构成了权利要求 1 的抵触申请，该权利要求所要求保护的技术方案不具备《专利法》第 22 条第 2 款规定的新颖性。

对比文件 1 中仅公开了上述手持装置个人数据安全的加密方法，并未公开该方法对应的功能模块构架权利要求。

对比文件1公开的方法技术方案与权利要求20的功能模块构架权利要求的技术方案属于相同的信息安全的技术领域，解决了相同的技术问题，即如何避免移动终端内存储的资料信息的泄漏，并能产生相同的技术效果，但两者的技术方案是否实质上相同呢?

对于此两者的技术方案是否实质上相同的问题，笔者认为应根据对比文件公开的方法是否是全部以计算机程序流程实现的方法来区别对待：

（1）若对比文件公开的方法是全部以计算机程序流程实现的方法，或本领域技术人员从技术角度分析可直接地、毫无疑义地确定对比文件的方法是全部以计算机程序流程实现的方法，且该方法的各个步骤与要求保护的功能模块构架权利要求的各组成部分完全对应一致，则该对比文件公开的方法能够影响要求保护的功能模块构架权利要求的新颖性。

（2）若本领域技术人员从技术角度分析不能直接地、毫无疑义地确定出对比文件的方法是全部以计算机程序流程实现的方法，或本领域技术人员从技术角度分析可直接地、毫无疑义地确定对比文件的方法是以非计算机程序流程实现的方法，如以硬件方式实现的方法，则笔者认为该对比文件公开的方法不能影响要求保护的功能模块构架权利要求的新颖性。

通过从技术角度分析对比文件1公开的技术方案可知，对比文件1公开的技术方案是通过设定指令、机密等级选择指令等一系列的程序指令和程序判断来实现对比文件1的方法，即对比文件1公开的方法是全部以计算机程序流程实现的方法，则本领域技术人员可由对比文件1公开的方法直接地、毫无疑义地确定一个与对比文件1公开的方法完全对应一致的功能模块构架的装置。因此，对比文件1隐含公开了该申请权利要求20请求保护的功能模块构架装置，权利要求20相对于对比文件1不具备新颖性。

（二）请求保护的是功能模块构架权利要求，而对比文件公开的也是功能模块构架权利要求，但两者功能模块构架权利要求所包含的模块数目不同

【案例2】

若一项发明专利申请的方法权利要求和其完全对应一致的功能模块构架权利要求分别撰写为：

权利要求1：一种用于数据传输的方法，包括：

接收步骤，用于接收来自服务器的数据；

发送步骤，用于将接收到的该数据发送给处理器；

判断步骤，用于……；以及

反馈步骤，用于……。

权利要求 2：一种用于数据传输的系统，包括：

接收模块，用于接收来自服务器的数据；

发送模块，用于将接收到的该数据发送给处理器；

判断模块，用于……；以及

反馈模块，用于……。

上述权利要求 2 为与权利要求 1 的方法权利要求完全对应一致的功能模块构架权利要求。

属于现有技术的对比文件 2 公开了一功能模块构架权利要求：

权利要求 A：一种用于数据传输的系统，包括：

收发模块，用于接收来自服务器的数据并将接收到的该数据发送给处理器；

判断模块，用于……；以及

反馈模块，用于……。

属于现有技术的对比文件 3 公开了另一功能模块构架权利要求，如下权利要求并未限定收发模块接收和发送的数据为同一数据，也未限定接收和发送数据的执行顺序：

权利要求 B：一种用于数据传输的系统，包括：

收发模块，用于接收来自服务器的数据，和用于发送数据给处理器；

判断模块，用于……；以及

反馈模块，用于……。

那么，对比文件 2 公开的权利要求 A 和对比文件 3 公开的权利要求 B 能否影响申请文件的权利要求 2 的功能模块构架权利要求的新颖性呢？

（1）对比文件 2 公开的权利要求 A 与申请文件的权利要求 2 的功能模块构架权利要求所包含的模块数目不同。对比文件 2 公开的权利要求 A 与申请文件的权利要求 2 均为功能模块构架权利要求，即两者均是全部以计算机程序流程为依据的，请求保护的均为主要通过说明书记载的计算机程序实现解决方案的功能模块构架。对比文件 2 公开的权利要求 A 仅是将相应方法的“接收步骤”和“发送步骤”的流程合并为由“收发模块”一个模块来统一实现，该合并后的模块进行的处理仍是先接收数据，然后发送数据，并没有引入任何新的技术内容。

功能模块构架权利要求将一项涉及计算机程序的发明中产品权利要求的保护限定在以软件方式实现的范围内，对比文件2公开的权利要求A和申请文件的权利要求2的功能模块构架权利要求对应完全相同的以软件方式实现的计算机程序流程。对比文件2公开的权利要求A和申请文件的权利要求2在保护范围的大小方面实质上完全相同。若仅通过对比文件2公开的权利要求A和申请文件的权利要求2的撰写形式对所包含的仅模块数目不同的上述两种功能模块构架权利要求理解为技术方案不同和保护范围不同，则第三方很容易通过撰写形式的改变而改变功能模块构架权利要求的模块数目划分来对相同的计算机程序流程实现的解决方案寻求不同的功能模块构架权利要求的保护，从而不利于对发明核心内容仅在于计算机程序创新的涉及计算机程序发明的保护。因此，应当理解为，对比文件2公开的权利要求A和申请文件的权利要求2的功能模块构架权利要求的技术方案实质上相同，其保护范围也实质上相同，对比文件2公开的权利要求A能够影响申请文件的权利要求2的功能模块构架权利要求的新颖性。

(2) 对比文件3公开的权利要求B与申请文件的权利要求2的功能模块构架权利要求不仅所包含的模块数目不同，其相应的计算机程序流程的执行顺序也不完全相同。对比文件3公开的权利要求B记载了“收发模块，用于接收来自服务器的数据，和用于发送数据给处理器”，并未限定收发模块接收数据和发送数据的执行顺序关系，也未限定接收的数据和发送的数据是同一数据，对比文件3公开的权利要求B与申请文件的权利要求2对应的以软件方式实现的计算机程序流程不尽相同，对比文件3公开的权利要求B对应的涉及计算机程序流程的方法权利要求不能影响申请文件的权利要求2对应的涉及计算机程序流程的方法权利要求的新颖性，对比文件3公开的权利要求B与申请文件的权利要求2的技术方案不完全相同，对比文件3公开的权利要求B不能影响申请文件的权利要求2的功能模块构架权利要求的新颖性。

由此可见，当权利要求请求保护功能模块构架权利要求，而对比文件公开的也是功能模块构架权利要求时，若两者在技术领域、技术问题和技术效果方面均相同，但所包含的模块数目不同时，对比文件能否影响权利要求新颖性的把握原则是，应根据对比文件和申请文件的权利要求的功能模块构架是否实质上对应完全相同的以软件方式实现的计算机程序流程来区别对待。若属于上述情况，则对比文件公开的模块数目不同的功能模块构架权利要求能够影响要求保护的功能模块构架权利要求的新颖性；若因模块数目的不同导致相应的计算机程序流程也不完全相同，则对比文件公开的模块数目不同的功能模块构架权利要求不能影响要求保护的功能模块构架权利要求的新颖性。

结束语

本文基于功能模块构架权利要求的含义、产生原因及撰写要求，分析了功能模块构架权利要求与对应的方法权利要求之间的关系，对通信领域中功能模块构架权利要求的新颖性审查标准进行了探讨，着重详细讨论了对比文件公开的方法以及所含模块数目不同的功能模块构架装置能否影响功能模块构架权利要求的新颖性问题。主要结论如下：

功能模块构架权利要求是对涉及计算机程序发明创造的与方法权利要求或程序流程各步骤完全对应一致的产品权利要求的保护。在对功能模块构架权利要求的新颖性审查标准的具体运用上，应当重点审查对比文件公开的技术方案与功能模块构架权利要求请求保护的技术方案是否实质上对应完全相同的以软件方式实现的计算机程序流程；或者由对比文件公开的技术方案能否直接地、毫无疑义地确定与请求保护的功能模块构架权利要求实质上完全相同的全部以计算机程序流程实现的功能模块构架的装置。具体来说，如果请求保护的是功能模块构架权利要求，而对比文件公开的是与之对应的方法，当对比文件公开的方法是全部以计算机程序流程实现的方法，或本领域技术人员从技术角度分析可直接地、毫无疑义地确定对比文件的方法是全部以计算机程序流程实现的方法，且该方法的各个步骤与要求保护的功能模块构架权利要求的各组成部分完全对应一致，则该对比文件公开的方法能够影响要求保护的功能模块构架权利要求的新颖性，否则不能影响要求保护的功能模块构架权利要求的新颖性；如果请求保护的是功能模块构架权利要求，而对比文件公开的是与之相关的功能模块构架权利要求，但两者功能模块构架权利要求所包含的模块数目不同，当对比文件和申请文件的权利要求的功能模块构架实质上对应完全相同的以软件方式实现的计算机程序流程，则对比文件公开的模块数目不同的功能模块构架权利要求能够影响要求保护的功能模块构架权利要求的新颖性，否则不能影响要求保护的功能模块构架权利要求的新颖性。

参考文献

[1] 中华人民共和国国家知识产权局．专利审查指南 2010 [M]. 北京：知识产权出版社，2010.

[2] 张清奎，等．特殊领域审查标准研究 [EB/OL]. [2008－10－10]. http：//www. xueshu/cis/jsp/secdep/kit/files/1182137706569. doc.

[3] 崔伯雄，等．特殊类型计算机软件发明的审查实务研究 [EB/OL]. [2008－10－10]. http：//www. xueshu/cis/jsp/secdep/kit/files/1213172818931. doc.

[4] 张蔚．论计算机软件的专利保护 [D]. 北京：中国政法大学，2007.

中美日欧专利审查中关于“中位概括”修改的比较分析

孙捷　孙红

摘　要： 通过对中位概括修改是否导致超范围的问题进行探讨，比较了国内与美日欧在该问题上的处理方式的异同，并提供了相关的判例进行分析说明，最后结合实际审查案例，针对目前国内对于如何处理此类问题进行评述。

关键词： 中位概括　修改　超范围

申请人在专利申请文件撰写过程中难免存在缺陷，如果不克服将导致无法获得专利权或影响专利保护范围的确定，同时也会影响公众对专利信息的利用。因此《专利法》第 33 条规定：申请人可以对其专利申请文件进行修改，但是修改不得超出原说明书和权利要求书记载的范围。之所以规定修改不得超出原说明书和权利要求书记载的范围，是因为我国专利制度采用的是先申请原则，如果允许申请人对申请文件的修改超出原始提交的说明书和权利要求书记载的范围，就会违背先申请原则，造成对其他申请人来说不公平的后果。

一、问题的提出

《审查操作规程·实质审查分册（2011）》（以下简称“规程”）第八章第 9.3.3 节[1]描述了一种典型的修改类型——上位概括，当申请人使用上位概念替换下位概念时，审查员可以通过新颖性判断法，容易确定该修改是否超出了原说明书和权利要求书记载的范围。然而，在判断修改超范围审查过程中，申请人有时为了克服新颖性、创造性以及不支持等缺陷，可能将原始申请文件中较为上位的技术方案与较为下位的技术方案（例如具体实施例）进行重新组合，得到了一种未明确记载在原始说明书和权利要求书中的新技术方案，通常我们将这种组合称之为中位概括。

《专利审查指南 2010》（以下简称“指南”）第二部分第八章第 5.2.3.2 节[2]指出的“将原申请中的几个分离的特征，改变为一种新的组合，而原申请没有明确提及这些分离的特征彼此间的关联”属于不允许的改变的情形，涉及了中位概括的问题，这种所谓的中位概括使得修改后重新得到的技术方案的范围比原申请中记载的较上位技术方案保护范围窄，但是要比原申请中较下位的技术方案范围宽。

不同领域、不同部门的审查员在该问题的处理方式上存在一定的差异，指南中没有提供具体的实例，规程（第 204～205 页案例 1 和案例 2）也仅对涉及数值范围的中位概括举例说明，但并没有对其进行深入探讨，而对于审查员来说，此类问题在执行层面上的统一较为迫切，部分相关文献已对中位概括问题进行了阐述[3-10]，如刘洪尊[4]对《审查指南》中所列不允许的改变的情形（3）结合欧洲判例进行理解和思考，王洋等[6]结合日本判例对于二次概括修改超范围问题进行判断，李越等[9]探讨了化学医药领域技术特征组合以及数值范围的重新概括等修改情形的判断是否超范围应当考虑的因素。但是目前没有针对国内与美日欧关于中位概括的修改问题进行全面的比较分析研究的报道。因此，对此类有争议问题的进一步分析探究具有一定的现实意义。

二、我国关于申请文件修改中位概括的规定

依据《专利审查指南 2010》第二部分第八章第 5.2.3 节的规定，如果申请的内容通过增加、改变和/或删除其中的一部分，致使所属领域技术人员看到的信息与原申请记载的信息不同，而且又不能从原申请记载的信息中直接地、毫无疑义地确定，那么，这种修改不符合《专利法》第 33 条的规定，是不允许的。在实际审查中，这种仅根据原始申请文件中文字记载的判断依据，加之有些审查员教条的理解和执行，有时对申

请人来讲是过于苛刻的。

在目前审查实践中，在判断中位概括是否超范围时，审查员应当从本领域技术人员的角度判断组合后的技术方案是否以文字记载在原说明书和权利要求书中，或者可否由原说明书和权利要求书文字记载的内容以及说明书附图直接地、毫无疑义地确定，而不能以组合后的技术方案的技术特征均在原说明书和权利要求书中有文字记载为判断标准而简单地得出不超范围的结论。这种判断方法无形中要求审查员在遇到此类问题时采用较为严格的标准，即将不同技术方案的技术特征任意进行重新组合成一个新的技术方案，通常是不允许的。

但是审查实践中也存在另外一种观点，即当用一个技术方案 1 去结合另一个技术方案 2 的技术特征时，如果该技术特征不仅适用于与技术方案 1 中的其他技术特征的组合，而且也适用于本发明所述的其他技术方案时，在这种情况下，可以认为组合后的技术方案修改不超范围。其中，所述的“不仅适用于……，而且也适用于……”中的“适用于”应该怎样理解更为准确呢，这实际上是判断此类问题是否不超范围的关键，我们可以借鉴一下国外同行们对于此类问题的处理方式。

三、国外关于申请文件修改中位概括的规定

（1）日本相关规定

日本在 2003 年以前也曾采取过“直接地、毫无疑义地导出”的判断标准，这致使审查员在实际操作中往往更倾向于关注术语的改变，导致申请人和代理人普遍反映该判断标准过于严格。2003 年 10 月修订的《日本专利实用新型审查基准》中，指出可修改的情况包括根据原始申请文件的记载，在无需任何证明而明白的事项的情况，即包括接触原始申请文件的本领域普通技术人员理解成等同于该事项在原始申请文件中记载的情况，还包括从本领域的普通技术人员来看，根据原始申请文件中的多项记载（包括发明内容、实施例以及附图的记载）而无需任何证明而明白的事项的情况。另外还指出，当修改涉及上位概括的情况，如果所删除的事项本来不具有技术意义，显然通过该修改没有添加新的技术意义，从而没有添加新的事项，故该修改在原始申请文件记载的范围内。

2003 年 10 月修订的《日本专利实用新型审查基准》中“新的事项”

实例35涉及一化肥包装袋开封装置，在原始申请文件的权利要求书中该装置具有“由角度保持机构A和枢转机构B构成的倾斜角度调整机构”，在原始申请文件的说明书中，记载有作为实施例的“该倾斜角度调整机构通过由介设于输送槽3与稳定撑杆4之间的臂6构成的保持机构A1，和由按照相对于稳定撑杆4旋转的方式支承输送槽3的销5构成的枢转机构B1构成”，修改后的权利要求为A和B1构成的技术方案，由于认为保持机构和枢转机构都是独立的功能子单元，彼此不是不可拆分、紧密联系的。因此，最终判定修改后的权利要求不超范围。

日本东京高等法院1998年第298号审判决定的撤销诉讼判决中，将原始申请文件中的“记录和/或再生装置”改为“盘记录和/或再生装置”，而实施例中仅记载了“CD-ROM记录和/或再生装置”，显然不能够从原始文本中的“记录和/或再生装置”和“CD-ROM再生装置”中的记载，直接而唯一地导出“盘记录和/或再生装置”。但是，该发明由“记录和/或再生装置”和“CD-ROM再生装置”改为“盘记录和/或再生装置”，其要解决的技术问题没有变化，依然是减少电池的耗电量，延长电池的寿命，也就是说没有技术意义上的改变，因此，没有添加“新的事项”，最终东京高等法院在2002年作出审判判决，认为该修改不超范围。

可以看出，日本专利局采取的这种“无证自明”的判断标准，以求在判断修改是否超范围时更多关注修改后的内容实质上在原始申请中是否记载过。

（2）欧洲相关规定

欧洲专利局审查指南2005年6月版C. VI，5.3.1中规定：如果申请内容的所有改变（通过增加、改变或者删除）导致本领域技术人员看到的信息不能从原申请的信息中直接并且毫无疑义地导出，即使考虑了对本领域技术人员来说隐含公开的内容也不能导出，那么应当认为该修改引入了超出原申请内容的主题，因此不允许。然而，如果说明书直接或隐含公开了该单独权利要求保护的内容，而该具体实施方式中的所述特征清楚地构成了一个单独的功能性子单元，则可以允许这样的权利要求。也可以这样理解：如果具体实施方式中的某一特征为功能单独构件，与其他特征之间无相互连接关系和功能关系时，或者说在确定发明实施方案的整体效果时，具体实施例中公开的特定特征与实施例中的其他特征并非以唯一方式和显著的程度密切相关，那么通过特征重组得到的权利要求不超范围。

欧洲专利局上诉委员会基于此问题给出了经典判例 T0201/83，欧洲专利局审查部 1983 年 7 月 8 日作出了驳回决定。该决定基于一项权利要求："一种铅合金，含有 1～80ppm 镁和少量钙，其特征在于合金中的钙含量是 690～900ppm"。所述的驳回理由是，虽然要求保护的合金中镁为 1～80ppm 和钙的上限 900ppm 已经作为优选范围的端点公开，但钙的下限 690ppm 只是从具体合金的实施例 8 中得到的，因此所得到的范围 690～900ppm 与原始公开的 100～900ppm 相比具有"某些新颖性特征"，此修改超出了原始申请记载的范围，违反了 EPO 条约 123（2）的规定。

上诉委员会撤销了审查部的驳回决定。上诉委员会的决定及其理由：假定本领域技术人员能够容易地认识到，在确定发明实施方案的整体效果时，具体实施例中公开的特定数值与实施例中的其他特征并非以唯一方式和显著的程度密切相关，那么基于该数值修改混合物例如合金权利要求中的浓度范围是允许的，对于本案，通过说明书发明内容以及实施方式的记载以及对本发明想要解决的技术问题的分析，本领域技术人员可以认为合金中的钙含量与铅合金中其他组分之间并非以唯一方式和显著的程度密切相关。

该案例与我国规程第 204 页案例 2 有些类似，其涉及一种化合物的制备，明确指出了乙醇溶剂、反应温度和反应压力之间并不是紧密联系、一一对应的，因此结合权利要求 1 数值范围和具体实施例单个数值点而得到的一种中位概括后的新技术方案，是不超范围的。

同样地，在欧洲专利局上诉委员会提供的判例 T0054/82 中，原始权利要求书为：

1. 一种润滑油组合物，包括一种润滑黏度油或润滑黏度油脂作为主要成分，并含有负载量的噁唑啉添加剂，其选自链烯基丁二酸单噁唑啉和链烯基丁二酸双噁唑啉。

……

3. 根据权利要求 1 的润滑油组合物，其添加剂是异十八碳烯丁二酸双噁唑啉。

4. 根据权利要求 1 的润滑油组合物，其添加剂是 $C_{18}-C_{24}$ 的链烯基丁二酸单噁唑啉二聚物。

修改后的权利要求为：

1. 一种润滑油组合物，包括一种润滑黏度油或润滑黏度油脂作为主要成分，并含有负载量的噁唑啉添加剂，其选自链烯基丁二酸单噁唑啉和链烯基丁二酸双噁唑啉，其中链烯基包含18—24个碳原子。

申诉委员会争论的焦点是“C_{18}-C_{24}的链烯基丁二酸双噁唑啉”，说明书中指出本发明的添加剂是通过反应1mol的C_{10}-C_{50}链烯基丁二酸和1mol（生成链烯基丁二酸单噁唑啉）或2mol（生成链烯基丁二酸双噁唑啉）的三羟甲基氨基甲烷得到的，问题在于C_{18}-C_{24}的链烯基丁二酸单噁唑啉的公开是否明显披露了C_{18}-C_{24}的链烯基丁二酸双噁唑啉，或者应该考虑对于本案单噁唑啉与双噁唑啉之间是否伴随技术问题的改变，最终通过原始申请文件的记载和本领域技术人员的判断，判定该修改符合EPO123（2）的规定。

（3）美国相关规定

美国在立法层面上明确了对权利要求与说明书的修改采用不同的法律依据。美国专利法35USC132规定，修改不应引入新的内容。另外，35USC112第1段对书面描述要件作出了规定，该款规定强调的是说明书充分公开以及对权利要求书的支持，类似于我国《专利法》第26条第3款和第4款的规定。在说明书中引入新的内容时适用35USC132；以引入了新的内容为由拒绝，而权利要求中引入新的内容时则适用35USC112第1段，以增加了原申请文件中不支持的技术特征为由拒绝。

因此对于权利要求的修改，USPTO要求任何限定都应得到原始申请文件公开内容支持，且能够得到支持的修改不属于新的内容。例如，实施例中仅公开了使用“弹簧”作为弹性支撑物，如果根据原说明书的记载，本领域技术人员能够清楚地判断使用任何“弹性支撑物”都能够解决本发明的技术问题并达到相同技术效果，则允许将权利要求修改为“弹性支撑物”。

四、实际案例分析

以下结合笔者在实际工作中遇到的两个案例对该判断标准进行阐述说明。

【案例1】

权利要求1请求保护一种水溶性热熔胶胶水的制备方法，其特征在于在配料锅中，加入计算量的填料和水，开动搅拌马达，快速搅拌，加入消泡剂、防霉剂、乳化剂与分散剂等助剂，待搅拌一段时间以后，减慢搅拌速度，加入 EVA 乳液，然后再加入增粘剂，搅拌均匀制成。

审查员在一通中指出，说明书实施例 1～4（全部的实施例）中出现的技术特征“搅拌均匀后用氨水调节 pH 至中性或微碱性”是为解决本发明技术问题所不可缺少的必要技术特征（说明书发明内容等部分未提及该技术特征），申请人答复一通时提交修改文件，将该技术特征加入到权利要求 1 中。

对于本案，本领域技术人员知晓新加入的技术特征“搅拌均匀后用氨水调节 pH 至中性或微碱性”所起到的作用是为了减低热熔胶产品的腐蚀性以及改善组合物体系的分散稳定性，而且该技术特征与之前的制备方法等特征并没有相互连接关系和功能关系，也就是说该技术特征的加入并没有给之前的原料配比以及合成工艺条件等技术特征带来任何实质性的影响，因此可以判断出该技术特征不仅适用于与权利要求 1 中的其他技术特征的组合，而且也适用于本发明所述的其他技术方案，所以认为该修改是不超范围的。

【案例 2】

申请人为了克服创造性的缺陷，在答复一通时提交了新的权利要求 1，修改后的权利要求 1 技术方案是通过将实施例 3 和原权利要求 1 中的一个技术特征组合得到的，其中实施例 3 为：

按重量百分比选用以下组分……然后将油酸钾和松香酸钾按重量比 1∶0.2 混合制成乳化剂，复合电解质 EDTA 和碳酸钾按重量比为 4∶1，除乳化剂外，将上述组分全部加到反应釜中，同时加入 88％的乳化剂；按马鞍形控温曲线控制反应温度，前期 69℃，中期 66℃，后期 75℃，转化率达到 30％时补加余下的 12％乳化剂，7 小时完成聚合反应，总反应时间 9 小时，胶乳粒径 85nm，胶乳黏度：250cps，单体转化率 100％。

申请人希望将原权利要求 1 的技术特征“反应压力控制在 0.8MPa 以下”组合到实施例 3 中构成新的技术方案作为修改后的权利要求 1，即以上反应是在“总反应时间 9 小时，且反应压力控制在 0.8MPa 以下”的条件下进行的。

对于本案，根据本领域常规知识，工艺参数反应压力与其他的反应条件之间明显是存在相互连接关系和功能关系的，在乳液聚合反应过程中，反应压力影响单体向乳胶粒子内部扩散的速度，从而影响反应的转化率。

本领域技术人员根据说明书的内容可以认定，由于技术特征“反应压力控制在0.8MPa以下”与实施例3中的其他反应条件技术特征之间存在相互配合关系，因此认为组合后的权利要求1虽然其全部技术特征均在原说明书和权利要求书中有记载，但是其技术方案在原说明书和权利要求书中没有记载，而且也不能由原说明书和权利要求书文字记载的内容以及说明书附图直接地、毫无疑义地确定，因此组合后的权利要求1修改超范围。

结束语

对于判断中位概括修改是否导致超范围的问题，审查员可以在充分理解发明的基础上，从本领域技术人员的角度分析相互离散且需要组合的特征之间彼此是相互独立的，还是存在相互连接关系和功能关系，从而得出组合后的技术方案是否超范围的结论。该判断标准很好地解释了前面提到的“不仅适用于……而且也适用于……”，同时具有很好的普适性和可操作性，有助于统一审查实践，提高审查效率。

具体审查实践中遇到的超范围问题都不是简单程式化的，应该具体问题具体分析，在判定中位概括超范围的问题时，审查员应该更加注意防止修改申请文件时引入在原申请中没有明确或隐含公开的、新的、对发明有技术贡献的内容，而不能仅根据原始申请文件中文字记载或概念上是否等同作为判断依据。

与日本对于中位概括修改的审查基准发展过程类似，国内对于中位概括是否超范围的判定也正在经历由紧到适中的过程，对于审查员以及申请人来说都是一件好事情，尽管提高审查员的自由裁量权可能会触及审查标准难以统一的问题，但是审查员在“直接地、毫无疑义地确定”阶段已经获得了足够的敏感度，标准调整将会使其在该问题上的处理变得更加得心应手，而且对于申请人来说也显得更为公平合理。

参考文献

[1] 中华人民共和国国家知识产权局．审查操作规程·实质审查分册 2011 [M]. 北京：知识产权出版社，2011：188—198.

[2] 中华人民共和国国家知识产权局．专利审查指南 2010 [M]. 北京：知识产权出版社，2010：243—253.

[3] 欧阳石文．专利法第 33 条的立法目的及其“直接地、毫无疑义地确定”之概念 [J]. 审查业务通讯，2010（专刊）.

[4] 刘洪尊．对于审查指南中所列不允许的改变的情形（3）的理解和思考 [J]. 审查业务通讯，2010（3）.

[5] 方慧聪，黄非．从日本、欧洲判例谈技术特征重组导致的中位概括式修改超范围判断 [J]. 审查业务通讯，2010（专刊二）.

[6] 王洋，黄非．从日本判例看中位概念修改超范围的判断 [J]. 审查业务通讯，2010（专刊二）.

[7] 刘经风，孙晓静．日中对修改的“概念中位化”的判断比较 [J]. 审查业务通讯，2010，（专刊二）.

[8] 吴红秀，等．有关高分子领域权利要求修改的若干问题 [J]. 化学发明审查部审查业务快讯，2009（8）.

[9] 李越，等．化学医药领域复审与无效阶段申请文件的修改 [EB/OL]. [2009—06—30]. http://www.xueshu.sipo/ktyj/xswyhketi/keti_shijian/2008xsketi/200906/t20090602_16086.htm.

[10] 国家知识产权局学术委员会．学术委员会关于“修改超范围”问题的研究成果综述 [J]. 学术成果精编，2009（2）.

在专利审批程序中因转让发生的权利转移相关问题探讨*

刘文静　张珍丽　许彤彤　欧阳平

摘　要：专利申请权、专利权以及优先权的转让是专利审批程序中的一项重要内容。本文通过从实际案例出发，结合相关法律法规，讨论了《审查指南》及实际审查过程中对于权利转让标准的合理性，并提出了相关修改建议，以求在规范因转让而发生的权利转移问题的审查标准的同时，为相关审查标准的制定提供参考。

关键词：专利申请权　专利权　转让

专利权作为一种财产权，权利人享有转让的权利，这是权利人对其专利权行使处分权的基本方式之一。《专利法》第10条规定：“专利申请权和专利权可以转让。中国单位或者个人向外国人、外国企业或者外国其他组织转让专利申请权或者专利权的，应当依照有关法律、行政法规的规定办理手续。转让专利申请权或者专利权的，当事人应当订立书面合同，并向国务院专利行政部门登记，由国务院专利行政部门予以公告。专利申请权或者专利权的转让自登记之日起生效。”

---

* 本文源自“专利审批程序中权利转移相关问题研究”，课题性质：北京中心课题，课题组负责人：朱骥，成员包括：张珍丽、周学平、朱峰、欧阳平、刘文静、陈姣、施毓俏、许彤彤、毕雅静、郭建、孙大伟。

在实际专利审批过程中，由于权利转让通常涉及多部法律、法规，而各法律、法规之间存在应用衔接的问题，不同专业背景的审查员对相关法律、法规、司法解释等的理解和把握尺度也各有差异，导致在专利审批程序中易出现一些值得思考、探讨的问题。下面，针对在专利审批程序中，因转让发生的权利转移的情形中存在的问题加以分析和探讨。

一、问题的提出

专利申请权（或专利权）转让是指专利申请人（或专利权人）作为转让方，将其发明创造的申请权（或专利权）转移受让方，受让方支付价款。在专利审批程序中，涉及专利申请权（或专利权）因转让发生的权利转移，申请人（或专利权人）应当到国务院专利行政管理部门办理相关的手续。而优先权转让则是在专利审批程序中一个特殊的手续，那么，优先权转让与专利申请权（或专利权）转让之间是否存在联系？现有规定中对上述两类手续需要提交的证明材料有着不尽相同的规定，是否存在需要完善之处？

二、相关规定

（一）优先权转让的含义

《专利法》第29条对外国优先权和本国优先权作出了规定。根据该规定，首次专利申请人可依法享有相同主题专利申请的优先权，即其在后申请的相同主题专利申请可以视为在首次专利申请日（即优先权日）提出。对于专利申请人的任何一项专利申请，对其在法律规定的期限内再次提出相同主题的在后专利申请，都可产生优先权，成为在后专利申请的优先权基础；反过来说，如果没有在法律规定的期限内再次提出相同主题的在后专利申请，则该优先权也就消灭了。从这个意义上说，优先权实质上是一种拟申请时所产生的权利。

首次专利申请人，针对每个国家拥有相应的外国优先权，即一项首次专利申请，可以产生若干项针对不同国家的外国优先权。上述优先权可以依法转让。

那么，首次专利申请人转让优先权，究竟是转让什么权利？

转让优先权，实质上是转让一项拟专利申请权。例如，首次专利申请人基于其在中国的首次申请，可以将其针对美国、日本等不同国家的优先权分别转让他人。其美国或日本的优先权转让他人后，首次专利申请人就不可能就该首次专利申请的主题，向美国或日本提出要求首次专利申请的优先权的专利申请，其实质上，就是转让了其就该首次专利申请的主题在美国或日本的专利申请权。

以上是对外国优先权转让的讨论，对于本国优先权的转让，其法律意义就更为清晰了，其实质就是转让专利申请权。

（二）专利申请权（或专利权）的转让

专利审批程序中，专利申请权（或专利权）转让是指申请人（或专利权人）将一项发明创造的专利申请权（或专利权）转让给他人，并在国务院专利行政部门办理相关法律手续的行为。

（三）优先权转让与专利申请权（或专利权）转让的关系与区别

1. 关系

专利申请权（或专利权）转让中转让的标的是专利申请权（或专利权），优先权转让中转让的标的是对某一项发明创造的拟专利申请权或专利申请权，即两者均包括专利申请权的转让。

2. 区别

（1）适用的前提条件不同

优先权转让适用的前提条件包括两个方面：一是一件专利申请涉及了优先权请求；二是如果要求本国优先权，在后申请的申请人与在先申请人不一致；如果要求外国优先权，在后申请的申请人与在先申请人不完全一致，或者在后申请人非在先申请人之一或部分。

专利申请权（或专利权）适用的前提条件为专利申请权（或专利权）发生转让。

（2）证明文件的要求不同

对于优先权转让的证明文件的要求，《专利审查指南 2010》第一部分第一章第 6.2.1.4 节规定：要求外国优先权的，在先申请具有多个申请人，且在后申请具有多个与之不同的申请人的，可以提交由在先申请的所有申请人共同签章的转让给在后申请所有申请人的优先权转让证明文件；也可以提交由在先申请人分别签章的转让给在后申请人的优先权转让证明文件。对于专利申请权（或专利权）转让的证明文件的要求，《专利审查指南 2010》第一部分第一章第 6.7.2.2 节规定：申请人（或专利权人）因权利的转让或者赠与发生权利转移提出变更请求的，应当提交转让或者赠与合同。该合同是由单位订立的，应当加盖单位公章或者合同专用章。公民订立合同的，由本人签字或者盖章。有多个申请人（或专利权人）的，应当提交全体权利人同意转让或者赠与的证明材料。

（3）适用的阶段不同

优先权转让是针对优先权手续审批中存在的一种特殊情形，即仅在初步审查阶段中存在；而专利申请权（或专利权）转让，申请人或专利权人可以在专利审批程序中各个阶段提出。

（4）审批程序不同

优先权转让是优先权手续审批中的一个重要组成部分，即如果一件专利申请提出优先权请求，且在后申请的申请人与在先申请人主体不符合相关规定，申请人应当在规定的期限内提交合格的优先权转让证明，审查员针对优先权请求项作出相应结论。

专利申请权（或专利权）转让是一种相对独立的法律事务。在专利审批程序中，专利申请权（或专利权）发生转让，申请人应当办理著录项目变更手续，并提交相应的证明材料。

三、在审批程序中存在的问题及分析

（一）存在的问题

（1）专利申请权（或专利权）转让的证明材料（多为转让合同或协议）是否需要双方签字或者盖章？

对于专利申请权（或专利权）转让的情形，根据《专利审查指南2010》第一部分第一章第 6.7.2.2 节（2）的规定，申请人（或专利权人）因权利的转让发生权利转移时，应当提交转让合同。该合同是由单位订立的，应当加盖单位公章或者合同专用章。公民订立合同的，由本人签字或者盖章。有多个申请人（或专利权人）的，应当提交全体权利人同意转让的证明材料。其中未明确规定，涉及专利申请权（或专利权）转让的，应当提交双方签字或者盖章的转让合同。

（2）申请人或专利权人为多个时，优先权转让与专利申请权（或专利权）转让的证明材料（多为转让合同或协议）是否需要全体申请人或专利权人同时签字或者盖章？

专利申请权（或专利权）转让的情形，《专利审查指南 2010》第一部分第一章第6.7.2.2节中明确规定，有多个申请人（或专利权人）的，应当提交全体权利人同意转让的证明材料。

对于优先权转让的情形，在《专利审查指南2010》第一部分第一章第6.2.1.4节规定，在先申请具有多个申请人，且在后申请具有多个与之不同的申请人的，可以提交由在先申请的所有申请人共同签章的转让给在后申请所有申请人的优先权转让证明文件；也可以提交由在先申请人分别签章的转让给在后申请人的优先权转让证明文件。在审查实践中，当事人针对优先权转让提交的证明文件常见的情形有以下四种：① 一份具有A和B共同签章的转让给C和D的优先权转让证明文件（A+B→C+D）；② 一份具有A签章的转让给C的优先权转让证明文件和一份具有B签章的转让给D的优先权转让证明文件（A→C和B→D）；③ 两份具有A和B共同签章的分别转让给C和D的优先权转让证明文件（A+B→C和A+B→D）；④ 两份分别具有A和B签章的转让给C和D的优先权转让证明文件（A→C+D和B→C+D）。那么，对于情形②、③和④提交的证明文件予以接受的处理方式是否存在不合理性？

（二）问题分析

结合现行的法律法规，对上述问题加以分析。

1. 从合同的成立要件来看

合同成立，是指当事人达成协议而建立了合同关系。一般而言，合同成立有三个要件：① 当事人意思表示须一致；② 合意则须有两个或两个以上的当事人，仅有一方当事人是不可能产生合意的，因而也就不可能成立合同；③ 当事人的意思表示须以订立合同为目的，不以订立合同为目的意思表示即使达成合意也不能成立合同。还有一些合同，如要式合同和实践合同，其成立除须上述三要件外，尚须特殊要件，即或依一定方式，或完成标的物的交付，否则，不能成立合同。

合同成立要件一：当事人意思表示须一致，即合意，这是合同成立的根本要件。凡意思表示不一致，即虽经协议但未达合意者，合同不能成立。根据《中华人民共和国合同法》（以下简称《合同法》）第三十二条规定，当事人采用合同书形式订立合同的，自双方当事人签字或者盖章时合同成立。专利审批程序中，专利权人转让专利申请权或者专利权应当签订转让合同，双方签字或盖章即意味着双方当事人意思表示的一致，也就是说，双方当事人的共同签字或者盖章实质上是转让合同成立的要件之一。那么，在专利审批程序中，对于申请人或专利权人提交的涉及权利转让（包括优先权转让和专利申请权或专利权转让）的相关证明文件应当均由双方签字或者盖章，已符合“合意”。

合同成立要件二：合意则须有两个或两个以上的当事人。此要件是对订约主体的限定。所谓订约主体是指实际订立合同的人，他们既可以是未来的合同当事人，也可以是合同当事人的代理人，订约主体与合同主体是不同的，合同主体是合同关系的当事人，他们是实际享受合同权利并承担合同义务的人。在转让合同中，合同主体双方应当是转让方和受让方；对于专利申请权（或专利权）转让，其合同主体则应当是专利申请人（或专利权人）。在针对申请人（或专利权人）提出的变更请求或者针对优先权提出转让的情形作相应处理决定时，审查员仅能够依据证明材料中是否有双方的签字或者盖章来判断其合同主体的形式合法性。

合同成立要件三：当事人的意思表示须以订立合同为目的。不以订立合同为目的意思表示即使达成合意也不能成立合同。在专利审批程序中，对此要件审查员无需作出判断和甄别，因此，不作赘述。

2. 从合同的效力来看

《合同法》第 44 条规定，依法成立的合同，自成立时生效。法律、行政法规规定应当办理批准、登记等手续生效的，依照其规定。即合同生效包括两种情况：一是依法成立的合同，自成立时生效。这是合同生效的一般规定，即如果没有法律、行政法规的特别规定和当事人的约定，合同成立的时间就是合同生效的时间；二是法律、行政法规规定应当办理批准、登记等手续生效的，自批准、登记时生效。《专利法》第 10 条规定：“专利申请权和专利权可以转让。中国单位或者个人向外国人、外国企业或者外国其他组织转让专利申请权或者专利权的，应当依照有关法律、行政法规的规定办理手续。转让专利申请权或者专利权的，当事人应当订立书面合同，并向国务院专利行政部门登记，由国务院专利行政部门予以公告。专利申请权或者专利权的转让自登记之日起生效。”

根据《合同法》的相关规定，合同的生效条件主要包括三个方面：① 合同当事人具有完全的民事行为能力；② 合同内容是当事人真实意思的表示；③ 合同内容不得违反法律，损害社会、公共和他人的合法权益。

合同生效条件的第一个方面：合同当事人具有完全的民事行为能力。所谓完全民事行为能力，是指可完全独立地进行民事活动，通过自己的行为取得民事权利和承担民事义务的资格。在专利审批程序中，专利申请人（或专利权人）将专利申请权（或专利权）转让给受让方，无论是转让方或者受让方因转让行为而取得相应的权利和承担相应的义务。对于转让方，其主要义务是让与专利申请权（或专利权），其主要权利是获得合同约定的相应价款；对于受让方，其主要义务是支付相应价款，其主要权利是获得专利申请权（或专利权）。如何保证双方当事人的权利取得和义务履行，转让合同应当是其最为关键的依据。因此，优先权转让合同或者专利申请权（或专利权）转让合同有双方当事人的签字或者盖章，能够有效在保障双方的利益不会受到损害。

合同生效条件的第二个方面：合同内容应当是当事人真实意思的表示。所谓意思表示真实，是指当事人在缔约过程所作的要约和承诺都是自己独立且真实意志的表现。在正常情况下，行为人的意志就是与其外在的表现相符的。但是，由于某些主观上或客观上的原因，也可能发生两者不相符的情形。那么，在专利申请权（或专利权）转让过程中，申请人（或专利权人）提交的转让合同，作为审查员如何去判定该转让行为是否是当事人真实意思的表示，即使我们不对转让合同的实质性内容进行分析和研究，但是，如果在优先权转让合同或者专利申请权（或专利权）转让合同中有转让方和受让方双方的签字或者盖章，至少我们能够从形式上初步判定其转让合同是生效的，是符合基本要求的。

合同生效条件的第三个方面：合同内容不得违反法律，损害社会、公共和他人的合法权益。这是合同生效要件中最为重要的一个。合同违反法律和社会公共利益，其所指包括合同的目的和内容两个方面，即合同的目的和内容都不得违反法律或社会公共利益。这里所说的“法律”，既包括现行法律、法规和行政规章中的强制性规定，也包括国家政策的禁止性规定和命令性规定。申请人（或专利权人）转让专利申请权（或专利权），应当提交转让合同。按照现行《专利审查指南 2010》中的规定，转让合同中如果仅有权利人的签章是可以认可的。也就是说，有可能在受让方不知情的情形下，取得了相关的专利申请权（或专利权）。当然，大多数情形下，对于受让方而言，无需履行任何义务，即取得了权利。但是，仍然不能排除恶意转让行为的存在，这样就有可能损坏到他人的合法权益。因此，在优先权转让合同或者专利申请权（或专利权）转让合同有双方当事人的签字或者盖章，能够在一定程度上避免他人的合法权益受到损害。

3. 共有权利的转让相关规定

(1) 专利申请权（或专利权）的权利共有

根据《中华人民共和国民法通则》第 78 条规定，财产可以由两个以上的公民、法人共有。共有分为按份共有和共同共有。按份共有人按照各自的份额，对共有财产分享权利，分担义务。共同共有人对共有财产享有权利，承担义务。按份共有财产的每个共有人有权要求将自己的份额分出或者转让。但在出售时，其他共有人在同等条件下，有优先购买的权利。专利申请权（或专利权）具有财产权的属性，因此，在实践中会出现权利共有的情形。例如《专利法》第 8 条规定："合作完成的发明创造，当事人没有约定，申请专利的权利属于共同完成的当事人。在这种情形下，当事人行使其权利共同提出专利申请后，该专利申请由当事人共有；申请被批准后，该专利权就由当事人共有。

(2) 专利申请权（或专利权）中出现的权利共有情形下的权利转让

现行《专利法》第 15 条规定："专利申请权或者专利权的共有人对权利的行使有约定的，从其约定。没有约定的，共有人可以单独实施或者以普通许可方式许可他人实施该专利；许可他人实施该专利的，收取的使用费应当在共有人之间分配。除前款规定的情形外，行使共有的专利申请权或者专利权应当取得全体共有人的同意。"所谓"行使"，应当包括占有、使用、处分和收益。那么，转让本身属于行使专利申请权（或专利权）的一种方式，因此，转让专利申请权或者专利权应当取得全体共有人的同意。对于优先权转让和专利申请权（或专利权）转让中涉及共有权利转让的情形，在《专利审查指南 2010》中作出了相应的规定，如《专利审查指南 2010》第一部分第一章第 6.7.2.2 节规定，有多个申请人（或专利权人）的，应当提交全体权利人同意转让或者赠与的证明材料。

在审查实践中，基于证明文件的繁杂性和多样性，一般情况下，审查员多采取从宽原则，例如，在先申请人分别是 A 和 B，在后申请人分别是 C 和 D，证明文件可以是：① 一份具有 A 和 B 共同签章的转让给 C 和 D 的优先权转让证明文件（A+B→C+D）；② 一份具有 A 签章的转让给 C 的优先权转让证明文件和一份具有 B 签章的转让给 D 的优先权转让证明文件（A→C 和 B→D）；③ 两份具有 A 和 B 共同签章的分别转让给

C和D的优先权转让证明文件（A+B→C和A+B→D）；④ 两份分别具有A和B签章的转让给C和D的优先权转让证明文件（A→C+D和B→C+D）。

1）从专利申请权（或专利权）转让中的转让主体的资格来分析

一般情况下，权利转让的转让方应当是权利的所有人。专利申请权（或专利权）转让中的转让主体应当是专利申请人（或专利权人），如果专利申请人（或专利权人）为多人时，转让主体应当是全部专利申请人（或专利权人）。

上述情形①中A和B作为在先申请人共同签章将其在先申请的申请权转让给C和D，符合现行规定。

情形②中包括两份证明文件：一份具有A签章的转让给C的优先权转让证明文件和一份具有B签章的转让给D的优先权转让证明文件（A→C和B→D）。该情形存在两方面不合理性。

一方面，A单独签章转让给C和B单独签章转让给D，是不符合共有转让的现行规定的。A和B为在先申请的相关权利的共有人，在转让过程中应当共同将其权利转让给受让方，其各自单独将其权利转让给不同的受让方，明显存在不合理性。虽然，在某些英美法系国家中允许分权转让，如美国允许多个专利权人分别享有自己的份额，专利权的每一个共同所有人都可以制造、使用或出售其取得专利权的发明，不必取得其他所有人的同意，而且无需向其他所有人说明。但是，由于作为优先权基础的在先申请，涉及的国家比较多，覆盖面较广，且在审查过程中，审查员无法了解各个国家的不同规定，因此，操作中存在一定的困难；同时，如果是本国优先权，在先申请是在中国提出的，根据《专利法》第15条的规定，行使共有的专利申请权或者专利权应当取得全体共有人的同意，此类转让显然是不合法的。

另一方面，转让中转让方主体资格认定。如果申请人提交的证明文件属于情形②，那么，在实际审查过程中，审查员需要对两个转让证明文件的签署时间予以审查。如果是同时转让，没有疑义。如果在先申请人A转让给C的证明文件的签署时间早于在先申请人B转让给D的证明文件的签署时间，那么，当B转让给D时，有可能在先申请人已经是C，即该转让主体非申请权所有人，存在不适格的情形；反之亦然。

情形③中包括两份证明文件，即具有A和B共同签章的分别转让给

C 和 D 的优先权转让证明文件（A＋B→C 和 A＋B→D）。该情形同样存在上述提及的转让中转让主体资格认定的问题，即如果在先申请人 A＋B 转让给 C 的证明文件的签署时间早于在先申请人 A＋B 转让给 D 的证明文件的签署时间，那么，当 A＋B 转让给 D 时，有可能在先申请人已经是 C，即该转让主体非申请权所有人，存在不适格的情形；反之亦然。

情形④同样包括两份证明文件：分别具有 A 和 B 签章的转让给 C 和 D 的优先权转让证明文件（A→C＋D 和 B→C＋D）。该情形虽然形式上不属于转让的常规情形，但是，其最终的后果是将权利转让给了 C＋D，且经全体在先申请人签字或者盖章，因此，可以认可。

2）从立法渊源来分析

依据法律渊源不同，法系主要分为大陆法系和英美法系。大陆法系又称民法法系、罗马-日耳曼法系或成文法系，在西方法学著作中多称民法法系，中国法学著作中惯称大陆法系，指包括欧洲大陆大部分国家从 19 世纪初以罗马法为基础建立起来的以 1804 年《法国民法典》和 1896 年《德国民法典》为代表的法律制度，以及其他国家或地区仿效这种制度而建立的法律制度。它是西方国家中与英美法系并列的渊源久远和影响较大的法系。英美法系又称普通法系，是指以英国中世纪以来的法律，特别是以它的普通法为基础，发展起来的法律制度的体系。普通法是与衡平法、教会法、习惯法和制定法相对应的概念，由于其中的普通法对整个法律制度的影响最大，所以，英美法系又称为普通法系。

世界经济的全球化的加速发展使得社会生活的各个领域都在向全球化发展，法律自然也不例外。在国际交流和合作不断密切与加强的背景下，国际法、国际条约大量涌现和迅速增长。国内法与国际性法律在并存的过程中必然会相互影响、相互作用。国际法与国内法的互动，既推动了国际法的发展，也推动了国内法的发展，更加快了不同法系之间的融合。

中国法，从整体上来讲属于大陆法系，借鉴了罗马法的实用因素。特别是现在的德国法，国内借鉴了许多，但是中国也借鉴了很多英美法系的因素。针对共同共有的权利是否可以分权转让的问题，部分英美法系国家是允许的，如美国允许多个专利权人分别享有自己的份额；但是，在大陆法系国家则予以限制，如法国相关法律则规定专利申请权（或专利权）共有时，各共有者未取得其他共有者的同意，不得转让自己的份额，除非合同有特别的规定；日本专利法中规定，获得的专利权属于共有时，各共有者未取得其他共有者的同意，不得转让自己的权利部分。

在专利审批程序中，对于优先权转让和专利申请权（或专利权）转让中涉及共有权利转让的情形，应当严格按照现行国内法的规定处理。

3）从中国的实际情况分析

第一，截至 2011 年，中国专利申请的申请量增速快，中国的发明专利授权量居世界第三。

世界知识产权组织最新公布的数据显示，2011 年国际专利申请增速创下新高，中国总量第四，增速最快，中兴通讯申请量跃居全球企业之首，清华大学在世界高校中并列第 44 位。中国、日本和美国三国申请的专利数量占到新增总量的 82%。在申请数量位于前列的国家中，中国、日本、加拿大、韩国和美国数量增长最快，增速分别达到 33.4%、21%、8.3%、8%和 8%，中国专利申请量的增长速度是世界最快的。2011 年中国的发明专利授权量已经占到世界第三位，申请国际专利增速排名名列世界前茅。

第二，随着专利申请量的大幅增长，专利申请权（或专利权）转让的数量必然会成正比递增。因此，切实保证专利申请人（或专利权人）的合法权益不受到损害，减少专利侵权或者权属纠纷的发生，是审查员的主要职责之一。

第三，从目前的形式来看，恶意转让的行为仍时有发生。在实际审查工作中，经常会出现伪造签章、伪造证明文件等恶意转让行为的发生。

为有效保障申请人（或专利权人）的利益，减少不良行为的发生，一方面，应从法律体系和机构设置方面完善法制基础建设，提高职能部门的监督管理力度；另一方面，在专利审批程序中，审查员要合理行使行政职权，严格依法办事。

结束语

综上所述，为了进一步统一审查标准，有效保护申请人（或专利权人）的合法权利，建议将《专利审查指南 2010》中的相关规定作相应修改。

（一）针对专利申请权（或专利权）转让情形

建议将《专利审查指南 2010》第一部分第一章第 6.7.2.2 节（2）参照《专利审查指南 2010》第一部分第一章第 6.7.2.2 节（3）中的规定，修改为“申请人（或专利权人）因权利的转让或者赠与发生权利转移提出变更请求的，应当提交双方签字或者盖章的转让或者赠与合同。该合同是由单位订立的，应当加盖单位公章或者合同专用章。公民订立合同的，由本人签字或者盖章。有多个申请人（或专利权人）的，应当提交全体权利人同意转让或者赠与的证明材料”。

（二）针对优先权转让的情形

建议将《专利审查指南 2010》第一部分第一章第 6.2.1.4 节和《专利审查指南》第一部分第一章第 6.2.2.4 节关于优先权转让证明文件的规定作相应修改，《专利审查指南 2010》第一部分第一章第 6.2.1.4 节修改为“申请人完全不一致，且在先申请的申请人将优先权转让给在后申请的申请人的，应当在提出在后申请之日起三个月内提交由在先申请的全体申请人和在后申请人签字或者盖章的优先权转让证明文件。……”；《专利审查指南 2010》第一部分第一章第 6.2.2.4 节修改为“要求优先权的在后申请的申请人与在先申请中记载的申请人应当一致；不一致的，在后申请的申请人应当在提出在后申请之日起三个月内提交由在先申请的全体申请人和在后申请人签字或者盖章的优先权转让证明文件。……”。

（三）针对对于优先权转让中证明文件的具体情形

建议在《专利审查指南 2010》第一部分第一章第 6.2.1.4 中增加“在先申请具有多个申请人，且在后申请具有多个与之不同的申请人的，应当在提出在后申请之日起三个月内提交由在先申请的全体申请人和在后全体申请人签字或者盖章的优先权转让证明文件。可以提交由在先申请的所有申请人共同转让给在后申请所有申请人的优先权转让证明文件；也可以提交由在先申请人分别转让给在后申请人的优先权转让证明文件。例如，在先申请人分别是 A 和 B，在后申请人分别是 C 和 D，证明文件可以是一份具有 A 和 B 共同签章的转让给 C 和 D 的优先权转让证明文件（A＋B→C＋D）；也可以是两份分别具有 A 和 B 签章的转让给 C 和 D 的优先权转让证明文件（A→C＋D 和 B→C＋D）；也可以是两份具有 A 和 B 同时共同签章的分别转让给 C 和 D 的优先权转让证明文件（A＋B→C 和 A＋B→D)”。

参考文献

[1] 中华人民共和国国家知识产权局．专利审查指南 2010 [M]．北京：知识产权出版社，2010.
[2] 魏振瀛．民法 [M]．4 版．北京：北京大学出版社，高等教育出版社，2011.
[3] 崔建远．合同法 [M]．5 版．北京：法律出版社．2010.
[4] 姜伟．曾宪义．王利明．民事诉讼法 [M]．5 版．北京：中国人民大学出版社，2011.
[5] 台湾地区经济部智慧财产局．台湾专利审查基准（2011）[S/OL]．[2012－04－13]．http：//www. doc88. com/p－105264694489. html.

发明实质审查中差别化审查策略应用研究*

崔海波　郭震宇　张毅　张筠

摘　要： 在"以三性评判为主线的全面审查"的工作理念指导下，综合考虑申请文件与现有技术的撰写情况、审查员达到本领域技术人员的程度、检索到的现有技术与申请文件的相关程度、审查所处的阶段等基础上，针对不同阶段的通知书、对技术内容无把握的情况以及考虑说明书的内容分别提出了差别化审查策略，期望通过差别化审查策略，使通知书的意见更有针对性，从而提高审查效能。

关键词： 三性评判　实质审查　差别化　策略

引　言

在专利审查管理工作"10＋4"座谈会上，杨铁军副局长提出"以三性评判为主线的全面审查"的工作理念，在这一理念的指导下，如何使以三性评判为主要内容的通知书中的审查意见更有针对性，从而提高审

* 本文源自"专利审查中应用逻辑推理的研究"，课题性质：北京中心课题，课题组负责人：郭震宇，成员包括：王振宇、崔海波、刘秀艳、张毅、刘博洋、张筠。

查效能值得研究。换句话说，针对不同的案情，采用何种审查策略就显得尤为重要。“策略”是根据形势发展而制定行动方针和方法的一种计划。策略的选择对于结果起着非常重要的作用。在专利实质审查过程中，同样需要合理选择一定的策略，合理地运用审查策略，有时会起到事半功倍的效果。在综合考虑申请文件与现有技术的撰写情况、审查员达到本领域技术人员的程度、检索到的现有技术与申请文件的相关程度、审查所处的阶段等基础上，针对不同阶段的通知书、对技术内容无把握的情况以及考虑说明书的内容分别提出了差别化审查策略。

一、不同阶段通知书的审查策略选择

在实质审查过程中，审查员通常会发出第一次审查意见通知书，指出申请文件存在的缺陷，进而根据不同的案情可能会发出第 N 次审查意见通知书，直至结案。

在现有的审查过程中，审查员通常也选择一定的审查策略，例如，如果申请人为国内个人申请且无代理人的情形，则在第一次审查意见通知书中尽量撰写得详尽，尽量给出修改方向，或给出修改启示。这便是一种策略选择，审查员预期到申请人的法律背景可能无法准确地答复和修改申请文件，选择这种策略，有助于节约审查程序，可以快速实现审查目标。这种审查策略容易被理解和接受。

但是，针对各次通知书的策略选择与把握同样也是我们应该考虑的重点。

我国目前的专利审批制度中，审查员肩负多种职责。作为国家行政机关，专利局决定是否赋予申请人专利权，从这个角度讲，审查员承担着在申请的技术方案与现有技术中“辨析证据”的责任；同时，审查员在审查过程中首先要提供现有技术，即承担着“举证责任”。在一个审查过程中，审查员先要提供现有技术，之后又要在自己提供的现有技术与申请的技术方案间进行居中裁决，在不同阶段承担的职责不尽相同，因此在不同审查阶段应考虑这种变化以制定不同审查策略。

在第一次审查意见通知书（以下简称一通）阶段，审查员的工作是指出申请文件存在的缺陷并给出相应的证据，等待申请人的答复和修改。此时，审查员主要承担了举证的责任。在选择审查策略时，可以充分考虑如何更好地行使举证责任。我们知道，司法中，任何一方在举证时，都会将对自己有力的证据全部列举出来，即使这些证据未必能够得到法官的肯定或者自己也拿不准，来争取尽可能多的对己方观点的支持。审查员在举证时，证据（例如检索到的对比文件）在一通中的地位是不言自明的，因此，在一通阶段找到合理证据是非常重要的第一步。从说理的角度来看，“一通”和“决定”的效力不同，在一通中允许审查员有合理的质疑空间，这一点在业内已有所共识，这也能让审查员更好地行使举证责任。“合理质疑”既给审查员在技术内容不确定时一定的质疑空间，同时还有助于消除申请文件的歧义。即使一通时的举证不准确，那么由于在后续的程序中通过沟通可以得到澄清，也不会影响结论的正确性。反之，如果一通时对证据不确定就放弃，也就失去了得到澄清的机会，从而可能导致结论的错误。

【案例 1】

某案，其技术核心是将通常存储在 EPROM 的用户数据存储在了 FLASH 中，说明书中对“用户数据”并无特别说明，但是指出“除系统参数的用户数据”。对比文件公开了“由用户修改的系统参数”。此时就有两种理解：其一是，由用户修改的系统参数仍然是系统参数，本申请中明确说明是“除系统参数的用户数据”，两者不同，不能用于评述创造性，另一种理解为“用户数据”在本领域无明确含义，可以广义地理解为用户修改的数据即为用户数据，此时，对比文件中的由用户修改的系统参数也是用户数据，因此，对比文件可以评价创造性。

对于这种情形，审查员往往纠结于是否评述创造性。事实上，在一通中，可以采用对比文件来评述待审申请的创造性，同时，这种评述还有助于使申请人澄清“用户数据”的含义，使保护范围进一步明确，达到最终权利范围合理、稳定的目的。因此，在一通阶段恰当的审查策略是尽可能找到最相关的证据，充分利用“合理质疑”的空间，给出对申请人来说信息量最全面的审查意见。

在第二次审查意见通知书（以下简称二通）或二通以后的后续审查阶段，审查员应从“举证责任”中走出来，站在中立位置，承担“辨析证据”的责任，应充分考虑申请人的意见陈述是否具有合理性，同时，二通是进一步理清事实的过程，因此审查重点应该是双方争论的焦点，而不是双方已经达成共识的内容。

因此，二通或二通以后恰当的审查策略是充分考虑申请人的意见陈述，站在中立角度看待双方争论焦点，审查意见更具针对性，在撰写二通时通常无需拷贝一通审查意见。如果案件最终到驳回阶段，则在撰写驳回决定时体现的应该是居中裁决，此时应客观、公正、严谨地给出驳回理由，不存在合理质疑的空间。

不同的审查阶段，审查员承担不同的职责：一通阶段，审查员承担着“举证责任”，二通或二通之后的后续审查阶段，审查员就主要承担着“辨析证据”的责任。不同的责任就意味着审查员在不同的阶段应采用不同的审查策略，一通阶段可以合理质疑，后续审查阶段应中立、公正分析证据，作出正确判断，以得到正确的审查结论。

二、对技术内容无把握时的审查策略选择

在实质审查过程中，新颖性和创造性的审查占有很大的比重，这也是专利实质审查的重点。某些时候会遇到如下情形：审查员检索到一篇很相关的现有技术，或者参考国际检索报告或其他同族文献，其中使用了 XY 文件，但是审查员未达到本领域技术人员的水平，对于对比文件中的某些技术不太确定。

当然，这种情形不是所期望的，我们所期望的是审查员能够达到本领域技术人员的水平，在作出正确事实认定的前提下进行三性的审查。但是，客观上上述情形确实存在，且不可避免。遇到此类案件应该如何处理，是很多审查员面临的一个棘手问题。通常有三种策略可供选择：① 没有把握，放弃评述，认可权利要求具有三性；② 采用对比文件进行评述，详细评述权利要求中的每一个特征，包括对于不太确定的特征，在此基础上，质疑权利要求的创造性，等待申请人答复时澄清；③ 对不太确定的内容采用概略式评述（至少有一定把握），质疑权利要求的创造性，等待申请人的答复和解释，再决定下一步如何处理。

三种策略各有利弊。策略一：放弃评述。由于对某些技术内容不确定，而放弃评述权利要求的三性，这种做法避免了通知书中的事实认定错误。但是在不能明确权利要求相对于对比文件是否具备创造性的前提下，如果不对创造性进行质疑，虽然避免了通知书中的事实认定错误，但是无助于最终权利的稳定，这与我们的实质审查目标不相符，而任何策略的选择，都是为了实现更好的结果或者提高效率，因此，放弃评述这种策略是不可取的。策略二：具体评述。选择这种策略的优点为审查

意见明确具体，有利于申请人有针对性地进行答复；缺点为在详细阐述的过程中可能会出现一些错误，也就是所谓“说多错多”。这种策略有一定的可取性，同时也存在一些弊端。策略三：概略式评述。选择这种策略的优点为被申请人指出错误的可能性降低，也就是所谓“说少错少”；缺点为有说理不充分的嫌疑。这种策略也有一定的可取性，同时也存在弊端。如何在策略二和策略三中进行选择，成为困扰审查员的一个难点。

由于对技术内容不太确定，因此，当分别采用策略二和策略三评述新颖性或创造性时，均有两种结论，一种是评述正确，申请人接受，另一种是评述错误，申请人对此进行反驳。对于评述正确的情形，申请人通常不会予以回应，此时，具体评述与概略式评述对案件结果影响并无太大差异。如果评述错误，即相应特征实际上未被公开，则详细评述与概略式评述对后果的影响将有所不同。

从辩论技巧来看，如果被对方找到的明显错误，特别是常识性错误，往往会变主动为被动，形势发生转变，在争辩过程中将会处于劣势。在审查过程中可能出现的极端情形是：原本不是发明重点的部分，申请人原本也未关注，但是看到审查意见的明显错误后，对此进行争辩，由此可能会导致最终审查结果发生变化。

此外，如果申请人发现明显错误，会对审查员的专业水平产生怀疑，从司法操作角度来说，如果证人的可信度受到怀疑，那么证人所证明的事件被采信的可能性也大大降低。类比到审查环节，就有可能使申请人怀疑审查员对本案没有作出一个客观、公正的审查，进而对国家机关形象也产生不利影响。

因此，对于技术内容不确定的情形，概略式评述相对于具体评述虽然具有说理不充分的劣势，但是在其他方面都有比较明显的优势，而且能够节约通知书篇幅，提高审查效率，两种审查策略相比，概略式评述的审查策略更占优势。

事实上，在通知书的撰写形式上，欧洲专利局也并非一成不变，有时也会以简单的通知书去充分调动申请人的资源，要求申请人就技术问题进行澄清和解释，同样也会获得满意的效果（参见下面案例）。

【案例 2】 EP1782447A1

本案为 PCT 申请，其中 EPO 和 SIPO 中的关于一通的审查过程如下：EPO 的通知书用了简洁的理由，指出“本申请已根据 PCT 条约给出了专利性国际初审报告，报告中提及的缺陷同样不符合 EPO 相关条款的规定。为克服上述缺陷，申请人应修改申请文件和/或进行意见陈述”。申请人针对该意见进行了答复，并删除了独立权利要求 1、20。

SIPO 的通知书采用国际检索报告中的列举的现有技术进行了详细的特征对比，逐个特征对比详细评述了创造性。申请人答复时，不认可其中的一个特征 A 是公知常识的认定，尽管该特征 A 并非本申请的发明点，未对申请文件进行修改。

关于特征 A 在国际初审报告中认为是被对比文件 1 公开的内容，但事实上特征 A 并未公开。分析这个案例可以看出：SIPO 由于采用特征的一一对比详细评述了权利要求的创造性，对于特征 A 被列为区别技术特征从而采用公知常识进行评述的方式，反而被申请人抓住这一事实不放，并在此点陈述具备创造性的理由。相反，EPO 并不认为该特征 A 为发明点，评述中也避开这一问题，仅给出指引，即引用国际初审报告认为权利要求 1 相比于对比文件不具备创造性，反而得到了申请人的认可，故而获得了较好的效果。

本案中，EPO 的审查员出于什么考虑这样处理我们不得而知，我们假设是在审查员对技术方案并无把握的情形下而采用这样的处理方式，那么通过简单的审查意见，避免了“言多必失”，并调动了申请人进行陈述，结合申请人的陈述帮助了审查员能够了解发明点等更详细的信息，保证了结果的正确性，维护了审查员专业的形象和说服力，还可以减小审查员的工作负担，提高审查效率。

本节并不是号召审查员广泛采用概略式评述，而是在技术内容不确定的前提下提供一种相对恰当的审查策略。因此，建议在审查中允许审查员对权利要求的评述采用不同的方式，如果审查员对技术特征采取概略式评述的方式，且申请人对此也没有提出异议的话，则认定为申请人认同审查员的观点，且在后续的审查程序（包括后续审查意见通知书和驳回决定）中审查员也无需改变观点和评述方式。

三、考虑说明书内容选择审查策略

说明书是用来理解发明的载体，其文字记载的内容有时也可帮助我们制定审查策略。

一份好的审查意见绝不是事无巨细的长篇大论，而应该是内容详略得当、清楚、明确和简洁的说理过程。好的审查意见中，“有效说理”应占通知书的绝大部分篇幅，这样的通知书既能够得到申请人和代理人的认可，同时也可提高审查效率。

举例来说，对于某件申请，审查员评述权利要求的创造性，但是对于其中明显不会被申请人争辩的事实，还采用大段篇幅说理或举证的方式加以论述，以求“说理充分”，最终使得通知书篇幅过长。这样的处理方式有待商榷，一份好的审查意见应该是对申请人最关心的核心内容部分进行充分有效的说理，而通知书整体详略得当。“详略得当”与“说理充分”并不冲突，在说理充分的基础上要尽量做到详略得当。

那么在评述过程中，如何确定哪些地方详细评述，哪些地方可简略评述呢？此时，说明书可以作为参考内容指导审查意见的撰写。

在以往的经验中，审查员都知道对于发明点不宜使用公知常识，其实这就是参考了说明书内容指导了审查意见的撰写。但是，有时只区分是否是发明点还不够，对于发明点本身，其内容也有侧重，有时对于发明点的内容，审查员检索到相关对比文件评述权利要求的创造性，但也可能说理仍不够充分。

【案例 3】

发明相对于现有技术的区别技术特征为：将数据 A 存储于 M，将数据 B 存储于 N，这也是发明的发明点。审查员检索到另一篇对比文件，将某两种数据分别存储于 M 和 N，然后，指出分别存储的技术已经被对比文件所披露，进而用两篇文件结合评述权利要求的创造性。

粗看审查意见并无问题，可以说作为一个一通审查意见这样指出，也是可以的。但是，审查员如果注意到说明书中对于数据 A 和数据 B 的相关描述就可以知道，实际上申请人认为数据 A 和数据 B 的划分是该申请的一项重要内容，如果把两种数据划分后，将其分别存储，实际上并不需要克服技术困难，因此，通知书的说理应该侧重于本领域技术人员是否有动机将数据划分为数据 A 和数据 B。

因此，对本案来说，合理的审查策略是对于如何划分为数据 A 和数据 B 进行重点说理，审查员所列举的对比文件，虽然与区别技术特征相关，但是这部分的说理显然不是申请人关注的内容，不构成有效说理部分。

从这个案例可以看出，从说明书的内容中找到那些被申请人认为是对现有技术作出贡献的核心内容，进行有针对性的说理，则通知书会更具有说服力，若对此进行回避，势必会导致审查程序的不当延长。

还有一种情形，对于权利要求中的某些特征，在说明书中未明确其属于现有技术（在背景技术中没有体现），而且，说明书中对该些内容的描述只是一语带过，也未体现出申请人在此处所作的创造性劳动，此时，这种撰写方式可能暗示了上述内容是公知常识，则可以先质疑其为公知常识，等待申请人答复和澄清，如果申请人认为这些内容能够为本申请带来创造性，则应该陈述理由。

这样做的前提是预期到申请人对此进行争辩的可能性较低，因此不必对此进行长篇幅的说理或举证，此时能够提高审查效率，缩短审查意见篇幅。

基于上述分析可以看出，若在撰写一通时，能够充分参考说明书内容进行详略得当的说理，则有助于提高审查效率，优化审查流程。

结束语

通过对上述三种情况的策略选择的分析可以看出，审查策略的选择不仅影响审查结果，而且影响审查程序的长短，甚至还会影响国家机关的形象。本文针对不同情形提出了不同的审查策略，力图缩短通知书篇幅，提高审查效率，帮助获得合理的审查结果。以上仅是笔者对审查策略的浅薄之见，不当之处敬请批评指正！

参考文献

[1] EPO，SIPO. Comparing procedures [J]. Patent Information News，2011（3）：4—5.
[2] 张大松，蒋新苗．法律逻辑学教程［M］．2 版．北京：高等教育出版社，2007：1—5.
[3] 李元援，李鹏．辩论学［M］．2 版．武汉：华中科技大学出版社，2004.
[4] 陈力．试论专利行政审批中的举证责任的分配原则［J］．法制与社会．2011，（1）：76—77.
[5] 帕特里克·赫尔利．简明逻辑学导论［M］．北京：世界图书出版公司，2010：191—195.
[6] 柯匹，科恩．逻辑学导论［M］．北京：中国人民大学出版社，2007：89—102.

“直言三段论”与“公知常识”的论证*

刘秀艳　郭震宇　王振宇　刘博洋

摘　要：创造性的评述过程中通常不可避免地涉及公知常识，公知常识的使用也经常成为审查员与申请人之间的争论焦点，争论的主要情形在于审查员没有举证，也没有进行充分的说理来论证区别技术特征确实属于“公知常识”。基于此，在无法对“公知常识”举证时，借助逻辑学中的“三段论”的理论，构建对“公知常识”进行有效的说理论证，为审查员提供除“举证”之外的另一种“公知常识”论证方法。

关键词：公知常识　直言三段论

一、“直言三段论”的概念

“三段论”是由两个前提和一个结论组成的演绎论证，“直言三段论”是由三个直言命题组成的演绎论证，其中包含且仅包含三个词项（大项、小项、中项），每个词项在其构成命题中恰好出现两次。如果一个“直言三段论”的前提、结论都是标准式的直言命题，并且以特定的标准顺序组合在一起，就成为标准式直言三段论[1]。

---

* 本文源自“专利审查中应用逻辑推理的研究”，课题性质：北京中心课题，课题组负责人：郭震宇，成员包括：王振宇、崔海波、刘秀艳、张毅、刘博洋、张筠。

下面是一个“直言三段论”的例子：

大前提：所有的智力活动的规则和方法是不能被授予专利权的客体，

小前提：纸牌玩法是智力活动的规则和方法，

结论：所以，纸牌玩法是不能被授予专利权的客体。

其中，大项是结论的谓项，小项是结论的主项，提供两个前提之间的中间点的中项，是在每个前提中各出现一次而不在结论中出现的词项。上面例子中大项是“不能被授予专利权的客体”，小项是“纸牌玩法”，中项是“智利活动的规则和方法”。据定义，大前提是含有大项的那个前提，小前提是含有小项的那个前提。

“三段论”是逻辑学中一个典型的论证方式，在本文中，笔者试图借鉴三段轮的论证方式，改善“公知常识”的说理。

二、“公知常识”使用过程中遇到的问题

对比文件加公知常识评述权利要求的创造性，是实际审查过程中经常用到的评述模式，公知常识的使用也经常成为审查员与申请人之间的争论焦点，尽管在三步法中指出：“区别特征为公知常识，例如，本领域中解决该重新确定的技术问题的惯用手段，或教科书或工具书中披露的解决发明实际解决的技术问题的技术手段”[2]，这种情形认为现有技术中存在技术启示，但在实际审查过程中遇到的情形往往更加复杂。

审查过程中遇到“全部公知常识”的情形比较少见，经常遇到的往往是需要结合公知常识对现有技术进行改进的情形。

举例来说，假设区别技术特征为：部件 A 与部件 B 采用螺钉连接。

当部件 A 与部件 B 分别代表“桌面”与“桌腿”时，该区别技术特征全部为公知常识。此时，审查意见中只写“桌面与桌腿采用螺钉进行连接属于本领域的惯用技术手段”就已经足够有说服力，而无需展开，因为这一特征是“日常所见”的，日常所见是非常有力的证据。

但是，如果部件 A 和部件 B 不是所属领域的常见部件，有时甚至是申请人对现有技术作出改进时增加的部件（假设经过检索得到的对比文件披露了部件 A 和部件 B，但是两者未以螺钉连接），这种情形就不适合简单断言区别特征为公知常识了。面对此种情形，审查员又往往面临难以举证的困难，因为这些特征大都涉及细节，常常非常琐碎，且往往又不会存在于教科书中。

于是，审查员面临了这样的困境：在多数情况下，尤其是对从属权利要求的评述中，不可避免的会使用到公知常识，而公知常识的举证确实存在困难，在不能举证的情况下，申请人往往又会对公知常识持反对意见，使得很多案件最终的争议焦点就是无证据情形下公知常识的使用。

三、借助“直言三段论”探讨公知常识的说理方式

遇到上述情形，审查员通常采用说理的方式加以解决，对于如何使得说理简洁而又符合逻辑，并且具有较佳的说服力，本文试图给出一些思路。

就以“部件 A 与部件 B 采用螺钉连接”这一区别技术特征为例，尝试以直言三段论的方式进行评述。

我们想要得到的结论是“部件 A 与部件 B 之间的连接是容易想到采用螺钉连接的”，前文已经提到，结论的谓项就是大项，那么本例中大项就是“容易想到采用螺钉连接”，结论的主项是小项，本例中小项就是“部件 A 与部件 B 之间的连接”，如要构成直言三段论，中项的选取是关键，中项是联系大项和小项的桥梁，我们知道螺钉是一种常见的固定连接方式，尝试以“固定连接”作为中项，于是构造出如下的三段论：

大前提：固定连接是容易想到采用螺钉连接的；

小前提：部件 A 与部件 B 之间的连接是固定连接的；

结论：部件 A 与部件 B 之间的连接是容易想到采用螺钉连接的。

这是一个演绎论证的过程，采用的是“直言三段论”的论证方式，这个论证过程由两个前提得出一个结论，当两个前提都为真时，该结论也为真，该论证是一个有效的论证。

于是，将上述标准的直言三段论转化为审查意见通知书中的语言，我们就得到了如下的评述方式：

对比文件 1 已经披露了部件 A 与部件 B，从中可以看出，两者位置相对固定，并且紧密相连，在使用过程中亦一起运动，也就是说两者之间为一种固定连接，对于本领域的技术人员来说，螺钉连接是一种惯用的固定连接手段，因此，本领域的技术人员容易想到使用螺钉连接部件 A 和部件 B。

仔细分析这一论证过程，我们想要得到的结论是“容易想到采用螺钉连接部件 A 和部件 B”，在论证过程中采用了“固定连接”这一桥梁分

别与“部件A和部件B”和“螺钉”之间产生联系，从而顺理成章地使得“部件A和部件B”与“螺钉”之间建立了联系。

这样的论证过程使得“结论”的可靠性大大提高，要想推翻结论，则先要推翻两个前提，而前提中一个是事实性的陈述，另一个则是众所周知的常识，都是很难推翻的，由此，结论也难以推翻。

在这个简单例子的启发下，我们试图找到一种论证模式，来解决类似问题，那就是面对区别技术特征并非完全是日常所见的公知常识时的说理方式。按照上面的例子给出的思路，我们的目标是要论证区别技术特征是容易想到的，也就是说“结论”是我们预先确定的，从结论中我们可以很容易找到“大项”和“小项”，接着，我们应该设法找到连接大项和小项的“桥梁”，所谓的“桥梁”也就是“直言三段论”中的中项。“中项”的选取是整个论证过程的关键，选取中项时应注意：中项与“大项”、“小项”之间存在密切的联系，中项可以是动机，也可以是功能，或是其他适合的内容。在确定大项、中项、和小项后，我们可以分别以大项、中项组成大前提，小项、中项组成小前提，在此基础上，顺理成章地得到结论。

当然，如果我们无法构造出具有说服力的大、小前提，则需要考虑是否在“公知常识”的判断上产生了偏差。

还需要说明的是，上述过程体现了“直言三段论”的思路，我们在撰写通知书时，可以按照这个思路来构思审查意见，但不必拘泥于“直言三段论”的标准形式，否则，说理过程就会显得拗口。

四、案例分析

【案例1】 2008100＊＊＊＊33

说明书中记载了如下内容：

现有的安置在汽车车门门轴处的线束，其接头在实际使用过程中存在密封性不佳，使得线束经过长期使用，在两端的接头处会出现线束裸露。这样如果车门在下雨天或者洗车后，线束的防水性能就会变得很差，同时给车辆的安全使用也带来了隐患。

本发明的目的是提供一种用于汽车内部线路排布的汽车车门线束接头保护装置。这种接头在结构上相比较以往同类装置，在密封性上更好，有很好的防水效果。

为实现上述目的的具体技术方案如下：

该装置在线束插头 1 与线束 2 之间套接有由 EPDM（三元乙丙橡胶）材料制备成的套身带有螺纹、可伸缩和转折的密封护套 3，护套的出线口处还安置有用来防水的密封盖 4。

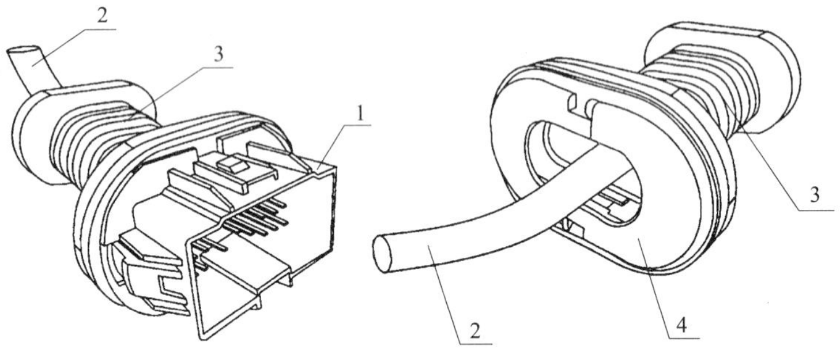

图 4.1

一通中审查员引用对比文件评述了权利要求的创造性，意见如下（缩略）：

“权利要求 1 涉及一种汽车车门线束接头保护装置，对比文件 1（CN2368178Y）公开了一种电连接器插座绝缘底板的防护装置……。可见，对比文件 1 已公开了权利要求 1 的部分技术特征。

权利要求 1 所要求保护的技术方案与该对比文件 1 所公开的内容相比的区别技术特征在于：（1）护套应用于汽车车门线束接头；（2）护套由 EPDM 材料制备成；（3）护套的出线口处还安置有用来防水的密封盖。基于上述区别技术特征本发明实际要解决的技术问题是：（1）选择护套的应用对象；（2）选择护套的制备材料，使护套具备弹性的柔韧性；（3）如何提高密封性。

……

针对区别技术特征（3），使用用来防水的密封盖增加护套的出线口处的密封性是本领域的公知常识。

综上所述，在对比文件 1 的基础上结合对比文件 2 和上述公知常识以获得该权利要求所要求保护的技术方案，对所属技术领域的技术人员来说是显而易见的，因此该权利要求不具有突出的实质性特点和显著的进步，不具备《专利法》第 22 条第 3 款规定的创造性。”

申请人在答复一通时指出：

根据本申请的记载，上述区别技术特征“护套的出线口处还安置有用来防水的密封盖”的效果为：本申请通过在出线口安置密封盖，使得即使在下雨或者洗车时，接头处的线束都不会因此而出现腐蚀、短路等安全隐患。上述区别技术特征也不是本领域技术人员解决上述技术问题的惯用手段，也不属于本领域的公知常识。

也就是说，申请人对区别技术特征“护套的出线口处还安置有用来防水的密封盖”是否为公知常识作了争辩。

回过头看本案原始申请文件记载的内容，该申请正是为了改善汽车车门线束接头的防水性能而提出的，主要改进点一是增加护套，二是护套的出线口处还设置密封盖。可见，一通审查意见中认定为公知常识的内容属于本发明的发明点之一。如果审查员能够在一通中意识到申请人对发明点可能进行的争辩，而对此进行比较充分的说理，则应当是一种较佳的处理方式，或许本案能够出现不同的结果。

而此刻，面对的问题是如何对申请人的意见进行答复。“护套的出线口处还安置有用来防水的密封盖”，这样的特征想要从教科书和工具书中检索到这样的线束防水密封盖还是非常困难的，因此，考虑用说理的方式进行反驳。

按照前述提到的逻辑思路，我们的目标是论证“护套的出线口处还安置有用来防水的密封盖是容易想到的”，从该结论中，我们可以容易确定“大项”和“小项”分别为与“密封盖”和“护套的出线口处”相关的内容，那么，能够把这两者密切联系起来的是“防水”这一技术问题。由此，找出“防水”这一特征便构成了整个论述过程的“中项”，说理过程可参考如下：

对于作为现代主要的交通工具“汽车”来说，其“舒适性”、“安全性”是业界普遍追求的目标，越是高档的汽车越是如此，汽车中使用的电气连接设备理应具备很好的防水性能，否则遇到雷雨天气，就导致线路故障，这是不被期望的，因此，本领域技术人员有动机去提高起到电气连接作用的线束的防水性能，具体到本案中，线束已经被护套保护，具有一定的防水性，但是护套出线口处则与外界联通，存在安全隐患，而采用设置密封盖的方式是提高防水性能的惯用技术手段，因此，本领域技术人员在面对提高线束防水性能的技术问题时，容易想到在线束周围的护套出线口处设置密封盖。

上述论述的过程中，为使逻辑更为缜密，增加了一些分析和推理的内容，在整个说理的过程中也没有拘泥于“直言三段论”的形式，但是整个思路还是围绕着“直言三段论”的精髓，即找到大前提——“本领域技术人员有动机去提高起到电气连接作用的线束的防水性能”和小前提——“采用设置密封盖的方式是提高防水性能的惯用技术手段”，其中中项“提高防水性能”虽然在结论——“本领域技术人员容易想到在线束周围的护套出线口处设置密封盖”中没有出现，但是却作为重要的桥梁将大前提和小前提连接起来，从而顺理成章地得到结论，整个说理过程逻辑性强，说服力充分。

结束语

本文借助逻辑学中的三段论探讨了公知常识的一种论证方式，借助双方都无异议的相关“公知常识”通过寻找“桥梁”来推出区别技术特征是本领域技术人员容易想到的，从而得出要求保护的技术方案是显而易见的，形成一个符合逻辑、具有说服力的论证方式。也许在实际审查的过程中遇到的情形更为复杂，本文的内容不能解决公知常识说理的所有问题，但是本文给出了一些公知常识如何说理的思路，在某些举证困难的情况下，可以令公知常识的说理更为充分。

参考文献

[1] 帕特里克·赫尔利．简明逻辑学导论［M］．10版．广州：世界图书出版公司，2010：191－195.

[2] 中华人民共和国国家知识产权局．专利审查指南2010［M］．北京：知识产权出版社，2010：173.

如何确定权利要求的保护范围*

——基于确权中的专利行政审查和侵权中的司法审理两个阶段的比较分析

王立石　王青伟　马镯　王少伟　郭亮　高霖
董妍　崔琳　朱艳华　王咪娜　李秀改

摘　要： 对国内、外关于权利要求保护范围的确定与解释原则进行对比分析，并从实际案例出发，主要选择与确权中的专利行政审查相关的权利要求的清楚、包含方法特征的产品权利要求、功能性限定和专利审查档案为切入点，以侵权中的司法审判案例为桥梁，分析司法审理和专利行政审查中的差异，探寻权利要求保护范围解释标准执行一致的有效方法。

关键词： 权利要求　保护范围　行政审查　司法审理

引　言

基于《最高人民法院关于审理侵犯专利权纠纷案件应用法律若干问

* 本文源自"权利要求保护范围的确定在行政审查与司法审理阶段的比较研究"，课题性质：北京中心课题，课题组负责人：王立石，成员包括：郭亮、王青伟、董妍、马镯、王少伟、崔琳、高霖、李秀改、朱艳华、王咪娜。

题的解释》（以下简称“司法解释”）施行以来，对权利要求的保护范围在司法审理阶段的确定有了新的变化。专利行政审查依据的《专利法》只规定了权利要求的保护范围以权利要求的内容为准，说明书和附图可以用于解释权利要求的内容。但是，该条款没有具体规定说明书和附图如何解释权利要求，也没有规定说明书和附图可以对权利要求解释到什么程度。面对司法审理中不同类型的判决案例，到底如何确定权利要求的保护范围才是合法合理的？虽然行政和司法各司其职，但司法审理的结果会对行政审查工作、申请人的撰写和意见陈述的方式和内容产生影响。因此，迫切需要通过研究来澄清认识，探寻权利要求的保护范围在行政和司法这两个阶段中的解释标准趋于一致的有效方法。

为了研究权利要求保护范围的确定问题在确权中的专利行政审查和侵权中的司法审理不同阶段具有哪些异同点，笔者搜集了大量的司法审理判例。其中，所搜集的案例共计 480 件，其中涉及权利要求是否清楚的案例有 105 件、涉及包含方法特征的产品权利要求的案例有 290 件、涉及权利要求中功能性限定特征如何解读的案例有 65 件、涉及专利审查档案对于权利要求保护范围的解释功能的案例有 20 件。笔者从中挑选出有代表性的若干判例，以实际判例为桥梁，分析典型案例在专利行政审查阶段和司法审理阶段的差异，寻找案例启示，得出问题的结论。

一、国内外权利要求保护范围的确定与解释分析

我国专利制度实施较晚，美、日、德三国专利制度实施比较早，其在行政审查以及司法审理阶段对相关问题积累了许多见解和经验。本文就上述国家关于权利要求保护范围在行政审查和司法审理阶段中的确定原则进行比较分析，研究这些异同点有助于我国根据国情采取适合本土化的解释方法。

（一）美国对于权利要求保护范围的确定与解释

美国在解释权利要求时，使用了字面解释和等同解释方法[1]。1996 年，美国通过 Markman 一案最终确立了权利要求解释的性质是法律问题这一规则，法院在此后的司法实践中对权利要求形成了一系列完善的解释方法。如：权利要求书是解释权利要求的首要资料；说明书是解释权利要求中争议术语含义的最佳指南；专利审查档案也是解释权利要求的内部证据；借助词典、学术论文和专家证言等外部证据来解释权利要求。

美国的等同解释主要体现在专利侵权诉讼程序中的等同原则的运用上，美国联邦最高法院确定了“全部技术特征等同”的判断标准，并在判例中体现了禁止反悔原则是对等同原则的限制。关于方法限定产品权利要求，美国法院采取了方法限定法，即在解释方法限定产品权利要求时，应当认为方法特征对专利权的保护范围具有限定作用，但是与授权、确权程序中的解释方法并不一致。专利商标局在审查过程中进行专利性的判断时，按照1974年修改的专利审查程序指南的规定，只对产品本身进行审查。功能性限定权利要求为美国首创，对于其解释方法也以美国最为成熟。最初，美国专利商标局在审批程序中采用所有方式的解释方法，认为功能性限定特征覆盖了所有能实现该功能的任何方式。而美国联邦巡回上诉法院认为具体加等同的解释方法不仅适用于专利侵权诉讼程序，也适用于专利审批程序。后来，在1994的In re Donaldson一案中，美国联邦巡回上诉法院于判决书中明确纠正了专利商标局的做法。根据上述判决，美国专利商标局采纳了具体加等同的解释方法。由此，美国在专利审批程序和侵权诉讼程序中都采用了具体加等同的解释方法。

（二）日本对于权利要求保护范围的确定与解释

日本专利法对权利要求进行字面解释的规则是以权利要求书为依据，同时参考说明书及附图等内部证据，必要时借助词典、科技文献等外部证据。日本法院在对权利要求书的解释上采用与日本专利法相同的规则。此外，日本的等同解释方法主要体现在专利侵权诉讼程序中等同原则的适用。日本专利法中没有关于方法限定产品权利要求的具体规定，但在日本专利审查基准和专利申请实用指南中明确肯定了此类特殊类型权利要求。对于这类权利要求日本采用产品限定法的规则对其进行解释，即主要审查产品本身，只要专利申请与在先产品是同一产品就可否定专利申请的新颖性和创造性，而不管制造方法与在先产品是否相同。日本法院对于方法限定的产品权利要求与专利审查过程中的解释方法相适应，在专利侵权诉讼程序中较多采用了产品限定法。对于功能性限定权利要求，日本专利法中没有明文规定。在专利实务中，日本专利局允许功能性限定权利要求的存在，并对其采取了限制的态度，即通过功能特征来定义发明时要确保发明的范围具有明确性，也即权利要求包含功能性限定时，应当确保本领域普通技术人员通过参考专利权利要求书以外的说明书、附图及申请时技术常识能够明确发明的外延。可见，日本行政审查阶段采用了宽泛解释原则。而日本法院将功能性权利要求解释成说明书中的实施例及本领域的技术人员基于说明书中的说明能够容易想到的等同方案。

（三）德国对于权利要求保护范围的确定与解释

德国专利法关于权利要求解释的原则是根据权利要求的术语确定，但是说明书和附图可以用于解释权利要求。德国法院在对权利要求进行字面解释时主要的依据是权利要求书，在加入《欧洲专利公约》后，德国法院采用了公约中的等同原则。德国在专利审批程序中，对方法限定产品权利要求采用的是产品限定法。在专利侵权诉讼程序中，德国法院采取的也是产品限定法，即不论制备方法是否相同，只要与方法限定产品权利要求中的产品相同就落入专利权的保护范围之中。关于功能性限定权利要求，德国审查中采用宽泛解释原则，在对功能性权利要求的专利性（新颖性和创造性）进行判断时，应将功能性权利要求一般化到全部范围进行判断，功能性权利要求的保护范围并不只限于说明书所公开的实施例。不管在专利权利要求书和说明书中是否有明示，只要实现了专利权利要求书中记载的功能，就在专利的保护范围之内[1]。德国联邦最高法院认可了该类权利要求，同时对其适用进行了严格限制，即“只有在通过直接知觉的特征在权利要求中表示是不可能的或者不能完全实质性地表示出来时，才能使用功能性权利要求”[1]，同时也必须达到充分公开的要求，使得本领域的技术人员可以充分实施。在解释功能性限定权利要求时，德国法院也采用宽泛解释原则。

（四）中国对于权利要求保护范围的确定与解释

中国在专利行政审查阶段，权利要求保护的范围是文意范围。在司法阶段进行侵权判定时，专利权的保护范围不仅包括禁止文意侵权，也包括禁止等同原则下的侵权。中国《专利法》中没有关于方法限定产品权利要求及其解释方法的具体规定。《专利审查指南 2010》指出[2]，通常情况在确定权利要求的保护范围时，权利要求中的所有特征均应当予以考虑，而每一个特征的实际限定作用应当最终体现在该权利要求所要求保护的主体上。中国法院认为专利侵权判定的基本原则即全面覆盖原则，即在判断是否侵权时，对于权利要求保护范围的确定，应该是考虑全部技术特征。关于功能性限定权利要求，《专利审查指南 2010》规定，通常对产品权利要求来说，应当尽量避免使用功能或者效果特征来限定发明。

但对于权利要求中所包含的功能性限定的技术特征，应当理解为覆盖了所有能够实现所述功能的实施方式。而中国法院认为应当结合说明书和附图描述的该功能或者效果的具体实施方式及其等同的实施方式，确定该技术特征的内容。行政审查与司法审理阶段分别采用了宽泛解释和具体解释，这导致了在我国授权过程中和侵权判断过程中对权利要求中的功能性限定特征采取不同解释立场的局面。

二、案例分析

我国的专利行政审查阶段对于权利要求保护范围的确定原则主要受德、日的专利审查制度影响，而司法审理阶段对于权利要求保护范围的确定原则主要受美国的专利制度影响，导致对同样的权利要求在专利行政审查和司法审理两个不同的阶段所解读出的保护范围有可能是不同的。

（一）权利要求的清楚

在确定专利保护范围时，应当仔细阅读专利说明书（如未特别注明，均包括附图和实施例）和权利要求书，全面了解本专利所属的技术领域、背景技术、以及专利技术方案所解决的技术问题和能够达到的技术效果。在全面理解专利技术方案的基础上，根据需要，用说明书和附图对权利要求书进行解释，以确定专利保护范围[3]。

1. 需要运用说明书及附图对权利要求保护范围进行解释的场合

一般情况下，权利要求中的用词应当理解为相关技术领域通常具有的含义。然而，科技发展日新月异，各式各样的发明创造层出不穷，由于语言上的限制，专利权人对于某一技术特征很难找到非常合适的技术术语加以描述；由于语言表达能力的局限，以及对本领域技术发展状况了解程度的不同，申请人在选择技术术语时由有一定的主观性，其采用的术语的含义有可能与该术语的通常含义有所差异；或者当权利要求中技术术语的含义表达含糊不清、含义不确定或者可能存在多义理解，而说明书的对应文字内容部分或附图描述明确、清晰，本领域普通技术人员通过阅读说明书和附图内容可以理解权利要求书对应术语含义时，应当用说明书的文字内容及附图内容来确定权利要求中对应术语的含义。

【案例 1】

（2010）民申字第 979 号，“一种钢砂生产方法”的发明专利侵权纠纷案。本案争议焦点在于对权利要求中“两级破碎”的解释。最高人民法院在再审时认为：虽然“两级破碎”在相关行业领域并没有明确的定义，但根据说明书中的记载由于涉案专利说明书中的记载指明了“两级破碎”具有的特定的含义，并且该界定明确了涉案专利权利要求1的保护范围，所以应当以说明书的界定理解权利要求用语的含义，“两级破碎”应当理解是先进行粗碎和后进行细碎昀“两级破碎”[4]。

由上可见，当权利要求书中使用自造词时，一方面应当采用该自造词在字面上的一般性理解，另一方面结合说明书来进一步印证上述理解。在权利要求得到说明书及附图支持的情况下，应当按照说明书中的文字确定权利要求中的全部技术特征，对权利要求所用自造词字面所限定的技术方案的保护范围作出公平解释。

2. 不应运用说明书及附图进行解释的场合

如果权利要求本身清楚，术语属于通用术语，且权利要求书中所描述的技术方案含义清楚，本领域技术人员理解无歧义，且与说明书记载内容一致，此时无需说明书对权利要求进行解释。

【案例2】

（2005）一中民初字第4183号，“测定人体反应时的方法及其装置”专利侵权案。本案争议焦点在于：“并联”这一技术术语的解释。对于“并联”，原告认为其含义就是并列连接。法院认为，“并联”作为电学领域的基本术语，其含义是明确的。就本专利而言，其说明书中亦并未将并联的含义限定为并列连接，虽然本专利说明书有相应附图2，但其仅是示意性质的图形，并没有直接、清楚地显示出信号灯、反应键、单片接控制器之间在电路上的具体连接关系，据此，在“并联”具有明确含义，且本专利说明书及附图中亦均未将“并联”的含义限定为“并列连接”的情况下，对原告的上述主张，法院不予支持[5]。

由上可见，如果权利要求采用的术语为通用术语，且权利要求本身清楚，且说明书和附图中也没有对该术语进行特殊的定义及解释，则无需用说明书对权利要求进行解释，而是理解为所属技术领域通常具有的含义。

3. 案例启示及思考

在专利审查阶段，实质审查的一个目标是根据权利要求的表述即可明确其含义，不希望借助于说明书和申请人的意见陈述来确定其含义。因此，在专利审查阶段，应当在权利要求的清楚性上严格把关，以确保权利要求本身就能够界定出清楚的保护范围。

（1）在确权中的专利审查阶段，审查员在理解权利要求词语含义时应当理解为所属技术领域通常具有的含义。行政审查中应尽可能保证权利要求的本身是清楚的。

（2）在侵权中的司法审理阶段，由于无法对权利要求进行修改，当权利要求中技术术语的文意表述含糊不清，或者对该术语可能存在多义理解时，应当根据说明书及附图的描述对该术语进行解释，即对权利要求中词语含义的理解采用与说明书相符的最广义的合理解释。

（二）包含方法特征的产品权利要求

确权中的专利行政审查阶段，《专利审查指南 2010》规定在确定权利要求的保护范围时，权利要求中的所有特征均应当予以考虑，而每一个特征的实际限定作用应当最终体现在该权利要求所要求保护的主体上。包含方法特征限定的产品权利要求审查中，需要考虑权利要求中的方法是否导致或隐含了产品具有某种特定的结构和/或组成。而侵权中的司法审理阶段，根据司法解释第 7 条，其明确了专利侵权判定的基本原则，即全面覆盖原则。也就是说，在判断是否侵权时，对于权利要求保护范围的确定，应该是考虑全部技术特征，这与实审阶段关于方法特征的产品权利要求的保护范围的确定存在区别。

【案例 3】

授权权利要求：一种独一味的软胶囊制剂，其特征在于……独一味提取物 20～30 重量份……；其中独一味提取物由下面四种提取方法中任意一种制备：Ⅰ. 取独一味药材，粉碎成最粗粉，加水煎煮二次，第一次加 10～30 倍量的水，煎煮 1～2 小时，第二次加 10～20 倍量水，煎煮 0.5～1.5 小时……，过 200 目筛，备用；Ⅱ……Ⅲ……Ⅳ。

实审阶段，审查员评述原权利要求 1 不具备创造性，申请人将说明书的上述制备方法Ⅰ、Ⅱ、Ⅲ、Ⅳ加入，并陈述该些方法使得获得的提取物不同于现有技术，具备创造性。审查员认同申请人的意见陈述和修改，并就此授权。法院阶段，一审认为制备方法中“煎煮 2 次”与“煎煮 3 次”、“粉碎成细粉，过 200 目筛”与“研成细粉”属于等同的技术特征，二审也认为上述特征属于等同的技术特征。最高人民法院判决认为：人民法院在判断被诉侵权产品是否落入专利权保护范围时，应当将被诉侵权产品的技术特征与专利权利要求记载的全部技术特征进行对比。上述特征均不构成等同特征，后者均没有落入涉案专利权利要求 1 的保护范围[6]。

对上述案例 3，审查员通过对方法特征限定作用的判断，并经申请人意见陈述而认可了该些特征对产品权利要求的限定作用；在侵权判定阶段，最高人民法院根据司法解释考虑了产品权利要求中的所包含的方法特征的限定作用，从而在此基础上进一步得出被控侵权产品与权利要求的特征不等同的判决结果。该案例在实审阶段和侵权阶段对于专利的保护范围的确定是相同的。由于在确权的专利行政审查过程中，申请人有通过意见陈述/修改等方式克服审查员的疑虑，即审查员最开始只是初步质疑，其通过审查过程与申请人的交流予以确认，而当授权时其已经能很好地把握方法特征的限定作用，此时基于确权的结果（授权），其对保护范围的解读应该是与侵权程序相同的。在审查方法特征限定的产品权利要求时，审查员需要站在本领域技术人员的角度来判断考虑方法特征是否对该产品带来了影响；而在侵权阶段，法院关注重点是权利要求的技术方案的保护范围，其采用全面覆盖原则，由于记载在权利要求中的每一个技术特征都对该权利要求的保护范围产生一定的限定作用，因而社会公众根据权利要求就能明晰其保护范围，法院也能根据该原则对案件进行客观、统一的判决。

（三）权利要求的功能性限定

1. 说明书中给出多个实施例的功能性限定案例

【案例 4】

（2010）粤高法民三终字第 11 号，涉案专利号为 ZL200410032066.5，名称为“一种软管灯改良结构”，争议的焦点在于对于权利要求 10 中“包覆层，散光体与包覆层等长度一体成型，与包覆层成一整体”如何理解。在说明书中给出了两个实施例，第一种实施例有散光体，第二种实施例没有散光体。法院认定控侵权产品除电阻位于两个横向孔之间的引线槽中的技术特征与涉案专利技术特征不同外，其余技术特征均与涉案专利技术特征相同。并且，被控侵权产品的该技术特征与本案专利中说明书的实施例 1 描述的相对应的技术特征构成等同。故被控侵权产品落入了涉案专利权的保护范围，构成侵权[7]。

分析：对于涉案专利与侵权产品进行比对时，法院首先对被控侵权产品的技术特征进行划分，然后与该专利权利要求中的全部技术特征进行一一对比，找出哪些特征是相同的技术特征以及哪些特征是不同的技术特征。对于不同的技术特征，判断其是否构成等同，即在有两个或多个实施例的情况下，该功能性限定应以说明书中记载的并且是有利于专利权人的一个或多个实施例为根据。

2. 说明书中给出一个实施例的功能性限定案例

【案例5】

（2006）沪高民三（知）终字第48号，涉案专利号为ZL01231324.6，名称为“瓦楞蜂窝复合纸板的制造设备”，争议的焦点在于对于权利要求1中“侧面上胶装置和拼板装置”该如何理解。涉案专利说明书中的描述为：侧面上胶装置，其上设有传动轮、上胶轮和定长测速传感器；拼板装置，其上设有牵引滚筒和传动带，在传动带上每隔一段距离设有隔板，而相应被控侵权产品中则相应的分别为人工侧面上胶装置，其上设有传动轮和定长测速传感器；人工拼板装置，其上设有牵引滚筒和传动带；其权利要求书中的从属权利要求进一步限定了上述装置的具体结构。但是法院并没有依据从属权利要求中记载的具体结构解释独立权利要求中的功能性限定特征，而是依据说明书来解释上述功能性限定，判定被控侵权产品与涉案专利产品既不相同也不等同，从而不侵权[8]。

分析：当涉案专利权利要求书中既有独立权利要求，又有从属权利要求时，除非有证据表明专利权利要求书中记载的不同权利要求应当被解释为在实质上限定的是同一技术方案，否则通常情况下，认定独立权利要求与各从属权利要求所限定的保护范围各不相同，否则从属权利要求或者在后的从属权利要求就成为多余。此时，法院既不会将功能性特征解释为从属权利要求中记载的相应功能特征的具体结构，也不会解释为覆盖了能够实现该功能的所有具体实施方式，而是解释为说明书中记载的实现该功能的具体方式及其等同方式。

3. 说明书中没有给出实施例的功能性限定案例

【案例6】

（2005）沪一中民五（知）初字第303号，涉案专利号为ZL99120921.6，名称为“轻便移动式扫描仪”，争议的焦点在于对于权利要求1中“接口模块”该如何理解。说明书未提示有关接口模块的结构。由于说明书中提及本专利与现有技术的区别之一就是以最少的部件配置扫描仪，法院判定被告产品的相应技术特征却与此不同，而且该不同之处正是专利说明书中所述的现有技术的不足之处，因此，在涉案专利的说明书中没有描述该接口模块的情况下，权利要求中的接口模块的具体定义应该是本领域的技术人员以现有技术为基础的情况下来进行判定，因此，法院判定被告不侵权[9]。

分析：对于权利要求中的功能性能限定特征的解释，如果说明书中没有记载关于该功能性限定特征的任何实施例时，法院认定功能性限定特征的具体定义应该是本领域的技术人员以现有技术为基础来进行判定而得到的结论，不是简单地解释为覆盖了能够现实该功能的所有具体实施方式。

【案例 7】

(2010) 沪高民三 (知) 终字第 89 号，涉案专利号为 ZL200420021194.5，名称为“多线路公交电子站牌”，争议的焦点在于对于权利要求 1 中的功能性特征“到站预报电子显示屏”该如何解释。复审委员会认定该专利权是有效的。终审法院认为：说明书中没有记载实现相应功能的具体实施方式，不能确定涉案专利权利要求 1 中技术特征“到站预报电子显示屏”的内容，进而无法确定涉案专利权利要求 1 的保护范围。因此，无论被控侵权站亭的技术方案如何，上诉人的侵权指控都不成立[10]。

分析：对于这种复审委员会认定有效的专利权，依据司法解释中关于功能性限定特征的具体解释原则进行解释，由于说明书中没有给出实施例，而判定无论被控侵权产品的技术方案如何均不构成对有效的专利权的侵权，从而，导致有效的专利权没有保护范围而得不到有效的保护。

4. 结论与建议

对于权利要求中的功能性限定的解释问题，由于在行政审查阶段和司法审理阶段的解释规则不同，导致对同一权利要求在不同阶段解释的保护范围也不同，因此，需要对这种状况进行深入研究，并且，基于保护专利权、鼓励发明创造、平衡专利权人与社会公众的利益的出发点，由于现阶段我国对于功能性限定特征在行政审查和司法审理阶段的解释普遍存在矛盾，因而迫切需要统一在专利行政审查和司法审理阶段对功能性限定权利要求保护范围的解释标准。这里给出如下建议：

(1) 将司法解释的具体解释原则引入行政审查阶段是不可行的，会导致等同原则的判断规则不明确，从而影响审查标准的一致执行。

（2）对《专利审查指南 2010》中的关于功能性限定特征的规定“能够实现该功能的所有方式”理解为：本领域技术人员在专利申请的申请日之前，有优先权的在优先权日之前，能够想到的实现该功能的所有方式。

（3）在上述前提下行政审查阶段应该从包含功能性限定特征的权利要求是否具备新颖性/创造性、是否得到说明书的支持、是否缺少必要技术特征等角度对功能性限定进行严格审查，从而确定合理的权利要求的限定范围，从严把握功能性限定特征的审查标准，防止产生后续麻烦。

（四）专利审查档案

1. 专利审查档案的法律效力及对权利要求解释的作用

专利审批程序属于行政机关赋予发明创造以排他性专利权的范畴，而专利侵权诉讼程序是人民法院判断被控侵权产品或方法是否落入行政授权范围并作出裁决的程序。这种体制的设置可能导致不同部门对同一专利的保护范围的界定不尽一致。使两个程序对权利要求的理解达成一致的可能连接点就是专利审批、无效的审查档案。专利授权、无效与司法程序的时序性天然地决定了司法程序中确定专利权保护范围时要以行政程序中所形成的相关档案材料为逻辑起点。引入专利审查档案对权利要求进行解释是确保权利要求的术语在专利授权、无效程序与专利侵权诉讼程序保持一致的必要前提，亦是统一专利权利要求所限定的文意范围的基础。司法解释第 6 条所涉及的“禁止反悔原则”与专利审查档案的运用有关联。

2. 专利审查档案适用的相关案例

【案例 8】

（2009）民提字第 20 号，“一种防治钙质缺损的药物”的发明专利权纠纷案。申请人为了克服审查员在第一次审查意见通知书指出的权利要求得不到说明书不支持的缺陷，在答复时将权利要求中的“可溶性钙剂”修改为“活性钙”，放弃了包含“葡萄糖酸钙”技术特征的技术方案。而被诉侵权产品恰巧是包含“葡萄糖酸钙”的技术方案，本案的争议焦点在于“活性钙”与“葡萄糖酸钙”是否为等同特征以及禁止反悔原则是否适用。法院认为根据禁止反悔原则，专利申请人或者专利权人放弃的技术方案在专利侵权纠纷中不能将其纳入专利权的保护范围[11]。

分析：申请人在答复审查意见通知书时修改了技术特征，将得不到说明书中实施例支持的上位概念限定为具体的下位概念，但是由于说明书实施例限定了“葡萄糖酸钙”和“活性钙”两种“可溶性钙”，修改后限定为“活性钙”，那么等于将“葡萄糖酸钙”的保护范围贡献了出去，专利权人已经贡献出去的技术方案是得不到专利权保护的。

【案例 9】

（2009）民申字第 1622 号，简易牙膏挤出器实用新型专利权纠纷案。涉案专利的独立权利要求包含以下必要技术特征：1. 梯形端面的框架体；2. 框架梯形宽度较大的底为一长方形开口状；3. 框架梯形较小的底的中央部位设置较小的长条形开口，该长条形开口的长度略大于牙膏袋的宽度，开口的宽度略大于牙膏皮的厚度。被控侵权产品也是一种用于挤出牙膏的产品，结合其产品说明书所图示的使用方法，被控侵权产品包含以下技术特征：A. 卡通鱼形的框架体；B. 卡通鱼形框架体内设置一长方形内框架；C. 内框架底部为一长方形开口；D. 两个向上斜对的页片彼此不相连，形成一长条形开口，两个页片分别与长方形开口底部两个较长的边相连，与长方形内框架其他部分不相连。本案争议焦点在于被控侵权产品的技术特征 B、D 与涉案专利第 1、3 项技术特征是否构成等同。由于涉案专利申请人在无效宣告程序中曾明确表明“梯形端面设计可以最大限度地节约材料”，专利复审委员会依据该项陈述认定“梯形端面框架体”是涉案专利的区别技术特征，从而维持涉案专利权有效。涉案专利申请人在无效宣告程序中的上述意见陈述在本案中具有约束力，因此不构成等同[12]。

分析：在复审无效过程中的意见陈述也具有对权利要求保护范围进行限定和解释的作用，同样适用禁止反悔原则。

3. 案例启示与思考

根据专利审查档案对权利要求进行解释以确定权利要求所限定的字面范围是判定是否构成专利侵权的第一步。专利审查档案在确定专利保护范围时的首要功能并非限制等同原则的适用，而是科学合理地确定权利要求的文意范围。结论如下：① 希望专利审查过程中的审查意见应当充分、详尽、周全，尽可能避免授权专利权利要求中不清楚的地方以及损害申请人专利权的情况；② 必须是专利申请人、专利权人对权利要求、说明书的修改或意见陈述才能作为禁止反悔原则的适用依据，国家知识产权局发出的审查意见通知书、复审通知书均不能作为禁止反悔的适用依据；③ 申请人在修改权利要求书时应当慎重，以避免本应受到专利权保护的技术方案因为修改不当而丧失权利。

结束语

本文围绕权利要求保护范围的确定问题，明确权利要求保护范围问题在前后的行政审查和司法审理阶段的内在联系。从实际案例出发，从权利要求的清楚、包含方法特征的产品权利要求、权利要求的功能性限定和专利审查档案四个方面对于权利要求保护范围的确定进行了深入剖析，得到如下结论。

（1）关于权利要求的清楚，在专利行政审查阶段和司法审理阶段的解释没有明显的不同。通常权利要求中的用词理解为所属技术领域的通常含义，但特殊情况下，如对于自造词、不同于通常理解的术语、含义模糊用语以及存在多义理解的术语，在行政审查阶段是允许申请人根据说明书进行澄清性解释的，在司法审理阶段也是根据说明书进行解释的。在专利行政审查阶段，由于审查员更为注重的是权利要求本身是否清楚，因而，说明书和附图仅起到协助审查的作用；而在司法审理阶段，由于争议的焦点通常在于被控侵权产品或方法是否具备权利要求的全部技术特征，因而，在对权利要求是否清楚进行解释时，可能需要根据说明书和附图重新划定权利要求的确切保护范围，由此导致了说明书和附图的作用在两个阶段的不同。但是，两个阶段都是为了清楚地限定出权利要求保护范围的出发点是一致的。

（2）关于包含方法特征的产品权利要求，其保护范围的解释在专利行政审查阶段和司法审理阶段的理解有所不同。主要存在以下两种观点：①“狭义解释”，认定该产品既然是使用方法特征表述的，必然对产品的保护范围具有限定作用，因而该产品的保护范围限定在采用该方法制造的产品范围。②“广义解释”，认为方法是用来对产品进行表述的，只是撰写的一种形式，因而该产品的保护范围确定为该产品本身，其中的方法特征对其保护范围没有限定作用。虽然在专利行政审查阶段倾向于采用“广义解释”的原则，而在司法审理阶段使用“狭义解释”原则，但是，实质上，二者是对同一问题从不同方面作出的不同表述方式，两种表述方式的准确含义或解释出的保护范围并不存在实质上的差异，而是基本一致的，其内在的联系在于在专利行政审查阶段需要考虑到对于方法特征的产品权利要求是否得到说明书的支持，即已经考虑到了方法特征限定的产品权利要求的方法特征是否具有限定作用了；而且，二者的判断主体都是本领域的普通技术人员；另外，由于二者各有有利和不利的方面，对于行政审查来说，“狭义解释”原则的不利因素更多，采用目前实行的“广义解释原则＋是否得到说明书支持”的判读方法较合适，对应司法程序来说，因无法考虑是否得到说明书支持，故采用“狭义解释原则”较合适。综合各种因素看，没有必要要求行政审查中关于包含方法特征的产品权利要求的解释与司法程序的解释方式一致。

（3）关于权利要求的功能性限定，由于在行政审查阶段和司法审理阶段的解释规则在文字表述上就存在着明显的不一致，导致对同一权利要求在不同阶段解释的保护范围也不同。这种矛盾的存在导致了现阶段我国在行政审查和司法审理阶段对于功能性限定特征的解释混乱现象普遍存在，因而必然需要统一在专利行政审查和司法审理阶段对功能性限定权利要求保护范围的解释标准。由于《专利法》的立法宗旨是通过授予发明创造专利权的方式，促进科学技术的发展，因此，在考虑采用哪种方式对功能性限定特征进行解释时均不能脱离《专利法》的立法宗旨。而且，在行政审查阶段引入司法解释的具体解释原则是不可行的，会导致等同原则的判断规则不明确，从而影响审查标准的一致执行，同时，采用说明书和附图对权利要求的功能性特征进行限制也有悖于保护专利权、鼓励发明创造、平衡专利权人与社会公众的利益的出发点。因此，目前并不适于修改《专利审查指南 2010》中关于功能性限定特征的解释规则。至于司法解释中功能性限定特征的解释规则该如何进行修改需要在保证《专利法》立法宗旨的基础上进一步深入研究以达到平衡专利权人与社会公众的利益的目的。

（4）关于专利审查档案的使用方面，在专利行政审查阶段应重视专利审查档案的辅助作用。因此，在专利行政审查阶段的审查过程中所形成的审查档案证据，其审查意见应当重视审查档案的记录作用，充分、详尽、周全，尽可能排除授权专利权利要求中不清楚的地方；审查员在需要给出建议的情况下应当给出建议；同时，审查员也不要误导申请人的修改。专利审查档案作为一种重要的“内部证据”，在专利司法审理阶段应起到相应的辅助解释功能，在有些判例中甚至可以成为判决的重要证据之一。

参考文献

[1] 闫文军．专利权的保护范围——权利要求解释和等同原则的适用［M］．北京：法律出版社，2007：47—57，242—243.

[2] 中华人民共和国国家知识产权局．专利审查指南 2010［M］．北京：知识产权出版社，2010：146.

[3] 佚名．如何用说明书和附图对权利要求书进行解释［J］．中国发明与专利，2008（3）：29—31.

[4] 中华人民共和国最高人民法院民事裁定书（2010）民申字第 979 号．申请再审人福建多棱钢业集团有限公司与被申请人启东市八菱钢丸有限公司侵犯发明专利纠纷案［EB/OL］．［2011—07—01］．http：//www.chinalawinfo.com.

[5]（2010）高民终字第 1782 号．同方健康科技（北京）有限公司与赵东红侵犯发明专利权纠纷上诉案［EB/OL］．［2011—07—01］．http：//www.chinalawinfo.com.

[6]（2010）民提字第 158 号．申请再审人江苏万高药业有限公司与被申请人成都优他制药有限责任公司、原审被告四川科伦医药贸易有限公司侵犯发明专利权纠纷案［EB/OL］．［2011—07—01］．http：//www.chinalawinfo.com.

[7]（2010）粤高法民三终字第 11 号．中山市真美灯饰有限公司与鹤山丽得电子实业有限公司等侵犯发明专利权纠纷上诉案［EB/OL］．［2011—07—01］．http：//www.chinalawinfo.com.

[8]（2006）沪高民三（知）终字第 48 号．梁锦水与李昌众等专利侵权纠纷上诉案［EB/OL］．［2011—07—01］．http：//www.chinalawinfo.com.

[9]（2005）沪一中民五（知）初字第 303 号．深圳矽感科技有限公司诉上海向隆电子科技有限公司侵犯发明专利权纠纷案［EB/OL］．［2011—07—01］．http：//www.chinalawinfo.com.

[10]（2010）沪高民三（知）终字第 89 号［EB/OL］．曲声波上述新世界（中国）科技传媒有限公司侵权纠纷案．［2011—07—01］．http：//www.chinalawinfo.com.

[11]（2009）民提字第 20 号．湖北午时药业股份有限公司与澳诺（中国）制药有限公司、王军社侵犯发明专利权纠纷案［EB/OL］．［2011—07—01］．http：//www.chinalawinfo.com.

[12]（2009）民申字第 1622 号．申请再审人孙守辉与被申请人青岛肯德基有限公司、上海柏礼贸易有限公司、百胜（中国）投资有限公司侵犯实用新型专利权纠纷案［EB/OL］．［2011—07—01］．http：//www.chinalawinfo.com.

日本特许厅的专利审查特点

李勇　范崇飞　树奇　刘竞滢

摘　要： 通过介绍日本特许厅的审查流程以及授予专利权的对象和条件，日本特许厅的专利检索主体与平台以及专利分类体系 FI/FT，其检索报告和通知书的特点，以及日本完善的加快审查制度，为我国申请人在申请日本专利时提供合理借鉴。

关键词： 日本特许厅　发明　专利　实质审查　加快

一个经济体的开放程度越高，其知识产权的保护程度就越高。现在市场经济虽然是在打破各种垄断的情况下得以飞速发展的，但专利权作为"垄断权"的例外情形却得到越来越严格的保护。而发达国家目前并不满足于目前的专利制度对发明权的保护程度，正在积极寻求更加严格的保护手段，比如正在协商中的《反假冒贸易协议》（Anti-Counterfeiting Trade Agreement，ACTA）。而我国知识产权保护仍处于方兴未艾阶段，与发达国家比起来，仍有很多不成熟之处。但我国知识产权工作者从未放弃追赶的步伐。

得益于国内专利制度的完善以及政府的大力宣传与政策鼓励，国内企事业单位正在通过积极申请发明专利来获得市场保护，既保持自身在某一技术领域的优势，同时也能够限制竞争对手。随着我国科技的进步，国内申请人或申请实体已经不能满足于只在国内获得专利保护，正在积极尝试占领国外的知识产权高地。可以看到，有些企业，比如华为、中兴等高科技企业在这一方面获得了很大成功。但同时应该看到，国内大部分申请实体对于进行国外专利申请仍感到陌生和茫然，甚至存有恐惧心理。因此，国内知识产权工作者有义务对国外的专利制度、审查程序等进行翔实而深入的介绍，从而给我国公众或申请人一定的指导，消除其顾虑。

从专利的角度看，一个具有较大价值的市场，是兼具制造生产和消费的经济实体，如果这个实体同时具备完善而发达的专利制度（一般来说必然具备），那么其必然是所有申请实体需要积极争夺的市场。从这点上看，美国和日本完全符合上述标准，因此，也必然会成为我国申请实体主要考虑进入的申请国。本文尝试从专利审查的角度对日本的专利制度的特点进行一个深入浅出的介绍。

从最近10年的情况看，我国进入日本的发明专利申请量呈飞速发展趋势，从2002年的151件增长到2011年的1401件（数据来源为日本特许厅的年度报告），而且这个数字随着我国科技的飞速发展还会持续上升。但从我们了解到的情况来看，现在国内仍有很大一部分申请人对日本的专利制度并不了解，但却有极强的申请意愿。正是出于这个原因，笔者认为有必要对日本的专利审查特点进行一个较为全面的介绍，尤其是其中与我国专利审查不同的方面，从而能够挖掘出对国内申请人有参考价值的信息。正是出于这一目的，本文将从日本特许厅的审查程序到检索和审查特点，通过翔实的统计数据对日本特许厅的审查特点给出一个较为全面的介绍分析。

一、日本审查程序的特点

首先，从日本审查流程和授权客体方面开始介绍。

（一）审查流程

日本特许厅（专利局）的发明专利审批程序或流程基本分为两个阶段：形式审查和实质审查。在形式审查阶段，申请人向审查业务部提出申请，日本特许厅对该申请分配一个按照受理的顺序分配的申请序列号，并通知申请人。接下去，审查业务部对该申请进行形式检查，确认其是否符合规定的形式要件以及所有必需的文件是否齐备。若发现任何缺陷，则向申请人发出通知，请申请人补正；若缺陷没有得到补正，则申请变为无效；若认为该申请符合程序，则将其送至专利分类室授予一专利分类，该申请即作为未审查申请而等待公开。所有专利在提出申请后直至实质审查之前的 18 个月内（提出优先权要求的，从最早的优先权日期开始起算），不论是否提出了实质审查的请求，都在专利公报（公开特许公报）上予以公开。

在实质审查阶段，可以由申请人或第三方提出实质审查请求（我国目前不能由第三方提出实质审查），该请求受理的期限为申请日期起算的 3 年之内。进入实审后，根据该申请被授予的国际专利分类，将提出审查请求的申请送至审查部的相关部门。检索员或审查员进行检索，审查员审查是否具备授权的专利性要件，如发现有驳回理由的则发出一份审查意见通知书[1]。

以上的流程大部分与我国的情况类似，但仍有两点需要引起注意：

（1）日本允许第三方提出实质审查请求，当然，费用也是由第三方负责。这在我国目前是不允许的。但我国针对实用新型允许第三方请求作出可专利性分析报告，其原因和日本允许第三方要求进行实质审查是一样的，都是给可能被告侵权的一方提供对方相关专利是否可专利性或权利是否稳定的途径。这可提供一种途径，就是当自己的产品计划进入日本市场时，但同时发现日本存在未进入实质审查的发明申请，可以视同此途径确定对方的专利权是否能够获得或是否稳定，从而能够避免不必要的麻烦。

（2）现在日本大部分发明的申请的检索和审查是由不同的部门完成，即检索由检索员完成，而审查则由审查员完成[2]。这点与我国的情况完全不同。在我国，检索和实质审查一般都是由同一位实质审查的审查员完成的，没有只负责检索的检索员。日本的检索外包的方式会给其检索报告和审查意见通知书带来一定影响，后面会详细介绍。

（二）授予专利权的对象和条件

在授权的对象方面，日本专利法与我国《专利法》的主要区别是，日本将信息技术纳入专利法的保护范畴。其主要原因是近年来随着信息技术的飞速发展，日本感觉到了保护信息技术的重要性，于是在频繁修改的日本专利法中将原来不受专利保护的程序、记录媒体、商业模型等纳入专利权保护的范围。当然，其根本原因是日本在信息技术领域保有领先的优势，因此才有足够的动机这么做。这一点与我国存在很大差异，需要引起国内申请人的特别注意。但单纯的计算机程序本身以及单纯的商业方法本身仍然是不受日本专利法保护的客体，这点与我国相同。

针对这一情况，如果这一领域的发明有意进入日本，应考虑到即便在国内提交申请时，也应详细描述记录媒体、商业模式等，并撰写好相应的权利要求，虽然在国内的审查阶段相应的权利要求必须删除，但却为作为进入日本的申请的优先权基础提供了很好的支持。尤其需要注意以“存储介质”这一类描述为主题名称，但实质却是保护某个装置或设备的控制程序的权利要求的撰写。

关于日本授予专利权的最基本条件（即新颖性、创造性和实用性）的含义与我国的基本相同，但在下面两点存在些许差别：

（1）在公开方式上比我国增加了一种，即通过通信线路为公众可利用（即网络公开）；

（2）现有技术的公开的时间界限与我国的“申请日前”不同，是“申请前”，在实际操作中时间精确到分钟，其含义为申请日当天公开的出版物也可能被包括在内，只要与申请日同日出版的出版物能够证明其发行时间比本申请的申请时间早即可。

上述第一点差别是很小的，我国《专利法》并没有把网络公开排除在现有技术之外，只是目前没有进行单独规定而已。而对于上述第2点差别在日本的实际审查过程中很少遇到，但并不排除遇到的可能性，因此，如果遇到不应感到奇怪。

二、日本的检索特点

如果不是专门对日本的专利检索特点进行专门研究，作为公众和普通申请人无需对其检索进行过多了解。但在这一节，笔者仍需要花点篇幅对日本的专利检索主体和平台作一简单介绍，可以将其作为一个常识来了解；更主要的是，这涉及后面关于日本检索报告和审查意见通知书的解读；另外，学习一点日本特有的专利分类体系 FI/FT 方面的知识有利于在日本特许厅网站进行针对日本专利的查新和检索，因此存在对其进行介绍的必要性。

（一）日本的专利检索主体与平台

日本在目前的专利制度上，允许三种检索或审查主体对专利申请进行检索，其分别为特许厅审查员、登记调查机关的检索员以及特定登记调查机关的检索员。但目前在实际中只有前两种审查主体在执行检索任务，二者负担的份额的大概比例为：日本审查员大约负担 25%并外加补充检索任务，登记调查机关的检索员负责大约 75%的案件的初步检索（即外包检索或委托检索）。除此以外，还至少存在下面两个趋势：

（1）“对话型委托检索”方式逐年上升。在检索过程中，登记调查机关（主要是工业产权协作中心 IPCC）的检索员除了单独进行检索这种方式以外，还可以与审查员直接进行对话，双方就检索的方案、要点等直接进行交流，检索员根据审查员的意见进行检索，这种检索方式就是“对话型委托检索”。目前，“对话型检索”正逐渐增多到 80%。

（2）外包检索或委托检索的数量逐渐增多，例如，2005 年为 18.2 万件，而 2010 年达到了 24 万件。

日本特许厅的检索主要依靠功能强大的“ALL IN ONE”系统。在这个系统中，不仅能够显示审查员要处理的案件及其基本情况，还能够显示该申请的所有国外同族，如果国外已经对该案件进行了检索，其检索报告（包括 X/Y 文献和 A 文献）也将显示在整个系统中，因此可以看到的信息还包括了外国专利局所进行的检索和审查，因而参考外国资料非常容易。该系统对任何一篇所找到的对比文件都会有一个链接到该对比文件的引用键。

在这个系统中，用于检索的系统是被称为“F 项系统”的计算机检索系统，其中收藏了具有专利分类和索引号的资料，包括《专利合作条约》（PCT）所规定的最小文献量之类的技术文献在内的所有资料，其专利信息的数量在 1982 年已达 2 800 万件，并保持每年 150 万件的增长速度。“F 项系统”类似于我国知识产权局使用的 S 系统，通过“F 项系统”可以检索到已申请尚未公开的日本专利文献。系统数据库收录的日本专利文件可以进行全文检索，每件都有 IPC（国际专利分类体系）、FI 和 FT（FI、FT 都是日本自己的专利分类体系，后面会有介绍）的分类；所具有的外国专利文件，号称其分类可采用 UC（美国的专利分类体系）、EC（欧洲专利分类体系）、IPC、FI 和 FT，并都对其进行了日文摘要的改写，并且通过与欧洲专利局、美国专利局的专利信息数据交换得到英文全文检索用数据。日本审查员可以在一个检索式中同时使用 UC、EC、IPC、FI、FC、FT 和主题词，因而通常只需要几个检索式的检索就能得到结果，没有转库的复杂操作，并且实现了日本国内专利、国外专利和非专利文件的同时检索。同时，日本审查员使用的每台电脑均可访问国际互联网上的收费技术信息网站和商用信息库。

（二）日本的专利分类体系 FI/FT

日本的专利申请量稳居世界前列，因此，日本特许厅为了弥补 IPC 分类不够详细、方便归类文献和进行检索，建立了自己的专利分类体系 F“ile Index”（FI）和“File Forming Terms”（简称 F-Term 或 FT）[3]。由于日本特许厅对专利文献主要根据 FI/FT 进行分类，而日本审查员或检索员在检索过程中很少使用 IPC 分类号，基本全是使用其自身的 FI/FT 分类体系，因此，这里不得不对 FI/FT 分类体系作一简单介绍，从而能够为后面将要介绍的针对日本文献的查新和简单检索作准备。

1. FI 和 FT 分类号

FI 分类是基于 IPC 分类的细分类，在某些技术领域对 IPC 分类进行了扩展。一个完整的 FI 分类号为：

IPC 分类号＋3 位阿拉伯数字＋1 位英文字母

例如 H04L12/28&100A。但也存在特殊情况，比如没有 3 位阿拉伯数字，或者没有 1 位英文字母。

从形式上来看，FT 与 IPC 或 FI 完全不同，FT 是专为使用计算机检索而设立的技术术语索引，目的是提高检索效率，是一种全新的分类体系。FT 分类号的构成是：

5 位字符主题码＋2 位字母视点符＋2 位数字位符

例如 3B011/AA14。其中数字位符由 00～99 的数字组成。

需要说明的是，无论 FI 还是 FT 都是根据日本的技术领域或专利特点量身订制的，且其对日本专利文献的分类也主要依据 FI/FT 由分类员和审查员来完成，其分类十分详细和准确，而且分类覆盖了所有的日本文献。同时 FI 和 FT 二者相互借鉴、竞合，相辅相成，并各具特色，并都覆盖了所有日本文献。所以，针对日本文献的检索使用 FI/FT 分类、尤其是二者的组合使用能够提供查新的简便途径，提高效率。需要额外说明的一点是，我国审查员针对日本文献的检索也在普遍使用 FI/FT 分类。

2. FI/FT 的获取方式

作为公众或申请人来说，在对 FI/FT 不是很了解的情况下，获得具体的分类号是比较难的，这里给出几种比较简单的常用途径：

（1）查找已经获得的技术上相关的日本专利文献来获得 FI/FT。

(2) 查找相关的专利文献是否存在日本同族文献，通过同族文献来获得 FI/FT。

(3) 如果方法 a 和 b 都不可行，获得的 FI/FT 分类号不是很确切，可以直接查阅 FI/FT 分类表。可通过日本特许厅工业产权图书馆的网站来获取 FI/FT 分类表，其网址如下。

http：//www4. ipdl. ncipi. go. jp/Tokujitu/tjftermena. ipdl? N0000=114。

(4) 如果已经获得 IPC 分类号，能够通过对照表来大致确定 FI/FT 分类号可能出现的位置。对照表也可通过上述网址获得（即点击页面右下侧的“PatentMap Guidance”按钮即可）。可以首先根据 IPC 分类号来确定 FI 分类号，再根据与 FI 分类号对应的 FT 分类号来确定对应的 FT 分类号；或者根据 IPC 分类号直接通过 IPC 到 FT 的转换表来确定 FT 分类号。

只要获得了需要的 FI/FT 分类号，使用这一分类号进行检索就很容易，具体方法如下。

3. 利用 FI/FT 进行检索

由 http：//www. jpo. go. jp/主页面进入日本特许厅网站，如图 1 所示。

图 1　日本特许厅网站页面

点击页面左下方的“industrial property digital library (IPDL)”按钮，进入日本工业产权数字图书馆页面，如图 2 所示。

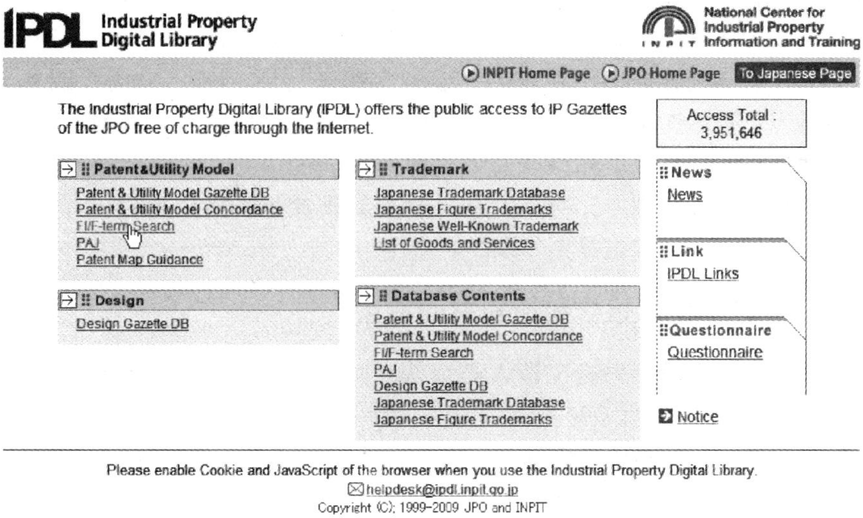

图 2　日本工业产权数字图书馆页面

点击“FI/F-term Search”按钮，进入 FI/FT 检索页面，如图 3 所示。

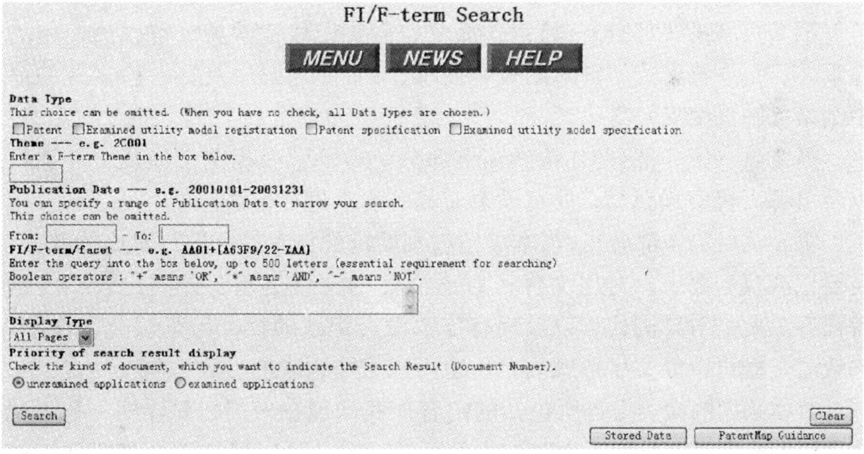

图 3　FI/FT 检索页面

通过输入符合格式要求的 FT、Publication Date、FI/FT/facet 等内容，点击“Search”按钮即可进入检索结果界面。需要注意的是，检索结果的篇数在 500 篇以下时才能进入全文浏览。

需要说明的是，日本工业产权数字图书馆收录有日本所有的专利文献，是所有专利数据库中最全的，而且全部进行了 FI/FT 分类，因此，在其他专利数据库中（比如 Google Patent）无法完成的针对日本早期专利文献的检索，在这里都可以完成，而且准确度很高。因此，对于日本发展较快的优势领域，针对其专利文献查新或者获取其最新的技术发展动向，采用这个途径也是十分方便的途径。

三、日本检索报告和通知书的特点

检索报告和通知书是申请人必须认真阅读的审查文件，因此，读懂这两份文件十分重要。

日本特许厅的检索报告书非常详细，共 4 页（或 4 个部分），下面分别作一简单介绍。

第 1 页（第 1 部分）：发明特征及备注部分，需要记载发明的技术领域、每个权利要求的要点和发明效果的分析；在备注部分需要记载某一文献是用哪一检索式获得的；文献与文献间的引用关系；检索到的文献的 FI 分类是否有误；权利要求中的用语的含义根据什么来理解等。

第 2 页（第 2 部分）：检索式部分，需要记载检索员或审查员使用的检索式、每一检索式所针对的权利要求、FT 主题码以及这一检索式的命中结果（筛选结果）等。

第 3 页（第 3 部分）：检索结果部分，需要记载相关文件及文件类型以及由哪一检索式获得。此页没有对权利要求进行记载。

第 4 页（第 4 部分）：与本申请权利要求的技术特征进行对比的部分，需要记载权利要求、对比文件、对比文件的文件类型、异同比较、区别特征等。此页对异同比较以及现有技术没有记载的特征等记载非常详细。比较时，既可以以文字形式列出，也可以采取列表的形式。

日本采用的检索报告所包括的内容比我国现在采用的要详细。我国现在采用的检索报告目前不会对技术特征进行分析，一般也不会列出详细的检索式，而特征对比也只在审查意见通知书给出，不在检索报告中给出。

日本特许厅给出的“拒绝理由通知书”（类似我国的审查意见通知书）除了必要的著录项目和“理由”部分外，一般会在后面给出所引用的对比文献及其编号（不同的通知书中的叫法不同，可能是“引用例等一览”，也可能是“刊行物等一览”等），并且还会给出一些相关的现有技术（先行技术）文献。

笔者随机抽取了日本特许厅作出了审查（给出有检索报告或至少一次拒绝理由通知书，并引用有XY类对比文献）的300个发明专利申请，初步发现存在如下特点：

（1）几乎都引用了JP专利文献，没有引用JP专利文献的仅有2个，1个引用了非专利文献，另外一个引用了WO专利文献（即国际申请），但该WO专利文献的公开文本仍然为日文。也就是说，300个随机样本中，有298个涉及JP专利文献，其比例高达99.3%，这与中国国家知识产权局或欧洲专利局的检索报告形成了鲜明对比。在300个样本中，引用了非JP专利文献的个数是66（22%）。在引用了非JP专利文献的66样本中，其中引用了WO专利文献的个数是47（15.7%），引用了US专利文献的个数是8（2.7%），引用了非专利文献（主要是学术论文）的个数是7（2.3%）。其中引用的非JP专利文献有相当一部分是在检索报告中没有给出，而是审查员在通知书中补充检索后加入的。而其引用的WO专利文献也多是使用日文公开的。

这一特点要求国内申请人如果申请日本专利，为了更好地理解审查员所给出的日文文献，应掌握同族查找和寻求英文翻译的能力。如果进入日本的专利申请很多，最后在聘请知识产权管理人员时，应考虑其日语的掌握程度。如果企事业单位不具备条件聘任专门熟悉日语的相关人员，在面对上述问题时，也可通过日本特许厅的翻译网页得到解决。日本特许厅免费提供很好的将日文文献翻译成英语的翻译系统，其网址如下：

http：//aipn. ipdl. inpit. go. jp/AI2/cgi-bin/AIPNSEARCH；

http：//www4. ipdl. inpit. go. jp/Tokujitu/tjsogodben. ipdl？N0000=115。

国内申请人或发明人可通过上面两个网址获得相关日本对比文件的英文翻译，在此帮助下一般能够读懂技术文献。同时，上面第一个网址还可以用于查找日本对比文件的同族申请情况。

（2）日本特许厅的“F项系统”虽然支持英文等关键词的检索，但日本特许厅的审查员仍然偏好其母语的使用，在实际检索中较少使用英文关键词。这一特点能够部分解释出现上述统计结果的原因。通过前面的介绍内容我们知道，日本特许厅对国外专利文献的摘要作了日文翻译加工，但通过其检索结果可知，其国外专利文献作了日文摘要加工的比例应该不是很大，从而其检索系统对国外专利文献的引用率有限。

(3) 日本的审查员或检索员十分注意 FI/FT 分类号的使用，但很少使用 IPC 分类号。尤其是由于其 FT 分类体系在计算机检索方面的绝对优势，日本审查员大量使用 FT 分类号，从而与其他专利局大量使用 IPC 分类体系形成了鲜明对比。但通过前面的统计结果也可以得知，日本特许厅对国外专利文献重新给出 FI/FT 分类号的比例应该不大，从而可能是造成对国外专利文献的引用比例很低的又一重要原因。

(4) 普遍存在通知书（相当于中国国家知识产权局的第一次审查意见通知书）中引用了检索报告没有给出对比文件的情况。这说明在检索员完成检索后，日本审查员仍习惯作一补充检索并使用自己补充检索到的对比文件。同时可发现，在引用了的非 JP 专利文献的随机样本中，其引用的非 JP 专利文献多是在通知书中直接引入的，而不是检索报告给出的。

(5) 日本特许厅的多次通知书中引用的对比文件的序号都是每次重新编号的。

(6) 其中存在部分只有通知书而没有给出检索报告的情况，但在通知书中引用有 XY 类对比文献。从其通知书的信息可以得知，在日本特许厅的这种情况下，其审查员应该是作了检索或至少从其他渠道得到了需要的对比文件，其引用的对比文件直接出现在通知书中，而没有给出一单独的检索报告。这与中国国家知识产权局没有检索报告而直接作出第一次审查意见通知书的情况不同。

上述特点 (4)～(6) 与我国的检索报告和通知书的形式存在很大差别。在我国，目前不允许引用检索报告中没有给出的 XY 类文献，通知书中所使用的所有 XY 文献必须同时记载在检索报告中。但日本并不是如此，这与其检索和审查是分开完成的存在很大关系。这也同时说明，国内申请人在收到检索报告和通知书时，应结合看，对比文件不但可能在检索报告中首次给出，在通知书中也可能存在新的。同时，日本的每次通知书对其引用的对比文件都可能重新编号，每次都是从对比文件 1 开始，这与我国的情况也完全不同，因此，应注意每次通知书所使用的同一编号的对比文件可能对应不同的内容。

出现上述特点 (1)～(3) 的深层次原因还可能和日本专利申请的构成直接相关。从表 1 给出的 2005 年和 2006 年的数据可以看出，日本特许厅的专利构成无论从申请数量还是从授权数量上来说，都是来自日本本国的占了绝对数量，这与中国国家知识产权局、欧洲专利局和美国专利商标局的自身申请和授权比例的构成有很大差别。可能就是这个差别使日本特许厅的审查员或检索员偏好使用母语日文和自身的分类体系 FI/FT 进行检索。

表 1　日本、中国、欧洲和美国的专利申请和授权数据

日本特许厅的专利申请和授权数据				
年份	专利申请数（件）	日本本国的专利申请数（件，%）	授权数（件）	日本本国的授权数（件，%）
2005 年	427 078	367 960（86.2%）	122 944	111 088（90.4%）
2006 年	408 674	347 060（84.9%）	141 399	126 804（89.7%）

中国专利局的专利申请和授权数据				
年份	专利申请数（发明）（件）	国内的专利申请数（件，%）	授权数（发明）（件）	国内的授权数（件，%）
2005 年	173 327	93 485（53.9%）	53 305	20 705（38.8%）
2006 年	210 490	122 318（58.1%）	57 786	25 077（43.4%）
2007 年	245 161	153 060（62.4%）	67 948	31 945（47.0%）

欧洲专利局的专利申请和授权数据				
年份	专利申请数（件）	欧洲专利公约成员国的专利申请数（件，%）	授权数（件）	欧洲专利公约成员国的授权数（件，%）
2005 年	128 754	63 704（49.5%）	53 255	28 028（52.6%）
2006 年	135 183	65 606（48.5%）	62 780	32 483（51.7%）

续表

美国专利商标局的专利申请和授权数据				
年份	专利申请数（件）	美国本国的专利申请数（件，%）	授权数（件）	美国本国的授权数（件，%）
2005 年	390 733	207 867（53.2%）	143 806	74 637（51.9%）
2006 年	425 967	211 784（49.7%）	173 771	89 823（51.7%）

四、日本的加快审查制度

出于专利实施或侵权诉讼等方便的需要，其中涉及的发明申请总是期望尽快获得授权，多个国家或专利组织都存在涉及加快审查的相关规定或政策。我国从 2010 年开始以暂行规定的方式试行发明的提前审查，并在此基础上，国家知识产权局于 2012 年 6 月 19 日发布了第 65 号局长令，即《发明专利申请优先审查管理办法》，该办法自 2012 年 8 月 1 日起施行，自此，以局长令的形式确定了优先审查的方式。从提前审查或优先审查施行以来，国内申请人就对此投以关注的目光，并对此需求十分旺盛。因此，考虑到国内申请人对加快审查的特殊需求，这里对日本的加快审查制度作一简单介绍。

从根本上说，加快审查是为了解决案件积压和缩短审查周期的需要，同时解决申请人对个别案件期望提前获得授权的特殊需求。可以说，日本关于加快审查相关的制度建立的很早，并且很完备，从最早的优先审查和加快审查，到现在的特快审查，分成不同层次，完全可以满足申请人的不同需求[4]。

（一）优先审查

优先审查的根据是日本专利法第 48 条之 6 的规定，于 1986 年实施。其具体内容是在专利申请公布后，非专利申请人以营利为目的实施专利申请所涉及的发明时，申请人可以向日本特许厅提出请求，对该专利申请进行优先审查。专利申请人或第三人均可提出优先审查请求。

实行优先审查须满足下列条件：

(1) 已提交实审请求;

(2) 该申请已被公布;

(3) 第三方正在实施发明。

(二) 加快审查

加快审查和优先审查同时设立。日本特许厅规定，请求实行加快审查的专利申请须同时满足下列条件:

(1) 已提交实审请求;

(2) 尚未开始实质审查程序;

(3) 属于下列情况之一:

(A) 申请人或其被许可人正在实施或者计划在2年以内实施其发明;

(B) 申请人在日本以外的国家和地区提交了相应的专利申请;

(C) 申请人为大学等学术团体;

(D) 申请人为小企业或个人。

可见，加快审查所针对的对象有特殊规定，就是只面向小企业或个人，同时，其他条件也比优先审查要苛刻一些。

对于适用加快审查制度的专利申请，日本特许厅自1996年1月起允许对于满足加快审查条件的专利申请在专利申请公布之前进行审查。

(三) 特快审查

为进一步加快专利审查步伐，满足专利申请人对缩短专利授权时间的需求，日本特许厅自2008年10月1日起在原有专利加快审查机制的基础上，创立了更快的特快审查制度。适用该制度的第一件专利申请自2008年10月1日提出实审请求和特快审查请求后，日本特许厅仅用17天，即于2008年10月17日作出授权决定。

与加快审查制度相比，特快审查更为重视专利申请的重要性。适用该制度的专利申请需同时满足以下两个条件:

(1) 申请人或其被许可人正在实施或者计划在2年内实施其发明;

(2) 申请人在日本以外的国家或地区提交了相应的专利申请。

由于特快审查制度在执行上需要多方面协调，存在一定难度，因此，起初日本特许厅将进入国家阶段的PCT申请(国际专利申请)排除在特快审查制度之外。然而，鉴于众多申请人一再请求将此类专利申请纳入特快审查的范围之内，日本特许厅在2009年对审查事务处理系统进行了完善，规定自2009年10月1日起，将进入国家阶段的PCT申请亦列入特快审查范围。

对于适用特快审查程序的专利申请，日本特许厅对各审查阶段的期限作出了明确的规定，具体要求如下：

(1) 自特快审查申请日起 1 个月（PCT 申请自特快审查申请日起 2 个月）以内发出首次审查意见通知书；

(2) 申请人或代理人的答复期限为自首次审查意见通知书发出之日起 1 个月（居住在外国的申请人为 2 个月）以内；

(3) 所有申请（含 PCT 申请）的第二次审查意见通知书应在申请人答复后 1 个月以内发出。

五、国内申请人的注意事项

通过以上的介绍和分析，如果我国公众或申请人欲了解日本的专利申请流程和审查特点，至少需要注意以下几个方面的信息。

(1) 日本允许第三方提出实质审查请求。

(2) 日本已经将程序、记录媒体、商业模型等纳入专利权保护的范围，如果这一领域的发明有意进入日本，为了给作为进入日本的申请的优先权基础提供很好的支持，应考虑到即便在国内提交申请时，也应详细描述记录媒体、商业模式等，并撰写好相应的权利要求。

(3) 由于日本在很多领域保有绝对的领先优势，因此，相应领域的发明在进入日本前，为了避免不必要的申请费用和代埋费用的损失，建议针对日本文献进行查新或初步检索。因此建议掌握一定的日本专利分类体系方面的相关知识。

(4) 日本特许厅的网站提供有免费且完善的检索系统，可以满足国内申请人的初步需求。

(5) 日本的检索特别热衷于日文文献，大部分都提供有日文文献，因此，我国申请人可考虑聘请具备日语读写能力的知识产权负责人，或者学习掌握同族文献的检索能力或熟悉日本特许厅提供的免费的日文专利文献的翻译系统的使用。

(6) 日本的检索报告和通知书与我国的存在较大区别，应引起特别注意。第一，应注意日本“拒绝理由通知书”的特点，尤其是注意里面使用到的对比文件。在日本发出多次通知书的情况下，如果其中都引用有对比文件，在其中所引用的对比文件不是完全相同的情况下，每次通知书中都会对其中引用的对比文件从头进行编号；因此，不应只看到某次中间通知书中引用了相同编号的对比文件就简单认定其中没有引入不同的对比文件。第二，应注意在第一次通知书中可能会使用检索报告中没有给出的对比文献，不能默认通知书中引入的对比文献必然应该在检索报告中。上述两点与我国的检索报告和通知书完全不同。在日本的中间通知书中即便引用了新的对比文件，也不会再填写一个检索报告。

（7）注意通知书最后部分给出的现有技术文献。在“拒绝理由通知书”的最后部分一般都会给出一些相关的现有技术（先行技术）文献，这些文献一般不会出现在检索报告中，也一般不会作为通知书的对比文件使用。

（8）日本存在完善的加快审查制度，可以通过此途径优先获得授权。

虽然在语言上存在障碍，同时在具体的审查流程和检索习惯等方面，日本的专利制度也与我国存在很多细节上的区别，但只要考虑日本的具体情况，对其历史沿袭稍加了解就能够获悉其缘由。在了解其具体特点后，我国申请人应能消除恐惧心理，从而增加对申请日本专利的信心和积极性。

结束语

通过上面的介绍，我国申请人对日本的专利审查特点应存在一个整体认识，同时也对其与我国专利制度的差别有了直观认识，这对顺利进行日本专利的申请应是有所裨益的。虽然我国进入日本的发明申请呈持续且迅速的增长趋势，但也应看到，相对于日本进入我国的发明申请的数量来说，可谓望尘莫及。因此，随着市场的向外开拓以及科技的飞速发展，国内申请人会更加积极地进行国外申请。希望本文对国内申请人申请日本专利有所帮助。

参考文献

[1] 张阿玲．赴日培训总结 [J]．审查业务通讯，2002（12）．

[2] 廖涛，等．局学术委员会一般课题“发明专利实质审查周期研究”[R/OL]．课题编号：Y050111．[2011－09－05]．http：//www. xueshu. sipo/ktyj/xswyhketi/

keti_shijian/2005xsketi/200811/t20081113_12193. htm.
[3] 刘平 . 利用 FI/F-terms 检索日本文献 [J]. 审查业务通讯，2006（增刊）.
[4] 何艳霞 . 国外专利加快审查机制及其对我国的借鉴研究 [D]. 北京：中国政法大学研究生院，2010.

非治疗用途和治疗用途存在关联时可否授予专利权

欧阳石文

摘　要：《专利法》规定疾病的诊断和治疗方法不能授予专利权，但疾病的诊断和治疗方法的范畴一直存在争议。本文介绍了 EPO 对于某种方法或用途涉及治疗用途和非治疗用途时的处理思路和典型判例，其中治疗用途和非治疗用途能否区分开来的处理方式值得借鉴。

关键词：《专利法》第 25 条　疾病的诊断和治疗方法　不授予专利权的客体　EPO

引　言

《专利法》第 25 条第 1 款第（四）项规定：疾病的诊断和治疗方法不授予专利权。通常情况下，权利要求的主题是否属于疾病的诊断和治疗方法易于判断，但也存在不少难以判断的情形，因而往往成为争议的焦点。有时，仅从权利要求的文字表述出发难以得出结论，可能需要借助现有技术及申请说明书的相关信息才能得出正确的结论。其中有一种难以判断的特殊情形是：专利申请的内容（方法或用途）可能同时涉及非治疗用途和治疗用途，那么什么情况下属于可授予专利权主题，以及如何撰写权利要求才能属于可授予专利权主题等值得深入研究。

对此，EPO在审查实践中已经积累了不少相关的案例，最近更是对其判断标准有进一步的细化。EPO在审查实践中，将上述情形进一步区分为两种具体情形，即非治疗用途和治疗用途存在关联时分为密不可分和可以区分两种。本文针对这两种具体情形分别介绍EPO申诉委员会的相关判例，以期获得有益借鉴。

一、非治疗用途和治疗用途密不可分的情形

在此介绍EPO技术申诉委员会在2010年10月27日作出的特别有参考价值的T 1635/09决定。该决定表明，专利权利要求的主题涉及非治疗用途和治疗用途密不可分时，即实现非治疗用途时必然会实现治疗用途，那么即使权利要求的文字描述为非治疗目的的用途，也不能逃脱不能授予专利权的结局。

该决定的争议专利为EP0735883号专利。在异议程序中，专利权人的主要请求中对权利要求进行了修改，修改后权利要求1的主题是口服避孕的单相联合制剂的应用，其中所述制剂包含β-雌二醇和炔雌醇，以及选自六种具体的孕激素中的一种，所述应用是将所述制剂用于尚未达到绝经期前期的育龄妇女避孕。[1]

针对该应用是否属于不授予专利权的主题，申诉委员会首先指出怀孕并不是一种疾病，避孕方法因而也不属于疾病的治疗方法。然而，申诉委员会指出不能因为权利要求1的应用限制为“尚未达到绝经期前期的育龄妇女避孕”，即认为其主题不属于疾病的治疗方法。相反，必须看权利要求1的整体上是否包括了一个或多个治疗步骤和/或产生治疗

---

[1] 权利要求1的具体内容为：

一种组合物在尚未达到绝经期前期的育龄妇女的避孕中的应用，该组合物含有2.0～6.0mg 17β-雌二醇和0.015～0.020mg炔雌醇，以及选自下列的孕激素：

0.05～0.075mg孕二烯酮、0.075～0.125mg左炔诺孕酮、0.06～0.15mg脱氧炔诺酮、0.06～0.15mg3-酮脱氧炔诺酮、0.1～0.3mg Drospirenone、0.1～0.2mg环丙氯地孕酮、0.2～0.3mg肟炔诺酮和>0.35～0.75mg炔诺酮，

在总共28天的服药周期中有23天或24天服用上述剂量形式，从行经第一天开始服用，接着有5天或4天不服药。

效果，因为根据案例法（T 820/92），即使所述步骤和效果仅构成权利要求主题的一部分，则权利要求整体上也属于不授予专利权的主题。

具体到本专利的权利要求 1，申诉委员会考虑了其中的所有活性物质（包括β-雌二醇和六种之一的孕激素）的浓度范围，认为是一种低剂量形式的避孕。但从说明书的描述（第［0008］段）来看，发明是期望通过降低每天服用孕激素的剂量，以达到减少副作用的产生，流行病数据进一步证实了改进的低剂量雌激素在防止心血管疾病方面达到了预期的趋势。同时，在说明书第［0009］段进一步说明雌激素剂量的多少与心血管病发病率存在关联，而大幅度减少每日雌激素的剂量与实现避孕效果是矛盾的。为了保证令人满意的月经控制，每日的雌激素剂量不得低于极限剂量范围。针对这种联系，申诉委员会认为，减少活性成分的剂量绝不可能改善避孕效果，而仅是为了减少或避免上述副作用，在说明书第［0009］段中也明确表明大大降低每天服用雌激素的剂量与避孕效果不相容。

因此，虽然权利要求 1 的应用在最基本目的上是非治疗性的避孕，但所限定的活性成分浓度同时防止了副作用的产生。尤其通过权利要求 1 中活性成分的浓度指示所证实的防止副作用之效果，以及该副作用的疾病性质（心血管疾病和溶血栓），这种预防被认为具有治疗性，并与在最基本目的上的非治疗性避孕方法紧密联系而不可分离。因此，申诉委员会认为，从整体上看，权利要求 1 包含了疾病的治疗方法，根据案例法，其属于不授予专利权的主题。

在本案中，即使权利要求 1 中增加了“非治疗目的”限定（即引入具体放弃），申诉委员会仍然不予认可。其理由包括：第一，这种具体放弃仅适用于非治疗用途与治疗用途能够明确区分开来时的情形，以排除治疗性用途，使剩余的主题仅包括非治疗用途而成为可授权的主题。然而，对于权利要求必然包括一个或多个治疗步骤的情形，所述用途在执行其步骤和/或获得的效果上就决定了权利要求具备治疗性质，此时不能引入这种具体放弃。本案在最基本目的上的非治疗性避孕方法紧密联系着预防或减少病理性副作用的治疗用途，不可能通过引入具体放弃来排除其必然包括的治疗性用途。第二，由于在权利要求 1 中引入“非治疗目的”具体放弃与权利要求限定的用途涉及治疗性步骤不一致，因而也

不符合关于权利要求应当清楚的规定（Art. 84 EPC）。❶

二、非治疗用途和治疗用途可以区分的情形

EPO 案例法表明，如果申请的主题中非治疗用途和治疗用途可以区分，并且权利要求的限定将治疗用途部分排除，则属于可授予专利权的主题。下面介绍两个相关判例。

T 144/83 中，权利要求涉及环丙甲羟二羟吗啡酮在改善身体皮肤外观中的应用，反复施用有效剂量的环丙甲羟二羟吗啡酮以减少食欲直到产生美容性减肥。❷ 所用到的化学物质环丙甲羟二羟吗啡酮既具有美容性减肥的美容效果也具有预防肥胖症的治疗效果，但并没有使权利要求的美容方法成为不授予专利权的主题。虽然环丙甲羟二羟吗啡酮属于一种鸦片拮抗剂，是一种高效药物，但权利要求要求保护它的非治疗目的的应用，不能因为具有其他用途而使所述主题具有治疗属性。如果那些额外的潜在的治疗效果可以与非治疗目的应用明确区分开，且不包括在权利要求范围内，则权利要求的主题属于可以授予专利权的主题。在 T 144/83 中，从用途权利要求限定来看，对于没有肥胖症的人反复服用合适剂量的环丙甲羟二羟吗啡酮直到产生美容性减肥，从理性和客观的角度来看都没有涉及预防肥胖症。不同于 T 1635/09，该决定中的权利要求 1 包括的非治疗用途不可避免地与预防性治疗用途相联系，而且后者是构成要求保护的方法的基本部分。因此，T 144/83 的用途权利要求与 T 1635/09 的权利要求 1 的根本区别在于，T 144/83 的用途权利要求限定使得权利要求仅包括非治疗目的的应用。

在另一个案例 T 36/83 中，专利申请涉及一种已知物质噻吩甲酰噻吩甲基过氧化物（thenoyl peroxide）的两种用途，一方面可以治疗痤疮，另一方面可以用于处理粉刺。申诉委员会认为治疗痤疮属于疾病的治疗

❶ 在本案中，由于在异议阶段，专利权人如果修改成瑞士型权利要求，由于保护范围延展，则不符合 Art. EPC 123（3）的规定。而且，由于该专利的授权是在 2006 年 12 月 2 日，即在 EPC 2000 生效日之前，根据过渡条款，Art. 54（5）EPC2000 也不适用于本案，且即使修改成用途限定的产品权利要求也因保护范围的延展不符合 Art. EPC 123（3）的规定（注意根据扩大申诉委员会 G2/08 决定，在 2010 年后，不再允许瑞士型权利要求）。

❷ 权利要求的具体内容为：

一种改善未沉溺于鸦片的哺乳动物的身体外观的方法，包括口服环丙甲羟二羟吗啡酮或其药学有效盐，口服剂量以达到减弱食欲为有效量，反复服用直到身体重量产生美容性减肥。

方法，这不存在争议。但对于处理粉刺而言，本申请是用该物质处理粉刺后，将粉刺转化为开口状态，以便其中粉刺物质能够排出，因而有利于皮肤清洗，申诉委员会认为这种处理属于非医疗的身体清洁，不属于治疗方法。[1] 其中相关的权利要求为："噻吩甲酰噻吩甲基过氧化物作为美容产品的用途。"申诉委员会虽然承认噻吩甲酰噻吩甲基过氧化物本质上既具有治疗痤疮作用，又具有美容作用，并且在实现美容用途时也可能偶尔顺带产生治疗效果（但并不必然），但认为这两种用途可以明确区分开来。而且，权利要求的表述限定在"美容产品的用途"，也足以确定其仅针对美容用途，而将治疗用途排除在外。因此，权利要求的限定在仅获得美容效果（即非治疗性的）范围，也就是说不同于 T 1635/09 的权利要求 1 中那样存在非治疗和治疗处理之间存在密不可分的联系。

结束语

从对 EPO 相关判例的介绍和分析可知，EPO 对非治疗用途和治疗用途存在关联时可否授予专利权的判断标准逐步得以完善。其中可以得出以下两点主要启示：

（1）与疾病的诊断和治疗方法相关的权利要求主题可否授予专利权，有时单独从权利要求的文字难以得出结论，应当结合相关现有技术以及说明书的信息来判断，如 T 1635/09 的权利要求 1。（2）对于某种物质既具有非治疗用途，也具有治疗用途，则主要看两者能否区分开来。如不能区分开（即在实现非治疗用途时必然实现治疗用途），则不管权利要求如何撰写（包括在权利要求中增加"非治疗目的"限定），其用途都不能免除不授予专利权的范围；如果能够区分，则权利要求中应通过明确限定以排除治疗目的的用途部分（有些情况可以通过引入具体放弃即增加"非治疗目的"的限定），即可获得授权。

当然上述做法在我国是否合适，还需根据我国的实际情况来考虑，但总体来看，EPO 对上述标准的细化可为我国借鉴参考。

---

[1] 另外，在欧洲该处理方法也具备工业实用性，因为该方法可以在美容院专业应用，因而符合工业实用性要求。

参考文献

[1] 欧洲专利局申诉委员会 . T 1635/09 [P/OL]. [2010－10－27]. http：//www.epo. org/ law-practice/case-law-appeals/recent/t091635dxl. htm＃q=.

[2] 欧洲专利局申诉委员会 . T 144/83 [P/OL]. [1986－03－27]. http：//www.epo. org/law-practice/case-law-appeals/recent/t830144 epl. htm＃q=.

[3] 欧洲专利局申诉委员会 . T 36/83 [P/OL]. [1985－05－14]. http：//www.epo. org/law-practice/case-law-appeals/recent/t8300036epl. htm＃q=.

[4] 欧洲专利局扩大申诉委员会 . G2/08 [P/OL]. [2009－06－15]. http：//www.epo. org/law-practice/case-law-appeals/recent/g080002eul. htm＃q=.

从法理学上看对不同日申请的同样的发明创造的处理

张宏伟　沈彬　方勇

摘　要： 从法理学的角度探讨了在新《专利法》中，同一申请人先向国家知识产权局提交发明专利申请之后又提交一份涉及同样发明创造的实用新型专利申请的情况下，行政程序及司法程序中的处理方式。在此基础上提出了在实用新型审查中国家知识产权局可以就涉及《专利法》第9条第1款的问题对申请人进行善意提醒的观点。

关键词： 重复授权　同样的发明创造　合法性　合理性　法律规则　法律原则

引　言

2009年10月1日起生效的《专利法》(以下简称新《专利法》)第9条第1款有如下规定："同样的发明创造只能授予一项专利权。但是，同一申请人同日对同样的发明创造既申请实用新型专利又申请发明专利，先获得的实用新型专利权尚未终止，且申请人声明放弃该实用新型专利权的，可以授予发明专利权。"

然而，现实中会遇到如下情形：2009年10月1日之后，同一申请人先向专利局提交一份发明专利申请 A，之后又向专利局提交一份涉及同样发明创造的实用新型专利申请 B；由于实用新型审查程序的特殊性，实用新型专利申请 B 先获得授权；在发明专利申请 A 的审查过程中除了涉及《专利法》第 9 条第 1 款的问题之外，不存在其他影响授权的缺陷。此时，如何操作才合法、合理，笔者想借助本文从法理学的角度谈一谈自己的理解。

一、《专利法》第 9 条第 1 款的解读

在旧法和旧细则的背景下，旧《专利法实施细则》第 13 条第 1 款的规定“同样的发明创造只能被授予一项专利”，其应当解释为“对同样的发明创造不能有两项专利权同时存在”还是解释为“对同样的发明创造不能有两次授权行为”存在争议。

此外，在旧《专利法》和旧《专利法实施细则》背景下，实践中对于“同样的发明创造只能被授予一项专利”解释为“对同样的发明创造不能有两项专利权同时存在”，可能导致的申请人不同日申请的属于同样发明创造的发明和实用新型可能获得总计长于法定 20 年保护期限的不合理现象发生。

考虑到上述问题，新《专利法》第 9 条第 1 款规定：“同样的发明创造只能授予一项专利权。但是，同一申请人同日对同样的发明创造既申请实用新型专利又申请发明专利，先获得实用新型专利权尚未终止，且申请人声明放弃该实用新型专利权的，可以授予发明专利权。”

从新《专利法》的表述语言以及修改的过程来看，新《专利法》第 9 条第 1 款的修改实际上是认为“同样的发明创造不能被授予两项专利权”应当解释为“对同样的发明创造不能有两次授权行为”，而对于同一申请人同日申请的涉及同样发明创造的发明和实用新型，其处理方式只是一个特例。依照上述解释可以看出，对于本文之前描述的案情，在新《专利法》和新《专利法实施细则》的背景下，是不能允许申请人通过声明放弃已经获得授权的实用新型专利权 B 的方式来获得发明专利申请 A 的授权。申请人可能获得发明专利申请 A 授权的途径之一是修改该发明专利申请 A 使之与已经授权的专利权 B 不属于同样的发明创造。

二、合理性的考虑

上述操作虽然符合新《专利法》第9条第1款的规定，但是，对于申请人而言却有其不合理所在。

（1）虽然发明专利申请允许申请人修改，但是对于某些个案，如果进行不超范围的修改不能得到与实用新型专利权B不属于同样的发明创造的权利要求，抑或是在修改之后，申请人往往得不到其预想的有力保护的权利要求的情况时，对申请人而言也非常不公平。

另外，如果申请人基于某些原因考虑放弃经过修改可能授权的发明专利申请A。则在新《专利法》中由于发明专利申请A在先申请而且在后公开，实用新型专利申请B虽然获得授权，但是很容易被发明专利申请A作为抵触申请而无效掉，申请人的实用新型专利权B实际上非常不稳定，从而申请人在维护其实用新型专利权B时变得十分困难。

于是出现了这种情况：申请人向公众公开了该技术方案却实际上没有得到合理的保护，这对申请人不公平，也在一定程度上与《专利法》“公开换保护”、“鼓励发明创造”的法律原则相违背。

（2）由于申请人先申请的是发明专利申请A，如果发明专利申请获得授权，那么它的保护期限是从发明专利申请A申请日起算的20年，即便是允许申请人放弃已经取得的实用新型专利权B的情况下授予该发明专利申请A专利权，由于实用新型的申请日在后，因此，理论上讲这种情况下申请人也不可能获得发明加实用新型总计超过20年的保护期。如果从《专利法》的修改中出于避免不恰当地延长保护期限的角度考虑，将新《专利法》第9条第1款中“同样的发明创造只能授予一项专利权”解释为“对同样的发明创造不能有两次授权行为”，实际上是“误伤”了上述案件的申请人，同样也是与“公开换保护”、“鼓励发明创造”的法律原则相违背。

（3）依照“先申请原则”，该发明专利申请日在先，如果按照“禁止重复授权原则”，只能在A和B之间授予一项专利权的话，那么也应当授予在先申请的发明专利申请A专利权，而不应当授予在后申请的实用新型专利申请B专利权。如果按照上述操作，所得到的结果将与“先申请原则”相违背。况且《专利法》第9条第2款“两个以上的申请人分别就同样的发明创造申请专利权，专利权授予最先申请的人”的规定，历来被认为是《专利法》中“先申请原则”代表性的体现，同样出现在新《专利法》第 9 条中，是否也应该在《专利法》第 9 条第 1 款规定的基础上同时考虑“先申请原则”。

因此从合理性的角度来看，在上述案情中，较为理想的方式是允许申请人通过声明放弃在先取得的上述实用新型专利权 B 从而获得发明专利申请 A 的授权。

三、行政执法中合法性与合理性的权衡

在上述案情中，作为行政机关是否能够因为申请人声明放弃实用新型专利权 B，就给发明专利申请 A 授权呢？其中涉及行政合法性原则和行政合理性原则的权衡。

从行政法原理上说，在依法行政理论下，行政行为中有行政合法性原则、行政合理性原则等具体的原则。

行政行为中“法律必须优先”是行政合法性原则的内涵之一，在我国的法律体系中，全国人大颁布的基本法律和全国人大常委会颁布的一般法律具有优先的地位，行政法规、地方性法规、自治条例和单行条例、部门规章和地方政府规章都不能与法律相抵触。在有法律具体规定的前提下，具体的行政行为也应当依据上述法律来执行。

对于合理性原则，其要求是行政行为内容应当客观、适当，符合法律的基本原则及法治的精神。作为行政合理性原则，其通常是在自由裁量权的领域，而对于“羁束性”的行政行为，只存在合法与否的问题，而不存在是否适当的问题。

此外，还有部分学者提出了行政应急性原则，即“在某些特殊的紧急情况下，出于国家安全、社会秩序或公共利益的需要，行政机关可以采取没有法律依据或与法律相抵触的措施”。然而，应急行为往往构成对公民权利的暂时侵犯，并且由于不受具体法律条文的制约，容易导致权利滥用和官僚主义。因此，在我国的行政执法中还没有广泛应用[2]。

对于上述案情下，国家知识产权局的行政行为如何考虑合法性原则与合理性原则以及应急性原则呢？笔者认为，由于在旧《专利法》中关于“同样的发明创造只能被授予一项专利”有两种解释，新《专利法》的修改中考虑的因素以及新《专利法》条款本身采用“但是……”的表述将允许同日申请作为特例，明显否定了“同样的发明创造不能有两项

专利权同时存在”的解释，所以新《专利法》第9条第1款带有明显“羁束性”的性质。因此考虑到依照合法性原则，行政机关不能将“同样的发明创造只能授予一项专利权”理解为“对同样的发明创造不能有两项专利权同时存在”，而只能理解为“对同样的发明创造不能有两次授权行为”。由此可见，即便申请人声明放弃上述实用新型专利权B，国家知识产权局也不能对上述同样的发明创造A授权。

由于在法律“羁束性”的范围之内，行政机关对于本案并没有自由裁量权，因此并不能使用合理性原则，虽然从上文的分析可以看出，针对上述案情依照合法性原则的操作有一定的不合理性，但是由于法律的“羁束性”，国家知识产权局在具体的行政行为中只能遵循合法性原则。

而对于“应急性”原则，本案应当不属于通常意义上的“特殊的紧急情况”，所以即便是从“应急性”原则上考虑，在具体行政行为中通常也不应当直接适用“公开换保护”、“鼓励发明创造”、“先申请原则”等原则而采取与新《专利法》第9条第1款相抵触的行为。

因此，从行政法原理上考虑，笔者认为国家知识产权局不能基于申请人放弃实用新型专利权B而给发明专利申请A授权。

四、司法过程中法律规则和法律原则的衡量

由前文的分析不难看出，“依照新《专利法》第9条第1款不允许申请人通过放弃实用新型专利B的方式获得授予发明专利申请A专利权”和“依照先申请原则允许申请人放弃在先取得的实用新型专利权B的情况下授予A发明专利权”二者的冲突，实质上反映了新《专利法》第9条第1款体现的法律规则和“公开换保护”、“鼓励发明创造”、“先申请原则”这些法律原则之间的冲突。

在法学界，法律规则和法律原则谁才是真正的“法”是实证主义法学派和非实证主义法学派长期以来争论的焦点之一。但是，现代法理学一般都认为法律规则具有明确具体的特点，能够消除或者减弱法律适用上的“自由裁量”，而法律原则则在一定程度上缓解了规范与实施之间的缝隙，从而能够使法律更好地与社会协调一致，二者可以相互补充。

由于法律原则可以克服法律规则的僵硬性缺陷，弥补法律漏洞、保证个案正义，在我国司法实践中除了认可在没有法律规则的情况下径行适用法律原则进行裁判之外，也认可在法律规则和法律原则相冲突时径

行适用法律原则进行裁判，只是在法律规则和法律原则相冲突时径行适用法律原则必须同时严格满足以下两个条件：① 除非为了个案正义，否则不得舍弃法律规则而直接适用法律原则；② 没有“更强理由”，不得径行适用法律原则[3]。

在司法领域，对于在本案的案情下是否允许径行适用“公开换保护”、“鼓励发明创造”、“先申请原则”等法律原则，笔者认为：从个案正义的条件而言直接适用“公开换保护”、“鼓励发明创造”、“先申请原则”，上述案情是符合的。因为，从前文的分析可知，如果允许申请人通过放弃后申请而先授权的实用新型专利权 B 的方式获得在先申请的发明专利申请 A 的授权，既遵循了“先申请原则”又符合“禁止重复授权原则”还符合“公开换保护”、“鼓励发明创造”的立法精神，申请人的技术贡献也获得了相应的保护，对申请人而言是公平合理的。

但是，对于另一个条件“更强理由”，在法理学上通常认为是指径行适用法律原则的优越性不仅要在个案正义上优于适用法律规则，还需要满足径行适用法律原则的优越性大于法律规则背后的形式原则的条件，例如必须要大于“由合法权威性制定的规则必须遵守”、“无特别理由不得偏离历来的实务见解”等“法律之体系性要求”。

对于上述案情而言，申请人其实还可以通过修改发明专利申请 A，使其与已经授权的实用新型专利 B 不构成同样的发明创造来获得保护。此外，如果申请人在进行专利申请之前依照法律权衡自己的行为后果，不申请实用新型专利 B，或者是选择合适的申请时间申请实用新型专利 B，并在申请时要求发明专利申请 A 的优先权，都可以避免上述结果的发生。虽然修改后的保护范围可能不是申请人理想的，但是申请人获得更理想保护范围的理由应当弱于维护法律的权威性与可预测性以及维护立法机关的权威性的理由。整个社会对《专利法》的预期以及对法律的遵守，应当比部分人获得更加理想的保护范围更加重要。

五、符合行政合理性原则的提示

虽然在上述案情中不能允许申请人通过放弃在先获得的实用新型专利权 B 从而获得属于同样发明创造的发明专利申请 A 的授权，但是不可否认，由于该实用新型专利 B 是在后申请，在存在“抵触申请 A”的情况下获得授权显然是不合理的，然而由于我国实用新型审查制度固有特点以及发明公布的时间问题，实用新型专利 B 的授权往往不能由于“抵触申请 A”而避免。

而从申请人的角度而言，发明和实用新型的审查都是由国家知识产权局进行的，国家知识产权局对于属于同样发明创造的两件申请授权了不该授权的实用新型 B，而先申请的发明专利 A 又不能获得理想的权利，结果上往往不能被接受。

虽然国家知识产权局实际上是严格依照依法行政的原则得出的结果，但是基于我国目前的法律现状，对没有深入研究《专利法》的多数申请人而言仍然是难以理解的。

出于我国法律现状的具体情况以及构建和谐社会的考虑，如果国家知识产权局除了在发明专利申请 A 的审查过程中给予申请人足够的听证和修改的机会，在实用新型授权行为过程中也对申请人进行善意的提醒，告知申请人其办理授权登记手续可能带来的涉及《专利法》第 9 条第 1 款的法律后果，将是非常有利的。如果申请人权衡上述后果之后，在收到实用新型专利申请 B 的授权通知书后不办理授权登记手续，那么实用新型专利申请 B 并没有获得法律上的授权。如果后续的审查中未发现发明专利申请 A 存在其他适于驳回的缺陷，则可以不经过克服避免重复授权的修改而授权。这样避免出现申请人到发明将要授权时才被迫修改的尴尬境地，提醒申请人具有多一种选择。

尽管这种做法对申请人可能的风险是，由于发明专利进行严格的实质审查，申请人的发明专利可能由于存在其他可以驳回的缺陷不能获得授权，但这是由申请人发明创造本身缺陷带来的，也是具备当然的合理性的。此外，申请人在申请发明专利 A 之后出于各种原因又反悔想要改为申请实用新型专利 B，其还可以通过要求国内优先权的方式来实现，根据是否要求优先权的情况不同而有相应的一定程度的不同待遇，也是具备当然的合理性的。

综上，笔者认为，国家知识产权局可以在授予实用新型专利通知书中添加如下提示：在申请人不同日申请的属于同样发明创造的发明专利审查过程中，申请人出于该发明专利申请获得授权的目的声明放弃本实用新型专利权，将不符合《专利法》第 9 条第 1 款的规定，进而明示或暗示申请人办理授权登记的法律后果，对于方便申请人以及维护我局的形象都是十分有利的。

参考文献

[1] 中华人民共和国国家知识产权局．专利法第三次修改导读［M］．北京：知识产权出版社，2009：1－30.
[2] 张世信，周帆．行政法学［M］．上海：复旦大学出版社，2006：18－36.
[3] 陈景辉．原则、自由裁量与依法裁判［J］．法学研究，2006（5）：121－137.

专利检索研究

光电领域典型分支各国检索情况比较*

王毅　安蕾　苑佳丽　邹丽娜

摘　要：以光电领域三个典型分支中的 PCT 申请为研究对象，通过横向比较各典型分支中 PCT 案卷在 SIPO、USPTO、EPO、JPO 的检索和结案情况，得出不同分支中各国检索及结案特点，以及 USPTO、EPO、JPO 与我国审查结论的差异，并进一步针对不同典型分支特点分析产生上述检索及结案差异的原因，为光电领域 PCT 案卷的检索和审查提供参考。

关键词：检索　光电领域　典型分支

引　言

基于光电领域的专利申请具有应用性强、前沿技术主要分布于日、欧等国家/地区的特点，光电领域的 PCT 申请数量较多。尤其是近年来，随着各国对中国市场重视程度的增加，PCT 案件的数量也维持在较高水平，因此对光电领域 PCT 案卷的审查逐渐引起大家的重视。由于大部分 PCT 申请

---

* 本文源自“光电领域典型检索策略研究”，课题性质：北京中心课题，课题组负责人：安蕾，成员包括：安蕾、张广平、苑佳丽、孙晓明、张文平、王玮玮、刘呈权、邹丽娜、王毅、张云。

在多个国家都存在同族，故在审查 PCT 申请时，我国审查员通常会对同族的审查情况进行追踪，并通过参考、比较、判断他国的检索及结案情况以补充、完善自身的检索过程，以期审查的 PCT 申请获得更加合理的保护范围。

由于各个国家检索特点、专利制度上的差异，导致同一专利申请在不同国家的检索及结案情况存在一定差异，我国审查员不可能完全采用他国的检索及结案结果。尽管如此，通过横向比较多个国家的审查结果，可以对自身审查的 PCT 申请的创新高度、授权前景形成一个更加准确、全面的判断。因此，通过从 PCT 案卷在各国的检索、结案情况等多个角度剖析各国 PCT 审查情况差异，可以更好地提升、完善光电领域检索策略，为更好地进行光电领域案件审查提供参考。

本文将以光电领域中三个典型分支，即背光分支、显影剂分支以及组合透镜分支为例，从各国使用国际检索报告中对比文件情况、SIPO 审查员新检出 XY 对比文件比率、SIPO 独立检索的对比文件被外国局引用情况以及 SIPO 与 USPTO、EPO、JPO 授权案卷保护范围大小比较四个方面对光电领域典型分支 PCT 案件在各国检索情况和结案情况进行分析。

一、光电领域典型分支 PCT 案件在各国检索情况和结案情况分析

（一）各国使用国际检索报告的对比文件分析

随机抽取自于 2011 年 2 月至 2012 年 2 月已结案的 PCT 申请，共计 244 件，其中，背光分支共 85 件，授权案件 63 件，驳回案件为 6 件，视撤案件为 16 件；显影剂分支共 50 件，授权案件 36 件，驳回案件为 5 件，视撤案件为 9 件；组合透镜分支共 109 件，授权案件 77 件，驳回案件为 15 件，视撤案件为 17 件。接下来，分别对三个典型分支 PCT 案件的我国 SIPO 以及三个主要国外专利局 EPO、USPTO、JPO 使用国际检索报告中对比文件情况进行分析，参见表 1 至表 3。

表 1　背光分支我国与 EPO、USPTO、JPO 分别对国际检索报告中对比文件的使用情况

	EPO	USPTO	JPO	SIPO
有同族并已实审的案件（件）	35	66	27	85
引用国际检索报告之外新的对比文件的案件（件）	25	49	13	40

续表

	EPO	USPTO	JPO	SIPO
引用国际检索报告之外新的对比文件的案件比例（%）	71.4	74.2	48.1	47

表 2　显影剂分支我国与 EPO、USPTO、JPO 分别对国际检索报告中对比文件的使用情况

	EPO	USPTO	JPO	SIPO
有同族并已实审的案件（件）	38	47	32	50
引用国际检索报告之外新的对比文件的案件（件）	6	25	5	16
引用国际检索报告之外新的对比文件的案件比例（%）	15.8	53.2	15.6	32

表 3　组合透镜分支我国与 EPO、USPTO、JPO 分别对国际检索报告中对比文件的使用情况

	EPO	USPTO	JPO	SIPO
有同族并已实审的案件（件）	64	84	48	109
引用国际检索报告之外新的对比文件的案件（件）	20	48	31	39
引用国际检索报告之外新的对比文件的案件比例（%）	31.2	57.1	64.6	35.8

表 1 至表 3 按领域比较了抽样的 244 件案件我国 SIPO 以及三个主要国外专利局 EPO、USPTO、JPO 分别使用国际检索报告之外新的对比文件的结果。可以得到如下结论：

（1）无论是在背光分支、显影剂分支还是组合透镜分支，USPTO 引入国际检索报告之外新的对比文件的比例均为最高，均达到 50%以上，背光分支甚至达到 74.2%。其主要原因是：一方面，美国审查员通常会对每个进入美国国家阶段的 PCT 申请进行独立检索；另一方面，USPTO

的专利数据库几乎涵盖了全部美国国内及进入美国的授权专利以及公告（未授权）专利申请，专利数据库还支持高级检索语言。此外，USPTO还购买了大量非专利数据库以及非专利数据检索的专业软件（如STN等），这些为审查员的充分、独立检索提供了良好平台，因此，USPTO引用国际检索报告之外的对比文件的比例较高。

（2）在背光分支中，除USPTO外，EPO引入国际检索报告之外新的对比文件的比例也相对较高，达到71.4%，而作为液晶背光技术输出大国的日本，JPO引入国际检索报告之外新的对比文件的比例却相对较低、笔者认为其原因主要为：其一，背光分支中，日本的专利申请量最大，由于日、韩均具有国际检索资质，日本本国PCT申请的国际检索报告通常由本国局作出，故进入EPO的PCT申请中有相当一部分不是EPO作出的国际检索，对于此类PCT案卷，EPO通常会进行补充检索，进一步，由于EC分类号在背光分支中具有更为细化、准确的分类位置，这也为EPO审查员更加充分、全面的补充检索提供了良好基础；其二，由于背光分支中日本的申请量最大，JPO作出PCT国际检索报告的比例较高，而如果该国际检索报告是由本国作出的，JPO通常不会再进行补充检索，这就导致了JPO引用国际检索报告之外的对比文件的比例相对较低。

（3）显影剂分支中，EPO和JPO引入国际检索报告之外新的对比文件的比例相对较低，均未达到16%。笔者认为其原因主要为：其一，由于日本在显影剂领域较为活跃，其在显影剂分支占据着绝对优势地位，申请量占显影剂分支总申请量的75%，相应地JPO作出PCT国际检索报告的比例较高，基于在前分析，这就导致了JPO引用国际检索报告之外的对比文件的比例相对较低；其二，由于显影剂分支中的技术主要集中在日本，故JPO数据库中相关专利申请更加全面、完整，且FI、FT分类号在显影剂分支中也有着更为细化、准确的分类位置，这些都有利于JPO审查员的充分检索，基于此，EPO审查员补充检出率相对较低。

（4）组合透镜分支中，尽管组合透镜分支技术仍然主要分布在日本，但JPO引入国际检索报告之外新的对比文件的比例最高，达到64.6%。笔者认为其原因主要为：随着数码科技的日渐成熟，涉及组合透镜的创新度逐渐下滑，该领域的创新性也更加精细化，涉及组合透镜的专利申请由结构保护逐渐集中到了参数限定方面，而对参数是否公开的把握通常较为困难，会导致不同检索人员的检索结果存在较大差异，故 PCT 申请进入日本国家阶段后，JPO 审查员在 PCT 国际检索报告的基础上，可能会根据本人对技术方案的理解进行更为充分的补充检索，因此，在组合透镜分支的审查过程中，SIPO 审查员更应重视日本的审查过程，不仅可以有效避免漏检，而且可以根据 JPO 的补充检索结果对 PCT 申请的技术方案形成一个更加深入、全面的理解。

（5）在背光分支、显影剂分支还是组合透镜分支这三个典型分支中，SIPO 引入国际检索报告之外新的对比文件的比例较为平均，在 30%～50%之间，引用比例并不很高，主要是由于：SIPO 审查通常仅对本国现有技术进行补充检索，而上述三个典型分支的技术发展在日、韩、美等国较为活跃，故在中文数据库中补检检出率相对较低；但随着国外申请人对中国市场关注度的不断提升，目前，许多前沿技术在中国都有相关的同族专利申请，审查员可以通过追踪中文相关专利申请的同族、相关背景技术等方式进行更为充分、有效的补充检索，从而降低漏检几率。

基于上述分析，我国审查员在检索过程中，一方面，应随时关注 USPTO 的检索过程；另一方面，基于光电领域技术分布特点，应重点关注 JPO 的检索情况，以避免漏检。

针对上述抽取的 244 件已结案的 PCT 申请，比较各国授权、驳回以及视撤等结案情况分别占总结案数量的比例，从结案情况比较各国补充检索的有效性，结果参见表 4 至表 6 中。

表 4　背光分支各局已结案卷中授权、驳回以及视撤情况

	SIPO	EPO	USPTO	JPO
有同族并已结案的案件（件数）	85	11	36	17
授权比例（%）	74.1	45.5	61.2	70.6
驳回比例（%）	7.1	0	19.4	23.5
视撤比例（%）	18.8	54.5	19.4	5.9

表 5　显影剂分支各局已结案卷中授权、驳回以及视撤情况

	SIPO	EPO	USPTO	JPO
有同族并已结案的案件（件数）	50	10	31	20

续表

	SIPO	EPO	USPTO	JPO
授权比例（%）	72	70	77.4	95
驳回比例（%）	10	0	19.4	5
视撤比例（%）	18	30	3.2	0

表 6　组合透镜分支各局已结案卷中授权、驳回以及视撤情况

	SIPO	EPO	USPTO	JPO
有同族并已结案的案件（件数）	109	29	57	33
授权比例（%）	70.6	86.2	84.2	90.9
驳回比例（%）	13.8	6.9	8.8	6.1
视撤比例（%）	15.6	6.9	7.0	3.0

表 4 至表 6 分别列出了背光分支、显影剂分支以及组合透镜分支中各国就上述 224 件 PCT 申请的结案情况，可以看出：

（1）在上述三个典型分支中，我国的审结比率均为最高，这反映出我国审查效能明确高于其他各国，也可以充分反映出，我国近年来在提高审力、减少案件积压方面已经取得了显著成效；而 EPO 的结案比率相对其他各国最低，这主要是由于：目前 EPO 审查规模有限，造成 PCT 案件的长期积压，导致 PCT 申请在进入 EPO 国家阶段后需要等待很长的时间才能够进入实质审查阶段，客观上延长了案件的审结周期。

（2）在背光分支中，相对于 SIPO 和 JPO，EPO 和 USPTO 的撤驳率较高，达到 60%以上，其主要原因为：其一，基于在前的统计数据可以看到，在检索过程中，EPO 和 USPTO 引入国际检索报告之外新的对比文件的比例相对较高，这客观上提高了视撤和驳回的可能性，并可将专利的保护范围限定在更为合理的范围内；其二，由于 EPO 的审查周期较长，这客观上导致部分申请人具有更长的时间以观察其专利技术的实际市场应用价值，进而基于成本、时间以及经济效益等方面的考虑，放弃了其在 EPO 的专利申请；其三，USPTO 的驳回比例相对较高，这主要是由于 USPTO 的审查过程是经过大约两次非最终驳回意见（Non-Final Rejection）后即发出最终驳回意见（Final Rejection），不存在我国的二次听证原则，当USPTO审查员认为该申请不具备授权前景时，审查员均会予以驳回，这客观上增加了USPTO的驳回比例。

（3）显影剂分支中，SIPO、EPO和USPTO的撤驳率相近，说明这三个局对显影剂领域技术的创新性高度理解较为一致，但其中，EPO的视撤比率较高，而USPTO的驳回比率较高，其原因同样可能是由于各局审查周期长短、审查制度等因素造成的；此外，在显影剂分支中，JPO的授权率相当高，达到95%，笔者认为其原因主要为：JPO审查周期也相对较长，但与EPO不同，由于显影剂领域技术分布主要集中在日本，申请人对日本市场的重视程度相对更高，因此，与EPO视撤率较高相反，申请人往往不会主动放弃进入日本国家阶段的专利申请，从而导致JPO视撤率很低，而对于倾向驳回的专利申请，往往需要多次与申请人沟通，客观上延长了审查周期，导致JPO的驳回比率也相对较低。

（4）组合透镜分支中，SIPO的视撤、驳回比率均高于其他各局，说明我国在组合透镜分支中补充检索到的对比文件有效性较高，从而能够获得更加合理有效的保护范围。

通过比较各国PCT申请的结案情况，可以看出，各国的结案类型不仅与新检索出对比文件的比例相关，还与审查周期、各分支技术分布、审查制度等因素相关，在PCT审查过程中，审查员应综合考虑多种因素的影响，不盲目参考他国的审查结论，在有效利用他国检索结果的情况下，客观、准确地判断PCT案件的结案走向，以使专利获得更加合理的保护范围。

（二）SIPO与EPO、USPTO、JPO授权案卷的保护范围对比与分析

针对上述选取自2011年2月～2012年2月的244件光电领域典型分支PCT案卷中，比较我国授权的权利要求的保护范围与EPO、USPTO、JPO案卷保护范围，结果参见表7至表9。

表7　背光分支中抽取的PCT案卷在美、日、欧专利保护范围情况统计

项目 对比	EPO		USPTO		JPO	
	卷数（件）	比例（%）	卷数（件）	比例（%）	卷数（件）	比例（%）
比我国大	2	2.4	7	8.2	2	2.4
比我国小	2	2.4	2	2.4	1	1.2

续表

	EPO		USPTO		JPO	
项目 对比	卷数（件）	比例（%）	卷数（件）	比例（%）	卷数（件）	比例（%）
与我国相同	1	1.2	4	4.7	2	2.4
无法比较	80	94.0	72	84.7	80	94.0

表 8　显影剂分支中抽取的 PCT 案卷在美、日、欧专利保护范围情况统计

	EPO		USPTO		JPO	
项目 对比	卷数（件）	比例（%）	卷数（件）	比例（%）	卷数（件）	比例（%）
比我国大	4	8.0	12	24.0	7	14.0
比我国小	0	0	3	6.0	0	0
与我国相同	1	2.0	6	12.0	11	22.0
无法比较	45	90.0	29	58.0	32	64.0

表 9　组合透镜分支中抽取的 PCT 案卷在美、日、欧专利保护范围情况统计

	EPO		USPTO		JPO	
项目 对比	卷数（件）	比例（%）	卷数（件）	比例（%）	卷数（件）	比例（%）
比我国大	10	9.2	11	10.1	12	11.0
比我国小	3	2.8	6	5.5	4	3.7
与我国相同	1	0.9	3	2.8	2	1.8
无法比较	95	87.1	89	81.6	91	83.5

通过以上比较结果，可以得出以下几点初步结论：

（1）在三个典型分支中，我国授权权利要求的保护范围与 EPO、USPTO、JPO 三局授权的权利要求相比，保护范围无法比较的比例较高，在背光分支和组合透镜分支中，无法比较比例均达到 80%，甚至可以达到90%以上，在数据采集过程中，造成无法比较的情况大多是EPO、USPTO、JPO三局还尚未审查或尚未结案，而我局已经结案，这进一步说明我局近几年通过消除积压案卷以及进行审限管理成效显著，审查进程迅速提高，明显高于国际水平；与USPTO、JPO相比，EPO与我国授权权利要求的保护范围无法比较的比例均在90%左右，其中大部分均由于EPO未审结造成，这也进一步说明EPO审查周期较长。

(2) 在三个典型分支中，EPO、USPTO、JPO三局授权的权利要求保护范围大于或等于我国授权权利要求的保护范围的比例均明显高于小于我国授权权利要求的保护范围的比例，这说明，一方面，我国审查员通过补充检索以及其他审查手段，使得PCT申请在我国获得更加有效、稳定的保护范围；另一方面，可能由于语言以及我国审查过程暂不对外公开的原因，其他各国利用我局补充检索到的对比文件以及参考我国审查过程的情况均较少，因此，即使我局通过补充检索获得了有效的对比文件，也很少被其他各国所利用，而EPO、USPTO、JPO三局的审查过程均可以非常方便地从网络上获得，也为我国审查在授权前进一步确认待授权专利保护范围是否合理提供进一步参考。

通过上述我国授权的权利要求的保护范围与EPO、USPTO、JPO案卷保护范围进行比较结果可以看出，与其他三局相比，我国审查效能较高，使授权的权利要求保护范围更加合理、稳定，这不仅要求我国审查员对PCT案件进行更为充分的补充检索，并且应不断横向比较、考虑其他各局的审查过程，在授权前通过检索得到的事实证据以及其他专利法相关规定使得授权权利要求的保护范围趋于合理；此外，对于EPO、USPTO、JPO三局授权的权利要求保护范围小于我国授权权利要求的保护范围的案件，考虑到各国审查员对技术方案的理解差异以及专利制度上的差异，我国审查员应允许我国授权范围与他国授权范围存在差异，不能一味地为了缩小保护范围而忽视事实证据的使用，应在权衡申请人利益以及公众利益的基础上，尽可能使得授权权利要求的保护范围合理化。

（三）SIPO审查员新检出XY对比文件的比率

对上述选取自2011年2月～2012年2月的244件光电领域PCT案卷中，SIPO审查员在三个典型分支中新检出XY对比文件的比率进行统计，进而分析在三个典型分支中审查员进行补充检索的有效性差别，比较结果参见表 10。

表 10　各典型分支中抽取的 PCT 案卷新检出对比文件及保护范围情况统计

	新检出 XY 文件卷数（件）	新检出 XY 文件卷数/总卷数（%）	缩小保护范围的卷数（件）	缩小保护范围的卷数/新检出 XY 文件卷数（%）
背光分支	40	47.0	4	10
显影剂分支	16	32.0	1	6.2
组合透镜分支	39	35.8	15	38.5

通过上述比较结果可以看出，三个典型分支中，新检出 XY 文件占总的 224 件案卷比例均在 30%以上，可以看出，我国审查员对进入国家阶段后的 PCT 案件，仍然进行了较为充分的补充检索，但通过新检出 XY 对比文件导致缩小保护范围的案件比例，各个分支存在较大差异，这主要与各个分支技术特点等因素有关，其中：

（1）从新检出 XY 文件卷数占总卷数比例角度来看，背光分支的新检出 XY 率最高，达到 47%，而显影剂分支的新检出率相对较低。笔者认为其原因主要为：背光分支领域，PCT 申请的权利要求大多为结构特征，更容易理解和检索，审查员容易在国际检索报告的基础上，通过补充检索部分技术特征，以结合评价权利要求的创造性，进而获得相对较高的新检出 XY 率；而显影剂分支较多涉及方法、物质的权利要求，这些权利要求中参数、性能等技术特征较多，往往不容易理解和检索，且不同人对技术方案的理解以及对比文件有无给出结合启示等会存在较大差异，这对审查补检出新的 XY 对比文件造成一定困难。

（2）从缩小保护范围的卷数占新检出 XY 文件卷数角度来看，组合透镜分支的补充检索有效率（即缩小保护范围的卷数/新检出 XY 文件卷数）明显高出其他两个分支。笔者认为其原因主要为：组合透镜分支的权利要求特征都比较明确，在事实认定中不容易有误差，因此当审查员检索到 XY 类对比文件时，申请人更能够认同；而相对于其他两个分支而言，由于显影剂分支权利要求的特点，审查员给出的对比文件是否能够使用、对比文件是否明确给出结合启示，申请人往往会与审查员存在较大分歧，进而导致申请人对新检出 XY 类对比文件的认同度较低。

通过统计三个典型分支中新检出 XY 对比文件比率，我们可以看出不同分支中，新检出 XY 对比文件的有效性存在一定差异，审查员一方面在充分进行补充检索的前提下，应全面、客观地考虑申请人提出的争辩是否合理、是否具有说服力，进而对新检出的 XY 类对比文件的适用性进行客观分析，并最终将权利要求的保护范围限定在合理范围内。

（四）SIPO 独立检索的对比文件被外国局引用情况

选取自 2011 年 2 月～2012 年 2 月的光电领域 PCT 调点案卷，共计 20 件，其中，背光分支 4 件，我国授权案件为 3 件，驳回案件为 0 件，视撤案件为 1 件；显影剂分支 1 件，我国授权案件为 0 件，驳回案件为 0 件，视撤案件为 1 件；组合透镜分支 15 件，我国授权案件为 6 件，驳回案件为 2 件，视撤案件为 7 件；针对上述三个典型分支，调查三个主要国外专利局 USPTO、EPO、JPO 使用我国补充检索到的对比文件的情况、抽取的 PCT 调点案卷中各局已结案卷中授权、驳回及视撤情况以及 SIPO 与外国局结案类型差异情况，结果参见表 11。

表 11　各典型分支中 SIPO 独立检索的对比文件被外国局引用情况

	EPO 引用比例（%）	USPTO 引用比例（%）	JPO 引用比例（%）
背光分支	100	33.3	0
显影剂分支	0	0	0
组合透镜分支	0	9.1	0

表 11 的数据基础为各局已检索案卷（即排除没有该局同族以及未进入实审的案卷）中引用我国新检索到的对比文件数量。该表反映了三个典型分支中各国引用我国独立检索的对比文件的情况，从中我们可以看出：

（1）背光分支中各国引用我国独立检索的对比文件的情况，对于这抽取的 4 件案件，各国已经检索的案件中，美局和欧局均存在引用我国独立检索的对比文件的情况，且比例较高，但由于选取的时间段内 PCT 调点案卷数量有限，故表格中的数据并不能全面、客观地反映各局引用我国独立检索的对比文件的比例，仅能表明各国确实存在引用我国独立检索的对比文件的情况。

（2）显影剂分支中各国引用我国独立检索的对比文件的情况，在这抽取的 1 件案件中，各局均不存在引用我国独立检索的对比文件的情况，由于抽取的案件数量有限，并不能全面、客观地反应各局引用我国独立检索的对比文件的比例。

(3) 组合透镜分支中各国引用我国独立检索的对比文件的情况，对于这抽取的 15 件案件，各国已经检索的案件中，仅有美国存在引用我国独立检索的对比文件的情况，这些案件占总的已检索案件比例为 9.1%。造成这一现象的原因有两点：首先，由于在上述案卷审查期间，我国审查过程并不对外公布，因此，外国专利局也很难直接获得我国审查过程中新检索到的对比文件，而 USPTO 具有要求申请人提交同族申请在其他国家的审查结果的制度，因此 USPTO 有可能会引用我局独立检索的对比文件；第二，由于汉语在国际的普及程度不高，而且我国也没有提供自动的翻译系统，因此，即使外国专利局获得了我国独立检索的对比文件也很难翻译。

针对上述抽取的我国通过新检索到的对比文件导致保护范围缩小的授权案卷以及驳回、视撤案卷，比较各国授权、驳回以及视撤分别占总结案数量的比例，结果参见表 12 至表 14 中。

表 12 背光分支中抽取的 PCT 调点案卷中各局已结案卷中授权、驳回以及视撤情况

	SIPO	EPO	USPTO	JPO
授权比例（%）	75	0	100	0
驳回比例（%）	0	0	0	0
视撤比例（%）	25	0	0	0

表 13 显影剂分支中抽取的 PCT 调点案卷中各局已结案卷中授权、驳回以及视撤情况

	SIPO	EPO	USPTO	JPO
授权比例（%）	0	0	0	100
驳回比例（%）	0	0	0	0
视撤比例（%）	100	0	0	0

表 14 组合透镜分支中抽取的 PCT 调点案卷中各局已结案卷中授权、驳回以及视撤情况

	SIPO	EPO	USPTO	JPO
授权比例（%）	40	100	66.7	50
驳回比例（%）	13.3	0	0	0
视撤比例（%）	46.7	0	33.3	50

通过上述比较结果，我们可以看出：在背光分支中，由于我国审查员补充检索到新的对比文件，导致驳回/视撤比率为 25%，而 EPO、USPTO、JPO 驳回/视撤比率均为 0，可见，通过补充检索使得 PCT 专利申请在我国获得更加合理、有效的保护范围；在显影剂分支中，由于我国审查员补充检索到新的对比文件，导致驳回/视撤比率为 100%，EPO、USPTO、JPO 驳回/视撤比率均为 45.4%、36.7%、80%，可见，通过补充检索使得 PCT 专利申请在我国获得更加合理、有效的保护范围；在组合透镜分支中由于我国审查员补充检索到新的对比文件，导致驳回/视撤比率为 60%，EPO、USPTO、JPO 驳回/视撤比率分别为 0、33.3%、50%，可见，通过补充检索使得 PCT 专利申请在我国获得更加合理、有效的保护范围。

综上，在这三个典型分支中，由于我国新检索到的对比文件导致驳回、视撤案卷比例均明显高于其他三局。笔者认为产生上述结果的原因主要在于：其一，由于我国审查周期相对其他三局较短，大部分已审结的案件在其他三局中还未进入实质审查程序或仍未结案，因此对于那些可能走向驳回或视撤的案卷在 EPO、USPTO、JPO 仍未结案，因此，上述统计数据可能存在一定的片面性；其二，我局在近年来通过培训学习、质检控制体系等一系列措施，使得审查员的检索能力均得以较大提升，也为全面、有效地对 PCT 案件进行补充检索奠定了坚实基础。

针对上述抽取的我国通过新检索到的对比文件通过导致保护范围缩小的授权案卷以及驳回、视撤案卷，比较各国已结案卷与我国审查结论一致性的情况，结果参见表 15 中。

表 15　背光分支较各国已结案卷与我国审查结论一致性的情况

典型分支	审查结论	EPO	USPTO	JPO
背光分支	我国授权案卷中外国视撤/驳回比例（%）	0	0	0
	我国视撤/驳回案卷中外国授权比例（%）	0	0	0
显影剂分支	我国授权案卷中外国视撤/驳回比例（%）	0	0	0
	我国视撤/驳回案卷中外国授权比例（%）	0	0	0
组合透镜分支	我国授权案卷中外国视撤/驳回比例（%）	0	16.7	0
	我国视撤/驳回案卷中外国授权比例（%）	50	0	0

表 15 的比较对象为上述调查的 PCT 调点案卷中外国各局已结案卷中授权、驳回/视撤比例，其中，我国组合透镜分支的授权案卷中 USPTO 的视撤/驳回比例分别为 16.7%，我国视撤/驳回案卷中 EPO 的授权比例为 50%，其他领域以及其他数据均显示为 0。上述结果很大一部分原因是由于一些专利申请在一些国家中没有同族，或者同族没有审结。通过上述所列的比较结果，我们可以得出：

（1）根据各国审查速度的不同，各国发出审查意见时间往往不同步，并且基于各国专利法规定差异和各局常用检索数据库差异等因素，我国检索到的对比文件被外国各局引用的比例相对较低。

（2）我国对于已经给出国际检索报告的 PCT 申请，并不盲目地、简单地采用国际检索报告中给出的对比文件，而是进一步充分利用检索资源，且通过对比各局已结案卷中授权、驳回以及视撤情况，可以看出，我国的检索质量较好，由于补充检索到新的对比文件导致驳回/视撤的案卷比例高于 EPO、USPTO；此外，我国的驳回/视撤比率低于 JPO，这可能与光电领域技术分布有关，由于光电领域中，日本技术发展相对活跃，因此大量相关现有技术可能仅存在于日本数据库中，而由于语言限制，中国审查员对于日本专利检索相对薄弱，因此，对于由日本同族的专利申请，一方面，要充分参考JPO的审查意见，另一方面，在检索过程中要充分、有效利用FI、FT分类体系以及JPABS、JPTXT数据库，以有效避免漏检情况的出现。

(3) 针对我国授权案卷中外国视撤/驳回情况，USPTO、JPO存在驳回/视撤的情况，基于各国专利法差异以及审查员对技术方案理解差异等因素，在审查过程中，应当在充分考虑各国审查意见的基础上，合理应用他国审查意见；针对我国视撤/驳回案卷中外国授权的情况，外国各局均存在授权的情况，且美国达到了50%以上，可见，基于我国审查员的补充检索工作，有效提高了我国专利的授权质量。

结束语

本文在大量统计数据的基础上，首先对光电领域中三个典型分支即显影剂分支、组合透镜分支以及组合透镜分支中的PCT申请在SIPO、EPO、USPTO、JPO四局的检索及结案情况进行了比较，深入分析了各国就同一专利申请的检索及结案情况存在差异的原因，进而建议审查员在独立审查的前提下，应在考虑各国专利制度异同的前提下客观、独立地借鉴他国审查过程，并且基于光电领域技术分布特点，应重点关注JPO的检索情况，以避免漏检；其次，本文对SIPO与EPO、USPTO、JPO专利的授权保护范围进行了比较，通过分析我国与其他三局授权权利要求保护范围差异，提出审查员在授权前应不断横向比较、考虑其他各局的审查过程，通过检索得到的事实证据以及其他专利法相关规定使得授权权利要求的保护范围趋于合理；再次，对SIPO审查员新检出XY对比文件的有效性进行了分析，建议审查员在充分进行补充检索的前提下，应全面、客观地考虑申请人提出的争辩是否合理、是否具有说服力，并最终将权利要求的保护范围限定在合理范围内；最后，依据对SIPO独立检索的对比文件被外国局引用情况的分析结果，建议审查员应当在充分考虑各国审查意见的基础上，合理应用他国审查意见，并且基于充分的补充检索工作，有效提高我国专利的授权质量。

由此，本文通过横向比较各典型分支中PCT案卷在SIPO、USPTO、EPO、JPO的检索和结案情况，得出不同分支中各国检索及结案特点，以及USPTO、EPO、JPO与我国审查结论的差异，并进一步针对不同典型分支特点分析产生上述检索及结案差异的原因，为光电领域PCT案卷的检索等审查工作提供参考及建议。

参考文献

[1] 安蕾，张广平，苑佳丽，等．光电领域典型检索策略研究［M］．北京：知识产权出版社，2012.

[2] 中华人民共和国国家知识产权局专利局．S系统实用手册［S/OL］．［2010－08－24］．http：//syb. sipo/zt/sxtcl/201008/P020100825528362796559. pdf.

致谢：

感谢“光电领域典型检索策略研究课题”课题组成员在各国检索情况和结案情况统计分析过程中的无私帮助。

通信协议标准与专利申请的关联关系研究及应用*

赵剑　沈敏洁　冯美玉　张蔚

摘　要：在通信领域中，协议标准与专利申请并重发展是通信行业的普遍现象，在审查实践中，协议标准和专利申请是重要的检索资源，但两者缺乏关联性，制约着检索效力的充分发挥。本文基于通信领域国际标准化组织成员所提交的与协议标准以及协议提案相关的专利声明，研究建立协议标准与专利申请间的关联关系及对现有检索资源的改进方式，并尝试构建关联数据库，提升现有检索资源的检索效力。

关键词：通信领域　检索　专利声明　协议　关联关系

引　言

在专利实质审查过程中，文献的检索是审查的基础，全面、有效的检索是实审质量的基本保障。

对通信领域而言，技术创新日新月异，行业竞争日益激烈，标准与

* 本文源自“基于3G长期演进（LTE）专利池的实质审查和专利分析研究”，课题性质：北京中心课题，课题组负责人：张蔚，成员包括：冯美玉、赵剑、宋丽梅、贺秀莲、陈文军、王宇锋、张倞、沈敏洁、刘冬生、杨娇瑜。

专利并重发展是通信行业的普遍现象，标准和专利共同构成是技术演进、技术保护的基石。在通信领域中，通信标准是通信领域重要的数据资源。通信领域著名的国际标准化组织主要有：3GPP、3GPP2、IEEE 下的 802 系列工作组、IETF、OMA、ETSI 和 ISO、ITU 等。各个标准化组织均制定了大量的通信协议标准和协议提案，且各个标准化组织均向世界提供了各自的网络数据库及检索入口。这些协议标准和协议提案等协议相关的文献是通信技术文档和有效对比文件的重要来源。

与此同时，通信领域技术创新的不断推陈出新催生了大量的专利申请，且多数专利申请源于通信技术协议标准相关的技术内容，由于专利申请与协议标准之间缺乏组织关联性，使实审员在检索过程中尚不能充分利用这些检索资源。

本文以通信领域中第三代移动通信的代表性技术——长期演进技术（以下简称 LTE 技术）为例，研究通信领域中协议标准与专利申请间的关联关系，并探索该关联关系在专利检索中的应用。

一、实审中的难点与期望

（一）难点

LTE 技术是由第三代合作伙伴计划 3GPP 组织主持研究、制定的 3G 与 4G 技术之间的一个过渡技术，可以说是 3.9G 全球通信标准。其作为通信领域当前的热点技术，技术内容新、更新快。而与其相关的大量专利申请，往往与前沿技术相关且涉及对方法流程的改进，撰写形式简短，相关的专利文献少，审查员在检索和审查过程中遇到诸多困难，主要表现在以下几个方面。

1. 技术方案理解困难以及对部分问题的认定不易把握

LTE 专利申请的权利要求、说明书中常常出现新的用语和新的技术内容，涉及大量新兴技术和基于 LTE 协议标准产生的技术措辞，容易造成审查员在技术方案理解上的障碍；同时，由于技术方案的上位概括以及功能性限定的大量使用，使得 LTE 专利申请中往往出现权利要求的技术方案与说明书中的描写不一致，也容易给审查员在技术方案的理解上造成困惑。这些对技术方案理解上的偏差会对检索和审查带来困难。此外由于撰写中存在大量的功能限定的内容，使得权利要求的保护范围包含了能够实现该功能的所有实施方式，保护范围较大，在审查中容易给审查员在权利要求是否缺少必要技术特征以及是否能够得到说明书的支持的认定上引入难度；其次，由于LTE相关技术的研究还处于并不完善的中期发展阶段，使得LTE专利申请在撰写上容易出现说明书公开不充分的问题，审查员在说明书公开不充分的认定上存在困惑；同时，审查员在创造性的把握以及在LTE技术领域中什么样的技术可以认定为本领域技术人员的公知常识上也存在困惑。许多问题的认定需基于对技术的理解以及检索所得的初步结果。

2. 没有针对性的LTE专业数据库

对于LTE技术相关的大量专利申请，在常规专利文献库的检索中，往往是获得的冗余信息较多、有用信息少，LTE技术相关的大量专利申请往往涉及对方法流程的改进，撰写形式常常简短，并与前沿技术相关，检索获得的LTE相关的专利文献较少；同时，由于没有针对LTE技术的专业数据库，在通过辅助检索来对LTE相关专利申请的技术方案的理解和审查问题的认定中存在诸多不便。

3. 检索中对协议相关文档的依赖度高，检索难度大

在通信领域中完善LTE技术的标准化工作系统，协议标准和协议提案是LTE技术文档的重要来源，在对LTE相关的专利申请的检索中，对协议相关文档的依赖度很高。同时，由于专利申请通常在提交专利申请的18个月后才向公众公开，对于LTE相关的专利申请，在常规专利文献库的检索中，往往可获得申请日期与在审申请的申请日期相近、而公开日期在在审申请的申请日期之后的大量LTE相关专利文献，此类文献通常无法作为可用的对比文件。在审查实践中已证实，对于处于技术领域前沿的LTE技术，非专利的协议相关文档是有效对比文件的一大重要来源，然而，由于LTE协议数据库系统十分庞杂，含有大量的协议标准和协议提案数据，每个协议标准都含有众多的演进版本，每个协议标准的每个演进版本又含有众多的协议提案，其海量的数据和冗杂的信息以及没有针对协议数据库的专用检索工具，给审查员在对LTE专利申请的协议数据检索方面带来了较大的困难。

（二）期望的检索资源

面对审查实践中存在的针对LTE专利申请检索的种种困惑，审查员期望新的检索资源能够从以下几个方面具有相应的功能：

(1) LTE专利申请常常与前沿技术相关，审查员可能由于对技术内容不熟悉而导致对在审 LTE 专利申请的技术方案的理解出现偏差，因而，迫切需要可实现快速、系统、全面了解所需 LTE 相关技术的 LTE 专业数据库。

(2) 目前的检索资源缺乏对于 LTE 专利申请有效的检索途径，在常规的专利文献和协议文献检索中，对于涉及前沿技术的 LTE 专利申请难以选取合适、全面的检索用关键词以及检索用分类号信息等，检索有效性不高。因此，希望拥有能够快速、准确、全面提供检索用信息的数据库。

(3) 对审查员而言，检索专利数据库是审查员的强项，同时，由于协议数据库其海量的数据、冗杂的信息以及缺乏专用的检索工具，审查员对协议数据库的检索往往效率不高且有效性不强，如果能够提供快速定位与在审 LTE 专利申请密切相关的 LTE 协议信息的数据库，将能够对 LTE 专利申请的检索提供非常有益的帮助。

二、基于专利声明的协议与专利间的关联关系

在 LTE 技术的演进中，形成了大量与 LTE 技术相关的协议标准和协议提案。LTE 技术相关的协议标准和协议提案构成了数据量庞大的通信领域特有的 LTE 协议数据库，在对 LTE 专利申请的审查实践中，LTE 协议数据库是 LTE 专利申请的有效对比文件的一个重要数据来源。通常可通过 Google 搜索引擎、3GPP 网站检索和 3GPP FTP 检索来对 LTE 协议数据库进行检索。

按照 3GPP 组织的规定，在针对 LTE 协议标准提交相关 LTE 协议提案的同时，作为 3GPP 组织成员的业界各大通信公司还需提交涉及协议标准和协议提案的专利的声明。一项专利声明以 3GPP 组织成员的身份从技术专家的角度明确地表明了一件 LTE 专利申请所直接相关的 3GPP 协议标准的协议信息。欧洲电信标准化协会（ETSI）会定期收集、整理、更新 3GPP 组织成员的专利声明并向世界公布，截止 2012 年 3 月 21 日的公布版本，所有与 LTE 协议标准以及提案相关的 LTE 专利声明共计数万条，这些专利声明涵盖了 3GPP 组织主持的 LTE 技术的方方面面的专利。通过对这些专利声明的数据处理，能够容易地得到一篇 LTE 专利申请相关的所有 3GPP 协议标准的协议信息，也能够容易地得到与一份 3GPP 协议标准相关的所有经专利声明的专利申请。

因此专利声明可以作为一条纽带，建立起 LTE 协议标准与 LTE 专利申请间的关联关系。

三、构建 LTE 关联数据库

利用专利声明所建立起的 LTE 协议标准与 LTE 专利申请间的关联关系，可对现有专利文献资源和协议文献资源进行进一步数据加工处理，构建 LTE 关联数据库，以实现审查员所期望的检索资源。

（一）数据源

1. 基于专利池的数据源

目前，业界三大专利管理公司 Sisvel、Via Licensing 以及 MPEG LA 纷纷紧锣密鼓地构建各自的 LTE 专利池，日后公布的成形的 LTE 专利池可作为数据源，因为 LTE 专利池是能够实施 LTE 技术的所有必要专利和补充专利的集合，通常以构成该专利池的所有专利文献的申请号或公开（公告）号列表的形式呈现。LTE 专利池可作为 LTE 技术的专利文献数据源，结合专利声明所提供的协议标准与专利申请间的关联关系信息，共同作为构建 LTE 关联数据库的数据源。

2. 基于 ETSI 汇总整理的专利声明的数据源

ETSI 汇总整理的专利声明所提供的专利申请与协议标准的信息可直接作为数据源，这些专利声明涵盖了 3GPP 组织主持的 LTE 技术的方方面面的专利，基本上可以确定，对于 3GPP 组织主持的 LTE 技术，包含实施该 LTE 技术所需的一整套专利集合的 LTE 专利池必然是这些专利声明的一个子集。因此，基于 ETSI 汇总整理的专利声明的数据源可涵盖丰富、完备且更多的数据信息。

本文基于 ETSI 汇总整理的专利声明尝试构建 LTE 关联数据库，并研究其在专利检索中的应用。

（二）数据加工

基于 ETSI 汇总整理的上述数万条 LTE 专利声明，对专利声明所涉及的专利文献进行数据深加工处理以用于 LTE 关联数据库的构建，具体的数据深加工处理包括：

（1）提取选取的所有 LTE 专利文献的所有著录项目信息，包括公开号、摘要、权利要求、申请人、发明人、申请号、申请日、公开日、公告号、公告日、优先权、IPC 分类号、EC 分类号、MC 分类号、FI/FT

分类号等；

（2）对每篇 LTE 专利文献进行详细阅读，从本领域技术人员及易于审查员检索的角度，提取、归纳出关键词，并形成中、英文配套的关键词；

（3）基于对 LTE 技术构架的总结，将每篇 LTE 专利文献归入相应的 LTE 技术分支，确定技术领域信息，并形成中、英文配套的技术领域信息；

（4）基于对 LTE 技术构架及与相邻、相近技术的总结映射关系，确定可用于扩展检索的相邻、相近领域技术信息，并形成中、英文配套的相邻、相近领域技术信息；

（5）提取 LTE 专利文献的审查过程中检索报告的引用文献信息，并汇总 LTE 专利文献的同族申请的审查过程中检索报告的引用文献信息，以便于检索中的追踪检索；

（6）依据自 ETSI 收集的 LTE 专利声明，提取 LTE 专利文献相关的 LTE 协议信息及协议具体的版本信息，以构建 LTE 专利文献与相关 LTE 协议标准间的相互关联关系。

经数据深加工处理后的后台数据信息的示例如图 1 和图 2 所示。

3GPP协议	名称	目录	协议内容技术细分	技术领域	前代相关技术	关键技术	技术效果	关键词	其他著录项目
TS 36.213	E-UTRA 物理层过程	…… 第4章 同步 4.1小区搜索 4.2 定时间步 4.3 无线链路监听 ……	…… >第5章 功率控制 上行功率控制：高通、NTT 下行功率分配：高通、华为、中兴 ……	物理信道过程pnysical channel procedures	小区搜索，寻呼，随机接入过程，同步，功率控制； Cell search, paging, random access, synchronization, power control ……	…… >功率控制： 半静态功率分配； 闭环功率控制； 减小小区间干扰 power control: Semi-persistent power assignment; Closed power control; Reduce inter-cell interference ……	…… 节省物理资源； saving physical resources. ……	…… 信令；字段；示数；大小；冗余；节省；物理； Transmission method control signal transmit contain field indicate payload size packet redundant version ……	……

图 1　经数据深加工处理后的后台数据信息示例（1）

公开号	技术领域	LTE技术框架下的技术分支信息	前代相关技术	关键技术	技术效果	关键词	申请人	检索报告文献及类型	其他著录项目
EP2077645 Al	涉及无线通信技术领域，特别涉及一种发送控制信令的方法和装置；relates to radio communication technologies and in particular, to a method and apparatus for sending control s gnaling.	物理信道过程 physical channel procedures	小区搜索，寻呼，随机接入过程，同步，功率控制；Cell search, paging, random access, synchronization, power control	通过控制信令的同一字段的不同状态来指示开销大小或冗余版本信息；uses different states of one field in the control signaling to indicate the payload size or RV	节省物理资源；saving physical resources.	信令;字段;示数;大小;冗余;节省; Transmission method control signal transmit contain field indicate payload size packet redundant version	华为技术有限公司 Huawei Technolcgies Co., Ltd.	[X] W02006002658, [X] W02009022822, [X] W02008084989, [X] EP2015602 同族 CN101296165 A：[X] CN1472973A；同族 W02008131693 A1：[X] CN1233181C	……

图2　经数据深加工处理后的后台数据信息示例（2）

（三）数据库界面设计

基于LTE专利相关的专利声明所构建的上述LTE关联数据库拟采用客户机—服务器结构的数据库实现形式，软件检索界面主要包括检索入口和结果显示两大部分，具体的软件检索界面设计方案如图3所示。

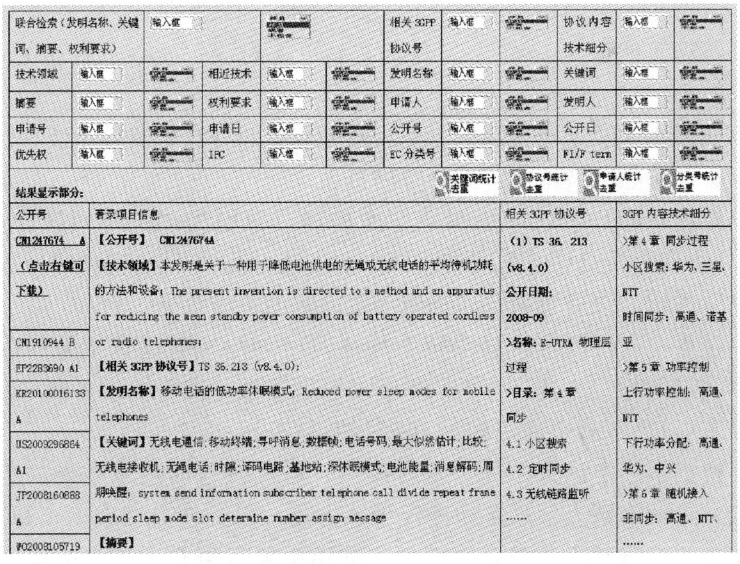

图3　软件检索界面设计方案示例

（1）在检索入口部分中，软件具有对几个常用检索字段的联合检索入口，可对发明名称、关键词、摘要和权利要求字段一并进行检索。

软件还具有针对各个具体字段分别进行单独检索的检索入口，包括技术领域、相关 3GPP 协议号、发明名称、关键词、摘要、权利要求、申请人、发明人、申请号、申请日、公开号、公开日、优先权、IPC 分类号、EC 分类号、FI/FT 分类号、同族文献公开号、检索报告文献等。其中的相关 3GPP 协议号可建立起专利文献与 3GPP 相关协议之间的关联关系。

每个检索入口之后都紧跟有逻辑运算符，可实现“并且”、“或者”、“不包括”三种逻辑运算，从而可配合使用多个不同的检索入口一并进行检索。

（2）在结果显示部分中，检索结果主要以四竖栏的形式进行显示：

第一栏显示由检索式所获得的检索结果中的专利文献公开号列表，可通过左键点击相应的公开号在其他三栏中显示该专利文献的详细著录项目信息和相关 3GPP 协议号等协议相关信息，同时，可通过右键点击相应的公开号来下载相应的专利文献；

第二栏用于显示所选定的专利文献的详细著录项目信息；

第三栏用于显示所选定的专利文献的相关 3GPP 协议号、版本号、以及公开日期等信息，一篇 LTE 专利文献可能对应一个以上的相关 3GPP 协议；

第四栏用于显示所选定的专利文献的相关 3GPP 协议号和版本号对应的协议标准文献的技术内容细分等信息。

结果显示部分中还包括四个功能按钮，分别为“关键词统计去重”按钮、“协议号统计去重”按钮、“申请人统计去重”按钮和“分类号统计去重”按钮，以分别执行对相应字段内容的去重统计，例如：

通过点击“协议号统计去重”按钮，可方便地对检索结果的所有相关专利文献的相关 3GPP 协议号和版本号信息自动进行统计去重，以方便获取在审 LTE 专利申请的相关 3GPP 协议信息；

通过点击“申请人统计去重”按钮，可方便地对检索结果的所有相关专利文献的申请人信息自动进行统计去重，以方便获取在审 LTE 专利申请的主要竞争对手信息，进而便于利用主要竞争对手信息为检索入口对 LTE 专利文献和 LTE 协议提案进行有针对性的检索。

四、利用关联关系的检索应用

基于LTE的专利声明所构建的上述LTE关联数据库，有助于针对LTE专利申请对专利文献和协议文献进行检索。经过数据深加工的LTE关联数据库，不仅提供了专业的LTE专利文献数据库，更提供了专利申请与协议标准间的相互关联关系，可实现运用该数据库的特色检索策略，如从协议标准到专利申请的映射、从专利申请到协议标准的映射、从专利申请到协议提案的追踪等。下面对利用专利申请和协议标准的关联关系所实现的检索应用进行逐一介绍。

（一）从协议标准到专利申请的映射

LTE关联数据库可提供协议标准与专利申请的关联关系，能够在检索中实现从协议标准到专利申请的映射，通过协议信息实现对LTE相关专利文献的快速检索。

每一具体协议标准由协议号和版本号共同进行唯一的标识，依据协议号或结合协议号和版本号信息对LTE关联数据库中的专利文献进行分类，形成与协议号相关的一簇专利文献。与协议号相关的专利文献簇中的专利文献均涉及相同或相似的技术方向或技术分支，这些专利文献的技术内容间具有更高的相关度。

LTE关联数据库可以协议号为检索入口，通过在审LTE专利申请的相关协议号信息进行检索，可实现对与该协议号相关的一簇专利文献的快速浏览；也可将协议号检索入口与其他检索入口相结合，如与关键词入口相结合，实现对与该协议号相关的专利文献簇的相关专利文献的快速检索。

通过能够提供协议标准到专利申请的关联关系的LTE关联数据库或可高效地检索到有用的LTE专利对比文件。

（二）从专利申请到协议标准的映射

利用LTE关联数据库所能提供的协议标准与专利申请的关联关系，能够在检索中实现从专利申请到协议标准的映射，通过对专利文献的检索实现快速定位与在审LTE专利申请密切相关的LTE协议标准信息。

通过对LTE关联数据库专利文献的检索并统计，可快速获取与在审LTE专利申请的技术内容密切相关的一个或多个协议号和/或版本号，进而实现对LTE协议标准进行快速地定位和追踪。具体地，通过LTE协议的常规检索途径，如通过 Google 搜索引擎、3GPP 网站检索和 3GPP FTP 检索来对 LTE 协议进行检索，下载并查看该获得的协议号和版本号对应的具体协议标准文档；另外，结合在审 LTE 专利申请的申请日信息，对该获得的协议号所标识的日期在在审 LTE 专利申请的申请日之前的最新版本的具体协议标准文档进行下载并查看，常可高效地检索到有用的 LTE 协议标准方面的对比文件。

【案例 1】

权利要求：

一种上行资源分配方法，其特征在于，包括：

在上行数据发送周期到达时，移动终端更新各无线承载对应的令牌桶中的令牌数；

按所述各无线承载优先级从高到低的顺序，对令牌数大于零的第一无线承载进行第一次上行资源分配，并根据第一次分配的上行资源更新所述第一无线承载对应的令牌桶中的令牌数；

当存在剩余的上行资源时，确定出第二无线承载进行第二次上行资源分配，并根据第二次分配的上行资源更新所述第二无线承载对应的令牌桶中的令牌数。

案例分析：

该权利要求涉及 LTE 中对媒体接入控制的技术内容，具有明显的协议特征。通过对上述 LTE 关联数据库的检索，从检索结果的相关 LTE 专利文献的相关 3GPP 协议号字段的内容可知，该权利要求的技术方案涉及 3GPP TS 36.321 V8.4.0 的技术内容，通过根据所获得的协议号和版本号对协议标准的追踪，3GPP TS 36.321 V8.4.0 可作为参与评价该权利要求创造性的一篇 Y 类文献。

（三）从专利申请到协议提案的追踪

除协议标准外，协议提案也是有效非专利对比文件的重要来源，特别是在对于协议相关的专利申请的实审过程中，对协议提案的充分检索具有重要意义。LTE 关联数据库能够快速、准确、全面地提供关键词等检索用信息，通过对专利文献的检索及信息统计辅助实现对协议提案的高效检索。

1. 利用关键词追踪

上述 LTE 关联数据库有助于快速、透彻地理解在审 LTE 专利申请的技术方案，从而有助于提取更准确的检索用关键词；通过对 LTE 关联数据库检索结果的相关 LTE 专利文献的信息的阅读，可快速获取全面、准确的检索用关键词；同时，从检索结果的相关 LTE 专利文献的技术领域、相近技术等信息，可方便地对关键词进行全面的扩展。

在通过对 LTE 关联数据库的检索而选择和扩展得到合适的关键词后，则可将这些关键词应用于 LTE 协议的常规检索途径，如通过 Google 搜索引擎、3GPP 网站检索和 3GPP FTP 检索来对 LTE 协议进行检索，提高对 3GPP LTE 协议检索的效率和效力。

【案例 2】

权利要求：

一种 LTE 系统中的数据传输方法，所述 LTE 系统其频谱资源由若干个成分载波聚合而成，每个成分载波上，上/下行时分复用相同的频率资源，所述系统和终端在所述成分载波上传输数据，其特征在于，所述若干个成分载波的无线帧长度相同，每个无线帧包含的子帧长度相同。

案例分析：

在对该权利要求选取关键词时，“成分载波聚合”为关键词中的核心内容，然而，如何准确地理解其内容、进行合理的关键词扩展、获取准确的英文关键词均不能一目了然。通过对 LTE 关联数据库的检索，从检索结果的相关 LTE 专利文献的经过深加工的关键词等字段的内容可知，“成分载波聚合”的准确英文术语为“component carriers aggregation”，同时，还具有同义表述“频谱聚合（spectrum aggregation)”；此外，“成分载波聚合”中的“成分”可作为进一步限定的关键词，但不是必然需要包含的关键词。

通过选择和扩展后得到的合适的关键词，应用于 LTE 协议的常规检索途径，可得到一协议提案作为 X 类对比文件：Carrier aggregation in LTE-Advanced，Ericsson，TSG-RAN WG1 ＃53bis，R1-082468。

2. 利用主要竞争对手信息追踪

在通信领域对协议检索的审查实践中，除了协议标准可对检索提供大量的有用信息以外，通信组织召开的每次会议的大量协议提案对检索而言更是一大重要数据来源，且每一份协议提案通常均是仅针对一个技术问题的具体解决方案的技术提案。

由于通信协议系统庞杂且数据繁多，在通信领域对协议检索的审查实践中，利用关键词结合申请人信息以实现对申请人的相关协议提案的快速检索，是审查员较常用的协议检索手段，有时可快速检索到有效的对比文件。然而，由于作为3GPP组织成员的各大通信公司均具有专业的专利方面的知识以及成熟的协议提案的提交流程，各大通信公司具有在提交协议提案前预埋专利申请的专利意识，通过关键词结合申请人信息检索得到的申请人的相关协议提案的公开日期常常处于在审LTE专利申请的申请日之后，无法用作对比文件。同时，申请人的主要竞争对手的在先的协议提案则可能针对同一技术问题已提出相同或相近的具体解决方案。因此，在对LTE专利申请的协议检索中，对申请人的主要竞争对手的协议提案的检索具有更为重要的意义。

通过构建经数据深加工的LTE关联数据库，可快速获得申请人的主要竞争对手信息，利用该获得的申请人的主要竞争对手信息，可通过LTE协议的常规检索途径实现对申请人的主要竞争对手的3GPP LTE协议提案的快速检索，常可高效地检索到有用的对比文件。

【案例3】

权利要求：

一种用于时分双工LTE系统的同步信道发送方法，其特征在于，包括以下步骤：

将同步信道中的主同步信道设置在DwPTS的第一个OFDM符号中，其循环前缀长度为144Ts；以及设置UpPTS和GP，以使得DwPTS上每个符号的循环前缀都相同。

案例分析：

本案的申请人为中兴通讯股份有限公司，通过对申请人进行协议追踪检索，找不到合适的对比文件。通过对LTE关联数据库的检索，从检索结果的相关LTE专利文献的申请人字段的内容的统计结果可知，在本案所涉及的技术领域中，本案申请人的主要竞争对手包括三星、中国移动、华为、高通等。

通过将主要竞争对手信息应用于LTE协议的常规检索途径，可得到三星公司和中国移动联合提出的一份协议提案作为X类对比文件：R1-080039，CP length of P-SCH for LTE Type 2，Samsung，China Mobile，3GPP TSG RAN WG1 Meeting ＃51bis，Sevilla，Spain。

结束语

对于通信领域专利申请特别是与协议相关的专利申请，如 LTE 专利申请，检索中对 3GPP 协议等的非专利协议文献的依赖度较高，而对于协议文献的检索却又是在目前检索资源下审查员在检索中的短板。3GPP 组织成员声明的所有与协议标准以及协议提案相关的专利声明，可以作为一条纽带，建立协议标准与专利申请间的关联关系。利用该关联关系，可对现有专利文献资源和协议文献资源进行进一步数据加工处理，构建关联数据库，能够对通信领域专利申请的检索提供较大的帮助，优化通信领域常规的专利文献的检索途径，实现对通信领域的非专利协议文献的有效检索。

参考文献

[1] ETSI. Intellectual property rights (IPRs) [R/OL]. [2011－11－01]. http://webapp. etsi. org/WorkProgram/ Report_WorkItem. asp? wki_id=39278.

[2] 余文斌，罗婷，刘秋霞，等．我国专利池构建与运作模式研究 [J]. 科技管理研究，2009 (12)：494－497.

[3] Nakamura O. Current status of platform WCDMA and its joint patent licensing [J]. NTT DOCOMO Technical Journal，2009 (3)：64－68.

[4] 中华人民共和国国家知识产权局．专利审查指南 2010 [M]. 北京：知识产权出版社，2010.

[5] 尹新天．中国专利法详解 [M]. 北京：知识产权出版社，2011.

医疗器械领域外文非专利文献检索策略研究*

彭韵　马薇　黄曦　马秋娟

摘　要：通过对医疗器械领域的外文非专利文献引用情况进行统计分析，基于外文非专利文献期刊/数据库的引用频度，建立了引用量最为集中的多个期刊/数据库的排序表。针对这些引用最为频繁的期刊/数据库的检索能有效地缩小检索范围，提高外文非专利文献的检索效率。

关键词：医疗器械　非专利文献　检索　数据库

引　言

医疗器械是典型的多学科交叉领域，其特点在于将工程技术应用到医学。随着工程技术的发展，尤其是计算机技术的普及，出现了越来越多的将工程技术与医学相结合的研究成果。这些研究成果一部分以专利申请的方式寻求保护，同时很大一部分作为学术交流的内容发表在期刊、学术会议上，因此非专利文献集中了大量与医疗器械领域的热点问题和

---

* 本文源自“医疗器械领域检索策略研究”，课题性质：北京中心课题，课题组负责人：马秋娟，成员包括：王锐、彭韵、彭燕、薛林、李林霞、马薇、王翠平、李燕、陈淑珍、黄曦、孔祥云、杨德智。

与前沿技术有关的技术内容。这些在非专利文献中所公开的技术内容与专利申请之间通常存在技术上的关联，因此对于涉及医疗器械领域研究热点和研究前沿的专利申请，非专利文献检索是获取最接近对比文件的有效方式。

同时，对于医疗器械领域的专利申请，其他专利局尤其是欧洲专利局的审查实践也表明，非专利文献的检索是获得最接近现有技术的重要途径。但是，在利用非专利文献方面，无法回避的事实是国内医疗器械领域（或者说生物医学工程领域）在医疗器械方面的研究始终处于跟随国外发展的状态，因此在非专利文献中外文非专利文献更为集中地体现了与医疗器械领域热点问题和前沿技术相关的研究成果。因此，本文将外文非专利文献作为非专利文献的研究重点。

本文以医疗器械领域中的诊断类医疗器械为具体的研究领域，对常见诊断类医疗器械的专利申请分布状况进行了统计分析。如图 1 所示，在诊断类医疗器械中放射诊断、内窥镜、超声诊断及磁共振诊断设备占据了申请量的前四位，并且他们的申请量占到总申请量的 55%。因此，确定这四个领域作为具体分析的分支领域。

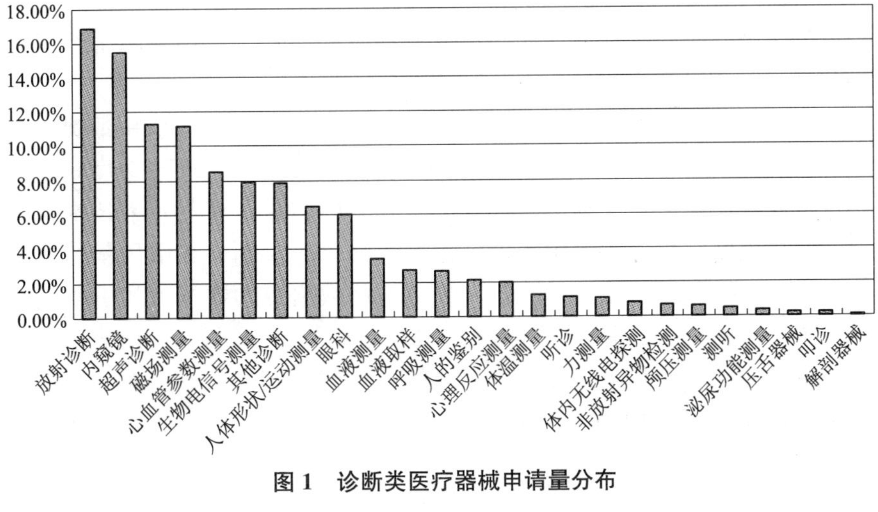

图 1　诊断类医疗器械申请量分布

在此基础上，以 ECLA 分类号界定检索范围，在 EPODOC 数据库中统计了各分支领域非专利文献的引用比例（参见表 1）。

表 1 各领域外文非专利文献引用情况

统计领域	非专利文献引用量	总文献量	引用比例
放射诊断	2 187	11 610	18.84%
内窥镜	4 946	34 654	14.27%
超声诊断	5 400	24 178	22.33%
磁共振诊断	1 310	5 161	25.38%

从表 1 中可以看出，在典型医疗器械领域中，非专利文献引用均达到了一定的比例，尤其是在磁共振领域，超过 1/4 的专利申请在审查过程中引用了非专利文献，这也表明了进行外文非专利文献检索的必要性。

目前，医疗器械领域的审查员所使用的外文非专利数据库主要包括 ISI Web of knowledge、EI Village、IEEE、SpringerLink、Elsevier Science Direct 等，在如此众多的数据库中，如何确定数据库检索的先后次序并没有明确的指导，基本上是靠审查员的经验来进行。近年来，国家知识产权局对部分领域的非专利文献特别是外文非专利文献的检索进行了大量的研究，但目前还未有针对特定领域中优先选择何种外文非专利数据库进行检索的研究，如何在浩如烟海的外文非专利文献中快速找到与专利申请相关的文献，是需要解决的一个问题。

本文通过统计分析典型医疗器械中外文非专利文献的引用情况，获得外文非专利文献数据源（例如期刊、会议论文集）的引用频度，该引用频度反映了外文非专利文献数据源所收录的文献与专利申请技术方案之间的相关度。通过对引用频度的排序，给出非专利文献引用量最为集中的多个数据源。在此基础上，对收录这些数据源的数据库的引用频度进行了统计和排序。由于引用频度最高的这些数据源/数据库所收录的外文非专利文献与专利申请技术方案之间存在着高相关性，因而针对排序靠前的数据源/数据库的检索能够有效地提高外文非专利文献的检索效率。

一、外文非专利文献数据源的数据提取

（一）数据提取及预处理

本研究在 EPODOC 数据库中，导出 PN 号对应的所有 CNTP、

EXNP、RFNP 字段数据作为源数据，保存为 LOG 文件，以一个 PN 号及其对应的所有 CNTP、EXNP、RFNP 字段数据为一条引文单元。源数据中一条引文单元数据的形式为：

PN-EP2345364 A1 20110720

CTNP- [X] PALTAUF G ET AL:"Iterative reconstruction algorithm for optoacoustic imaging", THE JOURNAL OF THE ACOUSTICAL SOCIETY OF AMERICA, AMERICAN INSTITUTE OF PHYSICS FOR THE ACOUSTICAL SOCIETY OF AMERICA, NEW YORK, NY, US, vol. 112, no. 4, 1 October 2002 (2002-10-01), pages 1536-1544, XP012003092, ISSN: 0001-4966, DOI: DOI: 10.1121/1.1501898

[A] JIN ZHANG ET AL:"Effects of Different Imaging Models on Least-Squares Image Reconstruction Accuracy in Photoacoustic Tomography", IEEE TRANSACTIONS ON MEDICAL IMAGING, IEEE SERVICE CENTER, PISCATAWAY, NJ, US, vol. 28, no. 11, 1 November 2009 (2009-11-01), pages 1781-1790, XP011283932, ISSN: 0278-0062, DOI: DOI: 10.1109/TMI.2009.2024082

经过分析可知，公开号为 EP2345364 A1 的欧洲专利对应的两条文献来源（期刊、学报、会议文集等）为：THE JOURNAL OF THE ACOUSTICAL SOCIETY OF AMERICA，以及 IEEE TRANSACTIONS ON MEDICAL IMAGING。

本研究采用 Perl 语言编写计算机程序，对获得的源数据进行文献来源的提取。Perl 语言全称为 Practical Extraction and Report Language，即实用摘录与报表语言，其内部集成了正则表达式的功能，因此非常适合用于文本的处理工作。

Perl 语言程序进行数据处理的具体流程如图 2 所示。

由于在 EPODOC 数据库中，不同审查员对非专利引文的标引习惯不同，因此对于引文源数据的提取需要综合多种不同的规则，图 2 中三条数据提取规则分别为：

（1）第一提取规则：当一条引文源数据中存在双引号标记时，提取“”内的数据作为引用数据；

（2）第二提取规则：当一条引文源数据中存在单引号标记时，提取‘’内的数据作为引用数据；

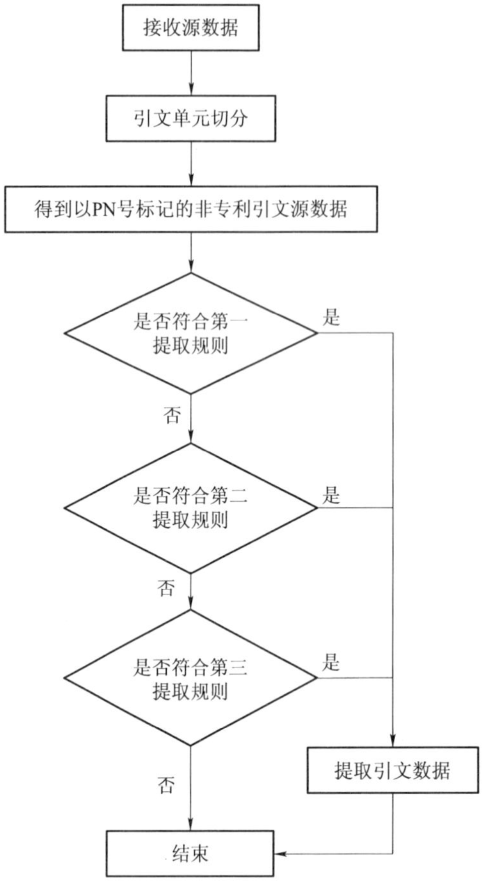

图 2　数据处理流程图

(3) 第三提取规则：以逗号（“,”）分割一条引文源数据，找出分割后长度最长的单元，如果存在所述最长的单元，提取最长的单元后的数据作为引文数据。

上述两条 EP2345364 A1 对应的引文源数据经三条提取规则综合提取后，最后将得到如下结果：

EP2345364A1　20110720　THE JOURNAL OF THE ACOUSTICAL SOCIETY OF AMERICA

EP2345364A1　20110720　IEEE TRANSACTIONS ON MEDICAL

IMAGING

提取出的引文数据中将包括制表符，因此能够被导入到 Excel 表中，供下一步数据聚类使用。

（二）数据聚类

在将经过 Perl 程序提取的引文数据导入到 Excel 后，利用 Excel 的排序功能对所有数据来源进行聚类，对上述聚类结果进行分析后发现，部分数据来源的名称并不统一，例如以下三条数据：

a. IEEE TRANSACTIONS OF ULTRASONICS，FERROELECTRICS，AND FRECUENCY CONTROL

b. IEEE TRANS ULTRASON. FERROELECTR. FREQ. CONTROL

c. IEEE TRANSACTIONS ON ULTRASONICS，FERROELECTRICS AND FREQUENCY CONTROL

上述三条数据在 EPODOC 数据库中进行引文标引时，因不同人员对引文标引的习惯不同会导致数据来源名称不统一，此时需要对聚类结果进行人工方式的计数统计，并将上述三条数据统一为数据来源的标准名称：IEEE TRANSACTIONS ON ULTRASONICS，FERROELECTRICS AND FREQUENCY CONTROL。

通过数据提取、数据预处理、数据聚类和人工识别后，获得了以发表非专利文献的期刊名称、会议论文集名称为排序基础的数据集合。

二、外文非专利文献数据源的统计分析

在大量数据提取工作的基础上，本研究依据发表非专利文献的期刊名称、会议论文集名称的分析结果，获得不同领域下的数据来源引用频率排序。

（一）各领域外文非专利文献数据源的排序

1. 放射诊断领域

经 Perl 程序处理后，放射诊断领域的有效数据约 4 500 条（有效数据定义为其中明显包括数据来源的引文数据，即排除无法提取出数据来源的数据）。再基于数据源的名称进行排序，表 2 列出了排序结果的前 10 位，即放射诊断领域中国外专利引用频率前 10 位外文非专利文献数据来源，从总体上看放射领域的外文非专利文献的引用情况较为集中。

表 2　放射诊断领域外文非专利文献基于数据源的排序

排序	数　据　来　源	引用频度
1	Medical Physics	589
2	Proceedings of SPIE	300
3	Physics in Medicine and Biology	252
4	IEEE Transactions on Medical Imaging	211
5	Radiology	138
6	International Journal of Radiation Oncology Biology Physics	133
7	Circulation	129
8	IEEE Transaction on Nuclear Science	116
9	The Journal of Nuclear Medicine	102
10	Journal of the Optical Society of America	84

此外，本研究进一步统计了上述数据来源所在的数据库的排序情况，取统计结果前 5 位，见表 3。

表 3　放射诊断领域外文非专利文献基于数据库的排序

排序	各数据源的收录数据库	引用频度
1	IEEE	657
2	Medical Physics	589
3	SPIE	300
4	IOP	252
5	Radiology	138

统计结果显示，文献收录量前 5 位的数据库所收录的文献量占总文献量的 43.1%，并且除了这 5 个数据库之外的其他数据库文献收录量较小，也就是说，在放射诊断领域，除了表 3 中 5 个数据库收录的文献之外，其他外文非专利文献的分布较为分散。并且，由于这 5 个数据库的文献收录量接近总文献量的一半，因此针对这 5 个数据库的检索，能够基本获知医用放射诊断领域的外文非专利文献的状况。

2. 内窥镜领域

经 Perl 程序处理后，内窥镜领域的非专利文献有效数据约 6 600 条。按照期刊文献、会议论文集名称进行排序后，排序结果反映出内窥镜领域外文非专利文献的总体引用情况十分分散，针对某一种期刊的引用频度都不高，最高的引用频度为 158（参见表 4）。

表 4　内窥镜领域外文非专利文献基于数据源的排序

排序	数　据　来　源	引用频度
1	Proceedings of SPIE	158
2	Gastrointestinal Endoscopy	141
3	SPIE	132
4	Applied Optics	115
5	Optics Letters	109
6	IEEE Transactions on Biomedical Engineering	93
7	The Annals of Thoracic Surgery	89
8	Circulation	77
9	Spine	75
10	Lasers in Surgery and Medicine	59

进一步对收录上述期刊、论文集的数据库进行统计（参见表 5）。

表 5　内窥镜领域外文非专利文献基于数据库的排序

排序	各数据源的收录数据库	引用频度
1	IEEE	1 066
2	SPIE	374
3	Optics InfoBase	310
4	Elsevier	284
5	American heart Association	77

统计结果显示，各个数据库之间的收录数量差异很大，这也是由于内窥镜领域外文非专利文献引用分散所导致的。文献收录量前 5 位的数

据库所收录的文献量仅占总文献量的 30%，涉及医用内窥镜的大部分非专利文献散布在各个不同的数据库中。但是，IEEE 的文献量明显要大于其他数据库，其收录量占总文献量的 16%，也就是说，涉及医用内窥镜的外文非专利文献中每 6 篇就有 1 篇是在 IEEE 上发表的。因此，IEEE 是医用内窥镜领域外文非专利文献检索的首选是毋庸置疑的。

3. 超声诊断领域

经 Perl 程序处理后，超声诊断领域的有效数据约 15 000 条。在基于数据源的名称进行排序后，排序结果显示在超声领域中与磁共振领域类似有相对较多的文献集中发表在多个期刊中，从总体上讲超声领域的外文非专利文献的引用情况较为集中（参见表 6）。

表 6　超声领域外文非专利文献基于数据源的排序

排序	数　据　来　源	引用频度
1	Ultrasound in Medicine and Biology	683
2	IEEE Ultrasonics Symposium Proceedings	606
3	IEEE Transactions on Ultrasonics Ferroelectrics and Frequency Control	506
4	Circulation	349
5	Radiology	311
6	Journal of the Acoustical Society of America	233
7	IEEE Transactions on Biomedical Engineering	212
8	Ultrasonic Imaging	201
9	Ultrasonics	165
10	IEEE Transactions on Medical Imaging	128

对收录上述期刊、论文集的数据库进行的统计进一步表明，在超声领域文献收录十分集中，引用频率较高的外文非专利文献大部分发表在 IEEE 或被收录在 Elsevier 数据库中（参见表 7），其中 IEEE、Elsevier 文献收录量分别占总文献量的 26%和 11%。从检索的有效性讲，针对医用超声领域的外文非专利文献的检索，应当优选使用 IEEE 和 Elsevier。

表 7　超声领域外文非专利文献基于数据库的排序

排序	各数据源的收录数据库	引用频度
1	IEEE	3 855
2	Elsevier	1 649
3	American heart Association	349
4	SPIE	305
5	Acoustical Society of America	233

4. 磁共振诊断领域

经 Perl 程序处理后，磁共振领域的有效数据约 5 200 条。在基于数据源的名称进行排序后，排序结果显示在磁共振领域中有相对较多的文献集中发表在几个期刊中，从总体上讲磁共振领域的外文非专利文献的引用情况较为集中（参见表 8）。

表 8　磁共振领域外文非专利文献基于数据源的排序

排序	数　据　来　源	引用频度
1	Magnetic Resonance in Medicine	647
2	Radiology	449
3	Proceedings of the International Society for Magnetic Resonance in Medicine	366
4	Circulation	242
5	Journal of Magnetic Resonance Imaging	210
6	IEEE Transactions on Medical Imaging	135
7	Magnetic Resonance Imaging	135
8	Journal of Magnetic Resonance	125
9	NeuroImage	101
10	American Journal of Roentgenology	74

对收录上述期刊、论文集的数据库进行的统计进一步印证了磁共振领域文献收录相对集中的特点（参见表 9）。

表 9　磁共振领域外文非专利文献基于数据库的排序

排序	各数据源的收录数据库	引用频度
1	Wiley	1 227
2	Radiology	449
3	Elsevier	442
4	IEEE	371
5	American heart Association	242

统计结果显示，文献收录量前 5 位的数据库所收录的文献量占总文献量的 52.5%，并且除了这 5 个数据库之外的其他数据库文献收录量较小，也就是说，在医用磁共振领域，除了上述 5 个数据库收录的文献之外，其他外文非专利文献的分布较为分散。并且，由于这 5 个数据库的文献收录量占据了总文献量的一半，因此针对这 5 个数据库的检索，能够基本获知医用磁共振领域的外文非专利文献的状况。

同时，统计结果显示，Wiley 数据库的文献收录量占总文献量的 23.6%，远大于其他数据库，因此在医用磁共振领域首选 Wiley 数据库进行检索，Radiology 和 Elsevier 数据库可作为备选数据库使用。

（二）小结

表 2～9 反映了诊断类医疗器械各领域外文非专利文献的收录情况，医用内窥镜领域的外文非专利文献多集中发表在与成像、光路、医学（例如柳叶刀）有关的期刊中，而医用磁共振诊断、放射诊断和超声诊断领域的外文非专利文献多发表在与成像、信号处理、医学有关的期刊中。虽然这些非专利文献也涉及医疗器械具体结构及其改进，但是对于医疗器械领域更关注的是工程技术与医学应用的结合，因此医用内窥镜、磁共振诊断、放射诊断和超声诊断领域外文非专利文献的关注点实质上更多地集中在医学图像处理、医学信号处理以及具体的医学应用中。

三、外文非专利文献检索案例

【案例 1】

申请号：2005800112928

发明名称：用于计算机断层摄影的动态剂量控制

权利要求1：一种CT成像方法，其中X-射线源围绕对象旋转，在成像扫描期间，该对象相对于旋转的X-射线源轴向移动，其特征在于：根据X-射线源围绕对象的角度位置和沿着对象的轴位置，调整由X-射线源产生的辐射水平。

检索过程及分析：本案的主题名称虽然是成像方法，但是该方法实质上仅是涉及在进行断层成像之前的步骤。具体地讲，是在成像之前，根据X射线管的位置，基于估算的辐射衰减调整辐射源的辐射剂量。因此，本案属于医学物理学的范畴。根据在放射诊断领域的外文非专利文献引用频度表中，涉及医学物理学的首选期刊是Medical Physics。

关键词：dose reduction evaluate attenuation（in abstract）

数据源：MEDICAL PHYSICS

检索得到11篇对比文件，第10位为X类对比文件：

Dose reduction in CT by anatomically adapted tube current modulation. II. Phantom measurements，MEDICAL PHYSICS，vol. 26，no. 11，1999－11，2248－2253

采用上述关键词在审查员常用的通用检索数据库：ISI Web of Science中进行主题检索，得到250篇结果，文献浏览量比例为1∶22.7。

【案例2】

申请号：200680022349

发明名称：使用稳态束来估计参数的用于三维超声成像的方法和仪器

权利要求1：一种三维超声成像方法，包括：作为时间的函数采集代表成像体的超声数据，从中能获得多个二维超声图像；与代表成像体的超声数据的采集并行地，从稳态超声束中采集数据；分析稳态超声束数据以便从稳态超声束数据中导出一种参数；和作为该导出参数的函数，重新排列从所采集的超声数据中获得的多个2D超声图像，用于3D处理。

检索过程及分析：本案涉及对2维超声图像进行重新排列以获得3维超声图像的方法。由于涉及超声成像方面的内容，因此基于超声领域的外文非专利文献引用频度表，其至少两种选择，例如基于数据源的排序结果选择Ultrasound in Medicine and Biology，或是基于数据库的排序结果选择IEEE。从减小工作量的角度讲，Ultrasound in Medicine and Biology是首选。从查全的角度讲，IEEE将是第一选择。针对本案，基于最小工作量的考虑，选择了 Ultrasound in Medicine and Biology 进行检索。

关键词：三维、重新排列

数据源：ELSEVIER、Ultrasound in Medicine and Biology

keyword：three and dimensional and rearrang * (in anyfield)

检索得到 58 篇结果，按相关度排序，第 13 篇为 X 类对比文件：

Fetal echocardiography in three and four dimensions Original Research Article Ultrasound in Medicine & Biology，Volume 22，Issue 8，1996，Pages 979－986

采用上述关键词在 ISI Web of Science 中进行主题检索，得到 1 136 篇结果，文献浏览量比例为 1∶19.6。

【案例 3】

申请号：011412666

发明名称：磁共振成像方法、三维成像方法和磁共振成像系统

权利要求 1：一种以正交的两个方向作为相位轴对 K 空间进行编码以便充满该 K 空间的 MR 成像方法，该方法包括如下步骤：考虑从 K 空间的中心到每个编码点的距离和已有的象限确定编码顺序，以及按照所确定的编码顺序对 K 空间进行编码。

检索过程及分析：本案涉及消除磁共振成像伪迹的空间编码方式，通过重排三维空间中的射频脉冲，消除由于剩磁而导致的伪迹。基于本案所体现的技术内容，确定 K 空间、编码、三维作为检索关键词。虽然权利要求中没有体现其应用对象是人体，但是基于本申请的技术内容，本领域技术人员可以确定其是针对医学磁共振系统所呈现的剩磁问题而提出的解决方案，因此首先考虑涉及医学领域的期刊文献及其对应的数据库。由于 Magnetic Resonance in Medicine 是医学磁共振领域引用频度最高的期刊文献，因此选择收录该期刊的 WILEY 数据库作为检索首选。

关键词：K 空间、编码、三维

数据源：WILEY、Magnetic Resonance in Medicine

keyword：k-space，encoding and three dimensional (in abstract)

检索得到 18 篇结果，按相关度排序，第 5 篇为 X 类对比文件：

Improved centric phase encoding orders for three-dimensional magnetization-prepared MR angiography，MAGNETIC RESONANCE IN

MEDICINE，vol. 36，no. 3，September 1996，pages 384—392

采用上述关键词在 ISI Web of Science 中进行主题检索，得到 163 篇结果，文献浏览量比例为 1∶9.06。

结束语

引用的频繁程度表明了期刊/数据库所收录的外文非专利文献与待检索领域之间的相关性，因而针对排序靠前的期刊/数据库的检索能够有效地缩小检索范围，提高了外文非专利文献的检索效率。外文非专利文献的检索过程也证明了这一点，基于排序结果选择检索入口，与采用通用检索入口（如 ISI Web of Science）相比，能够有效地减小文献浏览量，提高检索效率。

但是，这并不意味着通用检索入口没有存在的意义，毕竟所推荐的检索入口在四个领域中的文献覆盖率大部分在 50%左右。基于排序结果的检索提供了一种快速界定检索范围的方式，但是这种方式存在漏检的风险。在基于排序结果进行检索没有获得相关对比文件时，需要在外文非专利数据库中进行进一步检索时，通用检索入口将是最好的选择。

参考文献

[1] 唐华东，等．生物医药领域综述文献的检索及应用［J］．审查业务通讯，2011（4）：62—67.

[2] 慈丽雁．计算机领域外文非专利文献检索案例及分析［J］．审查业务通讯，2011（4）：55—59.

[3] 魏保志．专利审查研究 2010［M］．北京：知识产权出版社，2011：184—233.

[4] 施瓦茨，等．Perl 语言入门［M］．盛春，等，译．南京：东南大学出版社，2009：9—25.

LTE技术相关申请的检索策略研究*

刘庆峰　杨继彬

摘　要： 通过对LTE技术发展现状和专利申请状况进行分析，提出对LTE技术进行检索策略研究的方法和思路。具体为在对LTE技术本身进行研究的基础上，选取目前应用范围较广、专利申请量较大且发展迅速的六个技术主题为切入点，深入分析其技术发展趋势、核心协议和提案以及相关工作组等方面的内容，对每个技术主题进行细分，给出每个技术细分的具体定义以便于审查员迅速了解其含义，并给出针对每个技术细分的检索关键词、所涉及的3GPP协议和提案以及每一技术细分所对应的IPC、EC、FI/FT和UC等分类号，最终制定用于检索的综合查询表。

关键词： LTE　关键词　分类号　协议　提案

引　言

随着社会的发展和科技的进步，用户对宽带接入技术提出了更高的要

* 本文源自“LTE技术相关申请的检索策略研究”，课题性质：北京中心课题，课题组负责人：杨继彬，成员包括：刘庆峰，杨中亮，郑昊，李晓利，姚雅倩，李丹丹，杜少凤，张翠玲，李鹂，刘雅莎。

求，当前的3G移动通信系统虽然能提供更大容量、更好质量的通信服务，并支持多媒体功能，但还存在着如高速数据传输性能不够理想等缺陷，这促使了新的研发项目LTE（Long Term Evolution，长期演进）的启动。LTE是由3GPP组织于2004年11月启动的一项新的无线宽带接入技术，是当前移动宽带通信系统最受关注的热点之一。从2009年3月发布第一版（Release 8）开始，到目前为止，3GPP已经发布到第四版（Release 11），在各个版本中分别增加了Beamforming、eMBMS、SON、上下行MIMO、载波聚合（Carrier Aggregation）、无线中继（Relay）、增强的小区干扰协调、协作多点传输等技术，全球LTE的进展无论是在标准制定还是产业发展都迅速走向了快车道。而LTE的迅猛发展也对审查该领域的专利审查员提出了更高的要求，既要求审查员把握技术的脉络和发展走向，同时又要不断积累该领域的检索经验，找到一条审查该领域专利的捷径。

一、涉及LTE技术的专利申请状况及检索难点

随着LTE技术和产业的快速发展，与之息息相关的专利申请也逐渐成为热点，并且，技术的飞速发展和专利申请量的快速增长也对审查员的检索工作提出了更高的要求。

（一）涉及LTE技术的专利申请状况

通过在中文和外文专利库中按年对涉及LTE技术的专利申请数量进行统计发现（如图1、图2所示），从2004年LTE项目启动以来，对于

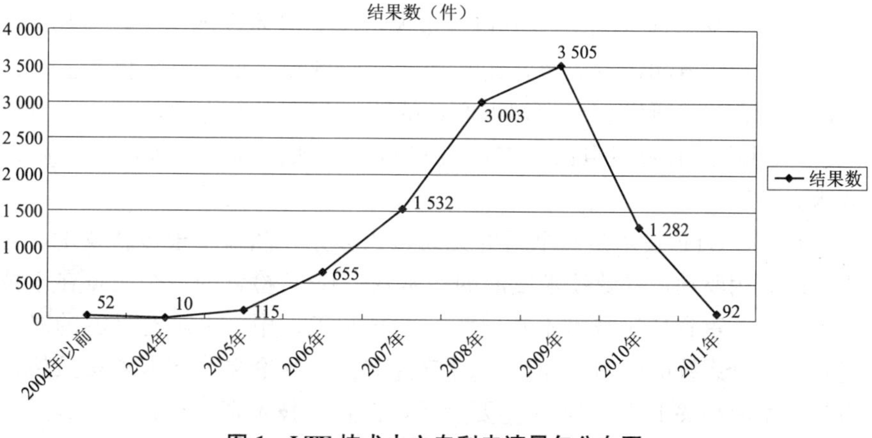

图1 LTE技术中文专利申请量年分布图

涉及 LTE 技术的专利申请的数量，不论是中文专利申请的数量还是外文专利申请的数量，都呈逐年增加态势，并于 2009 年达到最大申请量，之后申请量降低。从中可以看出，LTE 技术在 2009 年是发展最为迅速的阶段，而 2010 年和 2011 年专利申请量的下滑可能是由于这两年的专利申请大多还没有公开而无法统计所导致，但是可以预期，随着 LTE 技术的快速发展，2010 年和 2011 年这两年其专利申请的数量应当和 2009 年相当甚至更多。

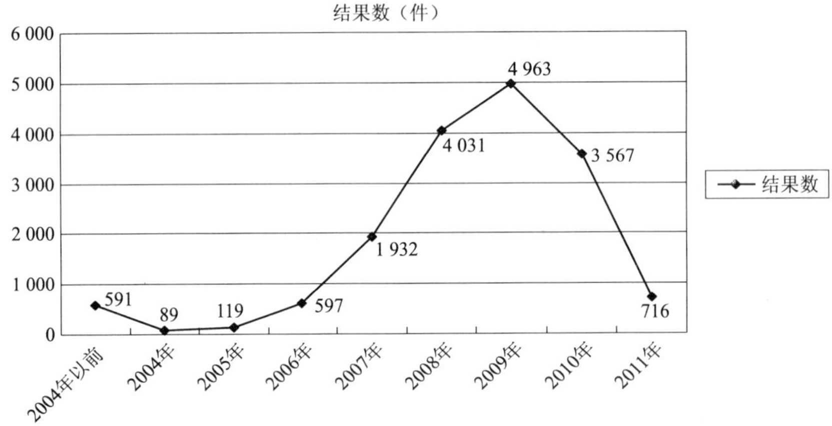

图 2　LTE 技术外文专利申请量年分布图

（二）涉及 LTE 技术的专利申请的检索难点

由于涉及 LTE 技术的专利申请量大，LTE 技术发展迅速，因此这个领域的审查质量和审查效率，尤其是检索质量和效率都很大程度上对公众的申请、技术研发甚至到知识产权战略制定有极其重要的影响。也就是说，LTE 技术领域申请发展的现状对检索质量和效率提出了较高的要求。

首先，LTE 技术是一个新的无线接入体系，涵盖了很多新技术，且由实际应用驱动，导致技术发展的非常快。LTE 检索的一个难点在于技术太繁杂，审查员对技术不够熟悉，在日常工作中，也难有足够的时间进行全面、系统的学习，而现有的教科书、专业论文等技术资料虽然是审查员学习相关 LTE 技术的主要途径，但这些技术资料还存在内容过于空泛或过于繁复的问题，不利于审查员在较短的时间内，快速的理解专利申请相关的背景技术知识。

其次，3GPP 涉及 LTE 技术的标准规范和提案繁多，审查员的知识背景距离研发人员的技术水平还存在一定的差距，造成难以准确地理解、把握相关专利申请的技术内容，并且，如果需要了解 LTE 相关技术的发展历史以及技术内容，在 3GPP 网站通过关键词检索又很难有效获取相关标准和提案。

再次，现有的检索体系也没有针对 LTE 技术作出改进，因此，对涉及 LTE 的技术主题的检索困难重重。例如：现有的分类体系，并未针对 LTE 的相关技术作出改进，因此，LTE 的某个技术主题有时很难在现有的分类表中给出合理准确的分类位置。

由此可见，LTE 的迅猛发展对审查该领域的专利审查员提出了更高的要求，既要求审查员把握技术的脉络和发展走向，同时又要不断积累该领域的检索经验，找到一条审查该领域专利申请的捷径。

二、LTE 技术相关申请的检索策略研究

（一）研究方法和思路

由于 LTE 技术是一项新兴技术，其技术分支的演进和发展速度非常快，给审查员在审查相应的涉及 LTE 的专利申请时带来很大的困难，基于此，本文以分析 LTE 技术体系架构为基础，并结合对关键技术的细分以及相应的关键技术的关键词、分类号以及相关协议提案的获取，提出了针对 LTE 技术的检索策略。

首先，通过梳理和分析 3GPP 协议框架中涉及 LTE 技术的协议族以及相关的书籍和其他资料，并结合对 LTE 技术相关的专利申请的分析，归纳总结了涉及 LTE 技术的专利申请的几大热点。并且为了使得审查员在审查时能够快速熟悉 LTE 技术的体系架构以及相关热点技术，对其中的热点技术及其重要分支技术进行了梳理，并对其概念进行了阐述和说明。其次，为了便于审查员的检索，针对上述归纳总结的每一热点以类似于 IPC 分类点组的方式进行技术细分，针对每一细分的技术主题，给出检索的关键词及其扩展；通过检索 3GPP 协议和提案，获得和每一细分的技术主题所密切相关的协议和提案；同时通过分析 IPC、ECLA、FI/FT 和 UC 分类体系，查找出和上述细分的技术主题相关的分类号。最后，通过查询表的方式来组织每一主题所涉及的关键词、协议和提案及

其相关的分类号，便于检索时方便查询。

（二）LTE 热点技术细分及其含义

通过分析 LTE 技术发展趋势、核心协议和提案、相关工作组等方面的内容，并结合对专利申请情况的统计分析，可以看出，LTE 技术主要涉及以下六个热点技术主题：MIMO 技术、OFDMA/SC-FDMA、HARQ、载波聚合、协作多点和小区干扰协调。对于 LTE 的其他技术主题，由于其技术关注度、申请量相对上述六个主题来说较低，在此不作研究。

审查员在审查过程中检索涉及上述热点技术主题的申请时，除了本申请之外，学习这些技术主题的主要途径为互联网以及中、外文教科书，但是，现有的学习资源普遍存在的问题是介绍过于笼统或者过于繁复，不利于审查员高效率地理解相关现有技术。基于此，从提高审查效率的角度出发，为了使得审查员能够快速了解到上述热点技术主题及其包含的技术要点的含义，本文对每个技术主题进行了细分，并针对每个技术细分给出了更通俗化的技术含义解释，通过细分的框架及其解释，审查员可以快速定位到相关技术要点，理解相关现有技术，提高检索效率。以下以 MIMO 技术主题的细分作为示例（参见表 1）。

表 1　MIMO 技术主题的细分

· MIMO 技术
· · 下行 MIMO
· · · Alamouti 编码
· · · · 空时编码
· · · · 空频编码
· · · 循环延时分集
· · · 天线切换分集
· · · 空间复用传输
· · · 下行预编码
· · · 下行波束赋形

续表

• • • 用于下行 MIMO 传输的终端反馈
• • • 下行多用户 MIMO
• • • E-MBMS 中的 MIMO
• • 上行 MIMO
• • • 上行传输天线选择
• • • • FDD 天线选择
• • • • TDD 天线选择
• • • 上行多用户 MIMO

针对上述 MIMO 技术主题的细分，对于每一细分给出了通俗易懂的解释，以下是对上述细分表中的下行 MIMO 及其细分的技术解释：

• • 下行 MIMO

为了满足 LTE 在高数据率和高系统容量方面的需求，LTE 系统支持下行 MIMO 技术，包括传输分集、空间复用、波束赋形等技术。在 LTE 中应用 MIMO 技术的下行基本天线配置为 2 * 2，即 2 天线发送和 2 天线接收，这里的天线数目是虚拟的天线数目。

• • • Alamouti 编码

对于 2 天线传输来说，Alamouti 编码是最著名的空时/频块码的方式，其传输矩阵为：

$$\begin{bmatrix} S1 & -S2* \\ S2 & S1* \end{bmatrix}。$$

其由 Alamouti 提出，是一种 2 天线的全速率、全分集的空时/空频块码。在传输天线数为 4 时，主要考虑采用 Alamouti 编码与其他分集方式进行组合的方式进行传输。在进行 Alamouti 编码时，还需要考虑的是 $S1$ 和 $S2$ 在物理资源块上的具体时频单元映射样式，从而避开参考符号所使用的时频单元，并保证 $S1$ 和 $S2$ 所经历的信道尽量相同。

• • • • 空时编码

根据 Alamouti 编码的传输矩阵，在时刻 t，天线 1 上传输符号 $S1$，天线 2 上传输符号 $S2$，在时刻 $t+1$，天线 1 上传输符号 $-S2*$，天线 2 上传输符号 $S1*$，即空时编码。

• • • • • 空频编码

根据 Alamouti 编码的传输矩阵，在子载波 f，天线 1 上传输符号 $S1$，天线 2 上传输符号 $S2$，在子载波 $f+1$，天线 1 上传输符号 $-S2*$，天线 2 上传输符号 $S1*$，即空频编码。

不仅对 MIMO 这一技术主题，对于其他五个技术主题都进行类似于上述方式的技术细分以及技术解释。通过对上述热点技术进行细分及定义，可以帮助审查员在检索时快速了解相应技术细分的含义，更快地开展检索和审查。

（三）每一技术细分所对应的协议、提案及其分类号

LTE 技术在其发展和逐步成熟的过程中，会涉及大量的 3GPP 协议或提案，因此，在检索 LTE 技术相关的专利申请时，3GPP 协议或提案是必不可少的检索环节。但是，由于 LTE 技术发展迅速，技术分支庞大，导致审查员不能快速定位到相关申请的主题所涉及的 3GPP 协议或提案。针对上述检索时存在的困难，除了对每一热点技术进行细分外，还对 3GPP 协议和提案进行检索，查找出每一技术细分所对应的协议和提案，并针对每一技术细分给出检索的关键词及其扩展。同时，为了方便审查员可以使用分类号进行检索，也对每一技术细分给出了其最相关的分类号，并将分类号的相关程度以星级表示，星级越高，表示其分类位置越准确，使用其进行检索的效率越高。

通过对上述技术细分所涉及的协议、提案、分类号及其关键词的扩展进行整理，获得最终的综合查询表，通过此查询表，可以准确定位到相应技术细分涉及的协议、提案、分类号，并能够得到关键词的扩展，给审查员的检索带来了便利。以下以下行 MIMO 中涉及的空时编码这一技术细分所制定的综合查询表作为示例进行说明，空时编码在综合查询表中是一个位于 MIMO 技术主题下的技术细分（参见表 2）。

表 2 涉及下行 MIMO 下的空时编码技术的综合查询表

技术概要	空时编码	
关键词	中文	英文
	空时编码，空时块码，空时码	STBC，space time block coding

续表

技术概要	空时编码				
分类号	IPC	EC	FI	FT	UC
	H04B7/06	H04L1/06T	H04B7/02&Z	5K059/CC02	375/267
	H04L1/06	H04L1/06T7B		5K059/CC07	375/299
	H04L1/02	H04L1/06T5			375/347
		H04L1/06T3			
	IPC： H04B 7/06 ・・・在发射站 ★ H04L 1/06 ・・使用空间分集 ★ H04L 1/02 ・应用分集接收 ★ EC： H04L 1/06T ・・・空时码 ★★★ H04L 1/06T7B ・・・・・块码 ★★★ H04L 1/06T5 ・・・・空时码的接收端装置 ★★★ H04L 1/06T3 ・・・・空时码的发送端装置 ★★★ FI： H04B 7/02&Z 时间分集通信系统 ★ FT： 5K059/CC02 无线传输中的空间传输分集 ★ 5K059/CC07 无线传输中的时间分集 ★ UC： 375/267 数字通信脉冲－使用交替或脉动电流的系统－单个脉冲序列传输的复数信道－分集 ★ 375/299 数字通信脉冲－发送机－多重分集 ★ 375/347 数字通信脉冲－接收机－减少干涉或噪声－分集（频率或时间）★				
协议	TR 25.814（v7.1.0）第 7.1.1.4 节				

在上述表 2 中，针对空时编码这一技术细分，扩展了其中、英文关键词——空时编码、空时块码、空时码、STBC、space time block coding；并且，针对这一技术主题，给出了 IPC、EC、FI/FT 和 UC 分类体系下最

相关的分类号，并以星级的形式来表示其相关程度，便于审查员在检索时选择最好用的分类体系；同时，给出了3GPP涉及空时编码技术的提案，使得审查员可以快速地定位到相关提案或协议来理解该技术细节，并且，在某些情况下，可以快速地通过阅读该提案或协议获取到相应的对比文件。

表2仅是针对下行MIMO下的空时编码技术所制定的综合查询表，对于六大热点技术主题下的各技术细分同样给出相应的综合查询表。通过借助于上述的综合查询表，可以帮助审查员快速地获得相应技术主题的关键词、最相关的分类号和所涉及的协议和提案，便于检索。

（四）检索策略效果验证

为了验证对LTE技术所进行的技术细分及其定义以及制定的检索综合查询表确实能够提高检索的效率，本文选取了几个案例来进行验证，通过验证发现，在某些情况下，借助于上述综合查询表，可以更快地查找到可用的对比文件。

1. 提案或协议的验证

下面通过两个案例来对上述策略中所提出的根据综合查询表中的提案或协议来进行检索的方式进行验证。

【案例1】

申请号：200980130679.3

申请日：2009年8月7日

权利要求：

一种用于在系统接入过程中解释混合自动重传/请求（HARQ）功能的方法，包括以下步骤：

在无线网络中从接入点接收包括资源允许的通信；

至少部分地根据所述通信的类型，确定所述通信是新传输还是重传；

根据确定结果，将所述通信与对新传输或重传的指示一起提供给HARQ进程。

检索过程：

通过分析，确定本申请的发明点在于：利用通信的类型，确定数据包是重传还是新传输。

由于HARQ是3GPP协议中的重要内容，按照传统的检索方式，首先考虑检索3GPP协议。在Google中利用关键词：type，new， transmission，retransmission，并限定在 www.3gpp.org 网站中检索，在检索结果的初始几页中并没有出现可用的对比文件。利用相同的关键词在 3GPP 网站进行检索，在 Best Match 模式下，检索的结果有 1 000 多项，数据量非常大，浏览前几页，也没有发现可用的对比文件。

作为对比，借助于上述综合查询表进行检索，由于该申请涉及 HARQ 中的“重传”，在综合查询表 HARQ 技术主题下面的技术细分中存在“纠错重传”节点，该节点对应的综合查询表（参见表 3）中给出了与该技术相关的协议：3GPP TS 25.321，进一步根据公开时间及内容确定 TS 25.321（V7.8.0）中的相关章节可以作为对比文件影响权利要求 1 的创造性。

表 3　涉及 HARQ 技术主题下的纠错重传技术的综合查询表

技术概要	纠错重传	
关键词	中文	英文
	纠错重传，纠错，检错，重传	Correct+，HARQ，retransmit
分类号	此案例未使用，省略	
协议	TS 25.321（V7.8.0）第 4.2.4.7 节，第 11.6.2 节～第 11.6.4 节	

案例分析：

通过对上述传统的检索方式和使用综合查询表的检索方式的对比分析可以看出，传统的使用 Google 和在 3GPP 网站进行检索的方式所获得结果较多，不便于迅速查找到最相关文献，效率较低；而利用上述的综合查询表，可以快速定位到技术相关的协议或提案，在分析相关协议或提案时，有可能会得到好用的文献。可见，通过对相关技术进行 LTE 相关协议和提案的人工标引后，能够提高检索的便利性和准确性。

【案例 2】

申请号：201010003162.2

申请日：2010 年 1 月 8 日

权利要求：

一种信号发送方法，其特征在于，包括：

发送方将待发送的业务数据块中的第一业务数据块和上行控制信息进行信号复用处理，并将信号复用处理后生成的混合数据进行信道交织处理，生成混合数据块；

将所述混合数据块和所述待发送的业务数据块中除所述第一业务数据块以外的业务数据块进行信号空间复用处理，生成空间复用信号，并将所述空间复用信号通过物理上行共享信道发送给接收方。

检索过程：

通过分析确定本申请的发明点在于：业务数据块与上行控制信息复用处理，复用处理后生成的混和数据进行信道交织处理，以实现多路业务数据块与上行控制信息同时在 PUSCH 信道传输。

由说明书中的内容可知本申请属于 MIMO 领域，由于 MIMO 是 3GPP 协议中的重要内容，首先考虑检索 3GPP 协议。在 Google 中利用关键词：MIMO、multiplexing、PUSCH，并限定在 www. 3gpp. org 网站中检索，很快发现了对比文件 1：3GPP TS 36. 212（v8. 4. 0），但是该文件并不能单独影响权利要求 1 的新颖性或创造性。因为上述对比文件 1 未公开权利要求 1 的如下技术特征：将所述混合数据块和待发送的业务数据块中除所述第一业务数据以外的业务数据块进行信号空间复用处理，生成空间复用信号，并将所述空间复用信号通过物理上行共享信道发送给接收方。

使用同样的关键词在 3GPP 网站进行检索，在 Best Match 模式下，检索的结果数量非常大，也仅只能获得上述对比文件 1。

使用上述综合查询表进一步进行检索，由于该申请涉及 MIMO 中的“空间复用传输”，而在综合查询表 MIMO 技术主题下的技术细分中存在“空间复用传输”节点，该节点对应的综合查询表（参见表 4）中给出了与该技术相关的协议：3GPP TR25. 876（v7. 0. 0）和 3GPP TR 36. 814（v0. 4. 1），进一步根据公开时间及内容可以确定 3GPP TR 36. 814（v0. 4. 1）第 6. 2 节可以作为对比文件 2 和上述对比文件 1 结合影响权利要求 1 的创造性。

表 4　涉及 MIMO 技术主题下的空间复用传输技术的综合查询表

技术概要	空间复用传输	
关键词	中文	英文
	空间复用，单码字，多码字，映射，空间信道秩	Space multiplexing，Single codeword，SCW，multiple codeword，MCW，map

续表

技术概要	空间复用传输
分类号	此案例未使用，省略
协议	TR 25.876（v7.0.0） TR 36.814（v0.4.1）第6.2章节

案例分析：

可见，本案利用传统的检索方式可以容易的获得对比文件1，但是难以获得对比文件2，而利用本LTE综合查询表却可以很容易地得到对比文件2。在检索的过程中可以将传统的检索方式和本策略给出的综合查询表的检索方式进行结合使用，往往能够提高检索效率。

2. 分类号的验证

以下选取了一个案例，以综合查询表所给出的具有星级排序的分类号为基础进行检索，来验证是否能够快速找到可用文献。

【案例3】

申请号：200980112065.2

申请日：2009年3月30日

优先权日：2008年3月31日

权利要求：

一种用于解码的方法，包括：接收与传输块的第一传送对应的第一多个编码码块；将所述第一多个编码码块解码为解码码块；对所述解码码块进行错误检测；存储所述解码码块的解码历史；接收与所述传输块的重传对应的第二多个编码码块，所述第二多个编码码块分别映射于所述第一多个编码码块；以及基于所述解码历史，有选择地解码所述第二多个编码码块的第一子集，而不对所述第二多个编码码块的第二子集进行解码。

检索过程：

通过说明书的记载可以确定上述方案的要点在于：① 接收端接收重传信息，对接收信息进行存储并进行码字合并；② 存储所述解码码块的解码历史、第一编码码块与第二编码码块间的映射关系以及有选择地进行解码。也就是说，影响该发明新颖性或创造性的文件应当涉及上述两点。

针对上述①：确定基本检索要素为重传、码字合并。

针对上述②：其涉及的技术细节比较具体，并且很难提取或者扩展出比较准确的关键词，如果将“映射”、“有选择地”或者“解码历史”等作为关键词进行检索，则很容易造成漏检。

首先针对①确定的关键词在 EPODOC 中进行检索，由于上述要素均属于本领域的技术术语，因此暂时不考虑关键词的进一步扩展；在 EPODOC 中使用检索式“RETRANSMI+ and COMBIN+”进行检索获得 768 篇文献，文献数量比较大，需要进行进一步限定，但是对于上述②，却很难提取出用于限定的关键词。

但是根据上述对 LTE 检索策略的研究可知，在 HARQ 技术主题下具有技术细分“码字合并”，涉及“码字合并”的查询表参见表 5。

表 5　涉及 HARQ 技术主题下的码字合并技术的综合查询表

<table>
<tr><td>技术概要</td><td colspan="5">码字合并</td></tr>
<tr><td rowspan="2">关键词</td><td colspan="2">中文</td><td colspan="3">英文</td></tr>
<tr><td colspan="2">码字合并</td><td colspan="3">code combining，HARQ</td></tr>
<tr><td rowspan="5">分类号</td><td>IPC</td><td>EC</td><td>FI</td><td>FT</td><td>UC</td></tr>
<tr><td>H03M13/00</td><td>H04L1/18R3C</td><td>H04Q7/00&263</td><td>5K014/DA02</td><td>714/748</td></tr>
<tr><td>H03M13/35</td><td>H04L1/18R11</td><td>H04J13/00&A</td><td>5K014/FA03</td><td>714/751</td></tr>
<tr><td>G06F11/08</td><td>H04L1/18T11</td><td>H04Q7/00&264</td><td></td><td>714/758</td></tr>
<tr><td colspan="5">IPC
H03M 13/00　用于检错或纠错的编码、译码或代码转换；编码理论基本假设；编码约束；误差概率估计方法；信道模型；代码的模拟或测试 ★★
H03M 13/35　·不等或自适应防错，例如根据源信息的有效性提供不同级别的保护，或根据传输信道特性的变化自适应编码 ★★
G06F 11/08　··用数据表示中的冗余码作错误检测或校正，例如，应用校验码 ★</td></tr>
</table>

续表

技术概要	码字合并
分类号	EC H04L1/18R3C　接收侧特定装置－缓冲区管理－合并技术，例如码字合并 ★★★ H04L1/18R11　接收侧装置－物理映射装置 ★ H04L1/18T11　传输端装置－物理映射装置 ★ FI H04Q7/00&263　重传 ★★ H04J13/00&A　SSRA 通信系统 ★ H04Q7/00&264　优化，头压缩，调整信息的大小 ★ FT 5K014/DA02　传输错误的检测与预防－在传输系统中加入的冗余－决策反馈 ★ 5K014/FA03　传输错误的检测与预防－错误检测后的测量以及后续错误预防－重传 ★ UC 714/748　错误检测/纠错与错误检测/恢复－脉冲或数据错误处理－数字数据纠错－请求重传 ★★ 714/751　错误检测/纠错与错误检测/恢复－脉冲或数据错误处理－数字数据纠错－请求重传－包括前向纠错能力★★ 714/758　错误检测/纠错与错误检测/恢复－脉冲或数据错误处理－数字数据纠错－利用块码进行前向纠错－带有检错码的纠错码 ★
协议	此案例未使用，省略

通过查询上述综合查询表，可以准确地查找出反映检索要素“码字合并”所对应的 EC 分类号：H04L1/18R3C 接收侧特定装置－缓冲区管理－合并技术，例如码字合并。再结合关键词“重传”、“解码”进行进一步限定，具体检索式如下：

1　1937 H04L1/18R3C/EC

2　244298 DECOD+

3　10667 RETRANSMI+

4　121 1 AND 2 AND 3

对 121 篇文献进行浏览，可以得到影响本申请创造性的对比文件 WO99/14885A2。

案例分析：

通过对本案检索过程的分析可知，通信领域很多案例涉及技术细节，关键词比较难于提取和扩展，很容易造成漏检；如果检索仅涉及案例中比较上位的概念，则由于这些关键词比较普遍，在很多与申请不相关的文献中依然会出现，虽然不会造成漏检，但是通常检索结果很多，很难达到可以阅读的数量。而分类号可以更加准确地定位相关文献，尤其是 EC 和 FI/FT 分类号，审查员可以直接根据综合查询表获知技术主题的分类号，使检索更加快速、有效。

可见，使用本文检索策略中给出的综合查询表可以减少检索工作所耗费的时间，提高检索效率。

结束语

本文针对 LTE 技术相关申请的特点所导致的检索效率不高的问题，首先总结了涉及 LTE 技术的专利申请的六大热点技术主题，并梳理出六大热点技术主题的技术架构，针对上述技术架构中的每个技术细分给出技术解释，以查询表的方式归纳了每一节点所相关的关键词、3GPP 协议、提案及其相关的分类位置，以供审查员检索时方便查询，进而提高相关申请的检索效率。由于 LTE 涉及的技术内容广泛，并且发展迅速，本文仅选取了部分技术热点进行研究，后期还可以陆续展开针对其他技术主题以及新的技术标准的研究，进而不断提高审查员针对 LTE 技术相关专利的检索效率。除了上述的研究成果之外，本文所采用的这种新的检索类课题的研究方法也值得推广，其将对于技术的系统学习、梳理与课题研究相结合，在一定程度上解决审查员没有足够的时间对不太熟悉的技术进行全面、系统学习的问题。

参考文献

[1] 何玉申，宫芳．下一代无线移动通信 LTE 及 LTE-Advanced 的研究［J］．信息技术，2010（11）：132－134，138.

[2] 焦慧颖．第四代移动通信关键技术研究［J］．通信管理与技术，2011（3）：18－21.

[3] 沈嘉，等．3GPP 长期演进（LTE）技术原理与系统设计［M］．北京：人民邮电出版社，2008.

[4] 张克平．LTE－B3G/4G 移动通信系统无线技术［M］．北京：电子工业出版社，2009.

[5] 赵训威，等．3GPP 长期演进（LTE）系统架构与技术规范［M］．北京：人民邮电出版社，2009：115－120.

[6] KHAN F. LTE for 4G Mobile Broadband：Air Interface Technologies and Performance［M］．Cambridge：Cambridge University Press，2009：225－238.

[7] DAHLMAN E，PARKVALL S，SKOLD J. 3G evolution：HSPA and LTE for mobile broadband［M］．USA：Academic Press，2008：332－350.

[8] 3GPP. TR 25. 876（v7. 0. 0）Multiple Input Multiple Output in UTRAN.［2011－10－10］．http：//www. 3gpp. org/ftp/Specs/archive/25_series/25. 876/.

[9] 3GPP. TS 36. 413（V10. 5. 0）Evolved Universal Terrestrial Radio Access Network（E-UTRAN）S1 Application Protocol（S1AP）.［2011－10－10］．http：//www. 3gpp. org/ftp/Specs/archive/36_series/36. 413/.

[10] 3GPP. TR 36. 902（V9. 3. 1）Evolved Universal Terrestrial Radio Access（E-UTRA）Self-configuring and self-optimizing network（SON）use cases and solutions.［2011－10－10］．http：//www. 3gpp. org/ftp/Specs/archive/36_series/36. 902/.

[11] 3GPP. TR 36. 912（V10. 0. 0）Feasibility study for Futher advancements for E-UTRA（LTE-Advanced）.［2011－10－10］．http：//www. 3gpp. org/ftp/Specs/archive/36_series/36. 912/.

[12] 3GPP. TR 25. 890（v1. 0. 0）High Speed Downlink Packet Access（HSDPA）User Equipment（UE）radio transmission and reception（FDD）.［2011－10－10］．http：//www. 3gpp. org/ftp/Specs/archive/25_series/25. 890/.

[13] 3GPP. TR 25. 892（v6. 0. 0）Feasibility study for Orthogonal Frequency Division Multiplexing（OFDM）for UTRAN enhancement.［2011－10－10］．http：//www. 3gpp. org/ftp/Specs/archive/25_series/25. 892/.

浅谈 G01N 领域专利申请的检索策略*

达文欣　汤晨光　韩冰　王策
朱骥　王京阳　郑娟娟

摘　要： G01N 分类号主要涉及材料的分析和测试，该领域专利申请具有涉及的技术领域涵盖面广、权利要求限定的技术特征较多、检索要素难以提取等特点。针对这类申请的以上特点，本文首先利用现有的统计分析检索资源，分析了 G01N 领域的发明申请的特点和检索难点，然后从发明点的提取、检索优先级、选择对比文件三个方面归纳了该领域的检索策略，其中在检索优先级方面，结合典型案例的分析，提炼了六种不同类型权利要求的检索策略。

关键词： G01N　发明点　检索优先级　检索策略

引　言

G01N 分类号主要涉及材料的分析和测试，即“借助于测定材料的化学

---

* 本文源自“G01N 领域检索策略研究”，课题性质：北京中心课题，课题组负责人：朱骥，成员包括：达文欣、韩冰、郑娟娟、王京阳、汤晨光、王策、孙潇。

或物理性质来测定或分析材料”，其中包括光学检测、超声/微波检测、材料参数测试、力学检测和其他交叉领域检测等多个领域，上述领域的专利申请所涉及的技术领域跨度大，例如其中的光学检测，就涉及利用红外光、可见光或紫外光等光学手段来测试或分析材料，而超声/微波检测则涉及利用微波、核磁共振、电子顺磁、超声波、声波或次声波来测试或分析材料等。因此，在实际审查中往往需要通过相关的文献检索来熟悉各个领域的技术背景，不仅需要掌握光学、超声等测试手段，还要了解被测试材料在光学、力学、化学、生物等方面的常规特性，针对某一特定方案，常常需要广泛扩展相关检索领域，进行深入检索，对检索要求较高、检索难度大。然而，随着各国对于材料分析和测试技术的研究，涉及该技术的专利申请量会极大增加，那么对于G01N领域检索策略的研究是非常重要的。

一、G01N领域专利申请的特点及检索难点分析

G01N领域是一个申请量大、覆盖技术面广的领域，领域特点造成的检索难度尤为明显，下面从该领域的专利申请的特点出发分析该领域的几个检索难点，这有利于在后的深入研究该领域的检索策略。

（一）G01N领域专利申请的特点

1. 年申请量呈逐年递增趋势，技术更新较快

G01领域专利年申请量在2000年前增长缓慢，2000年后迅速增长，其中只在2001年、2010年和2011年申请量有所下降（如图1所示）。

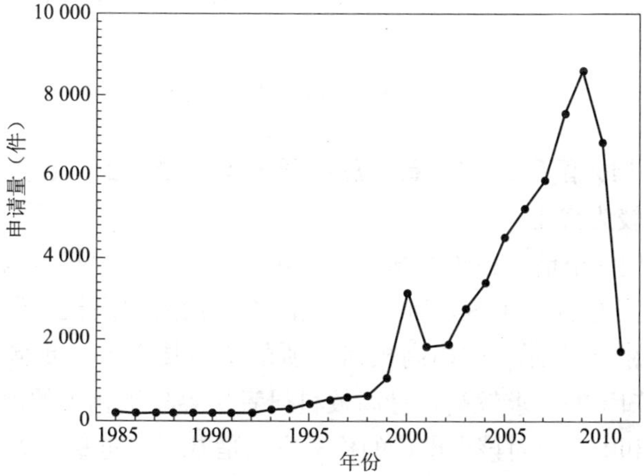

图1　G01N领域发明专利年申请量

2001 年 G01N 年申请量之所以下降的原因是：2000 年年申请量位于前两名的申请人在 2000～2001 年的年申请量下降了 1 765 件所致，而 G01N 领域整体从 2000～2001 年还是呈上升趋势；2010 年和 2011 年年申请量下降是因为部分申请还未公开。

2. G01N 所涵盖的技术领域范围广

申请量中各个大组的总体申请量分布：其中 G01N33 占 31%，G01N21 占 21%，G01N27 占 10%，G01N30 和 G01N1 各占 7%，G01N3、G0135、G01N23、G01N29、G01N15 各占 2%～4%之间，其他大组申请量约占 7%（如图 2 所示），其中 G01N 涉及采用各种测试方法（例如光学、力学、超声）对多种材料（例如半导体材料、生物样品等）的测试，涵盖了众多学科，技术领域跨度非常大，对达到本领域的技术人员水平提出较高的要求。

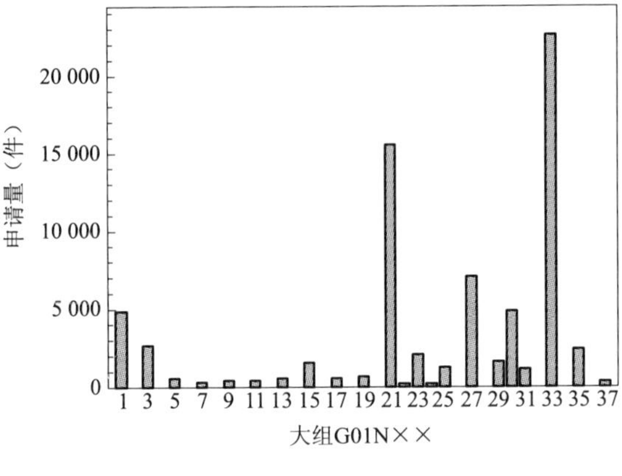

图 2　G01N 领域的分类号分布

3. 从申请人国别分布来看，总体国内多，国外少，且国内高校科研院所占比例较为突出

其中，国内申请人占绝大多数，美国、日本，欧洲其他国家的申请分别占将近 10%左右（如图 3 所示）；且国内申请人中高校科研院所申请占 1/2 多（如图 4）所示。国内高校研究所的申请技术方案更倾向于学术研究，对理论知识的要求较高，且高校科研者更容易把相关的前言技术发表到非专利期刊中，故对该类申请的检索应该是专利和非专利文献检索并重，相对而言，审查员对专利数据库比较熟悉，而对非《专利法》数据库，例如非中文的期刊、国家及行业标准等资源等掌握的并不是很好。

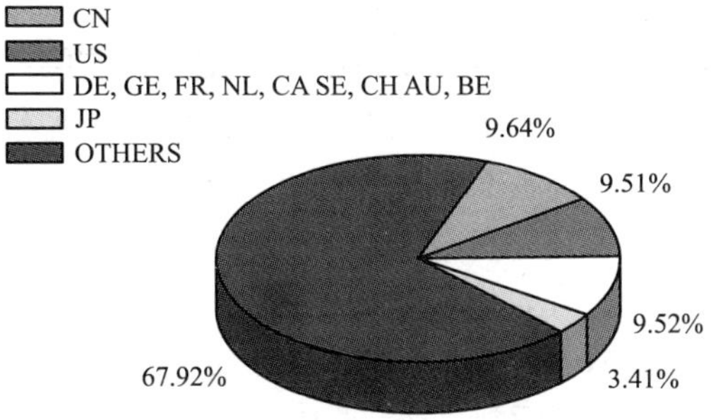

图 3　G01N 领域申请人国别分布

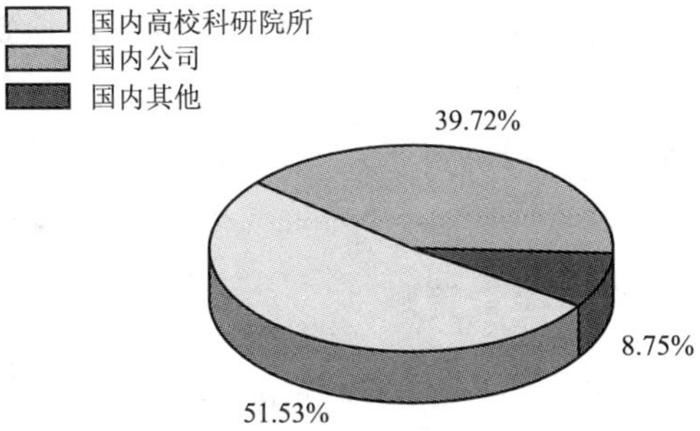

图 4　G01N 领域国内申请人类型分布

（二）检索难点分析

G01N 领域发明申请的以上几个特点决定了 G01N 领域检索的特殊性，使得在实际检索过程中存在一些检索难点，主要包括以下几个方面：

1. 技术领域跨度大，涵盖多学科、多领域，经常涉及交叉领域

G01N 涉及借助于测定材料的化学或物理性质来测试或分析材料，其研究的性质涉及机械强度、密度、流量、颗粒特性、渗透性、摩擦等，采用的检测方法包括了称量、气体压力或体积的测量、机械的方法、光学的、微波的、磁共振、热的、电的、电化学的、磁的、声的、化学的方法以及生物的方法，可见 G01N 几乎涵盖了所有学科，技术领域跨度非常大，对达到本领域的技术人员水平提出了较高的要求。

同时，一个申请常常会涉及 G01N 中不同细分领域的检测方法，例如同时涉及荧光检测的光学方法和免疫测定的生物方法，其检测原理完全不同。由于涉及领域之间的渗透和交叉，需要掌握多个技术领域中涉及的技术知识，也增加了检索的难度。

2. IPC 分类体系对技术细节不够细分，提取、扩展关键词困难

G01N 的分类体系主要考虑依据检测原理来进行分类，而不同的检测对象，即使检测原理相同，其检测方法也存在较大差异。因此，仅依据检测原理分类导致不能体现技术细节，使得通过 IPC 分类号的检索很难获得有意义的结果。此外，该领域的方法权利要求中经常存在多步骤的细节特征，而此时提取、扩展关键词存在一定的困难。

3. 检索范围广，覆盖专利、期刊、图书、国家及行业标准、外网资源

针对不同技术领域特点，相关文献分布会存在较大差异。有些领域中高校、研究所类申请人占有了相当的比重，相关的非专利文献较为集中。此时，若仅在专利数据库中进行检索，往往无法检索到满意的结果，同时还可能漏检。并且由于 G01N 涵盖学科广，需要通过图书、行业标准来达到本领域的技术人员的水平，还需要充分利用外网资源，例如维基百科、Google、百度百科等。

二、G01N 领域的检索策略

检索是专利审查工作的一个重要环节，能否有效提高检索水平，直接关系到专利审查的质量和效率。基于前述 G01N 领域申请的特点和检索难点，下面笔者从发明点的提取、检索优先级、选择对比文件三个方面归纳了该领域的检索策略。

（一）多方位、多角度提取发明点，全面、准确地表达发明点

G01N 领域的专利申请所涉及的背景技术涵盖面广，交叉多，使得审查员在面对大多数申请时，难以区分现有技术和发明点，进而无法准确表达发明点。审查员难以在短期内积累足够的背景技术知识，并且常常无法从以前积累的知识中获得有效帮助，这对准确提取发明点造成了障碍。同时，对说明书和权利要求的理解往往决定了审查员的检索方向，只有准确提取并有效表达发明点，正确分析权利要求的保护范围，才能在相关领域进行合理的扩展性检索，并在相关文献的认定上作出正确的判断。可见，准确提取并有效表达发明点是影响检索质量的基本因素。

在审查过程中，可以通过充分阅读说明书并借助百度百科、维基百科等百科工具书获取背景技术，以申请人、发明人为入口检索非专利文

献等手段来快速掌握现有技术，从而准确提取和表达发明点。其中，充分阅读申请文件的说明书，不仅仅是为了理解发明，还要能够从说明书的字里行间中发现申请人撰写的侧重点，以准确抓住发明点；百度百科和维基百科都是常用的科技大百科网站，其中包括了技术术语的解释、技术手段的原理、技术发展的历程等众多相关的内容，通过在百度百科和维基百科中查找科技词汇，有助于准确表达发明点；此外，在理解发明和提取发明点的过程中，简单地检索申请人、发明人的非专利文章是必不可少的步骤。

（二）根据不同案情，选择不同的检索资源，并确定恰当的检索优先级

在准确确定检索要素之后，要素的表达以及组合、检索调整的时机及方式等检索策略则直接决定了检索质量。审查员应充分了解现有数据库资源，熟知所审领域分类体系的特性，合理选取并扩展关键词，知晓领域内重大申请人的特点等，并对以上多种信息综合利用，才能选择行之有效的检索策略。可见，合理选择检索资源，恰当运用检索技巧是影响检索质检的重要因素。

通常 IPC、ECLA 等各种分类体系均是按照技术特征进行分类的，但由于分类号涉及 G01N 的申请涉及技术领域广、领域交叉多，难以对不同的技术进行有效分类以制定不同的检索策略，例如对于同一个检测方法，可能用于检测 A 物质，也可能用于检测不同领域的 B 物质，检测方法本质是相同的，但由于是检测不同的物质而导致分类号不同。因此，需深入分析 G01N 下各个分类号申请的特点，要从有利于检索的角度重新对这些申请进行分类，制定有针对性的检索策略。现根据专利申请的不同案情选择恰当的检索策略，具体说明如图 5 所示。

首先，根据申请人区别可以选择不同的检索资源。通常国外申请人为企业，其专利发明处于研发生产体系中，具有一定的传承性和延续性，更容易找到相关或相似的专利文献，并且较为容易找到发明点。因此，对于同族审查过程及相似专利的审查过程的关注可以提高检索的效率。而国内申请人的专利申请由于很少有同族可以参考，因此需要进行更为深入的检索。

其次，根据权利要求的不同类型，选择恰当的检索优先级。G01N 领域虽然技术领域较为分散，但权利要求的类型相对固定，因此可以分别

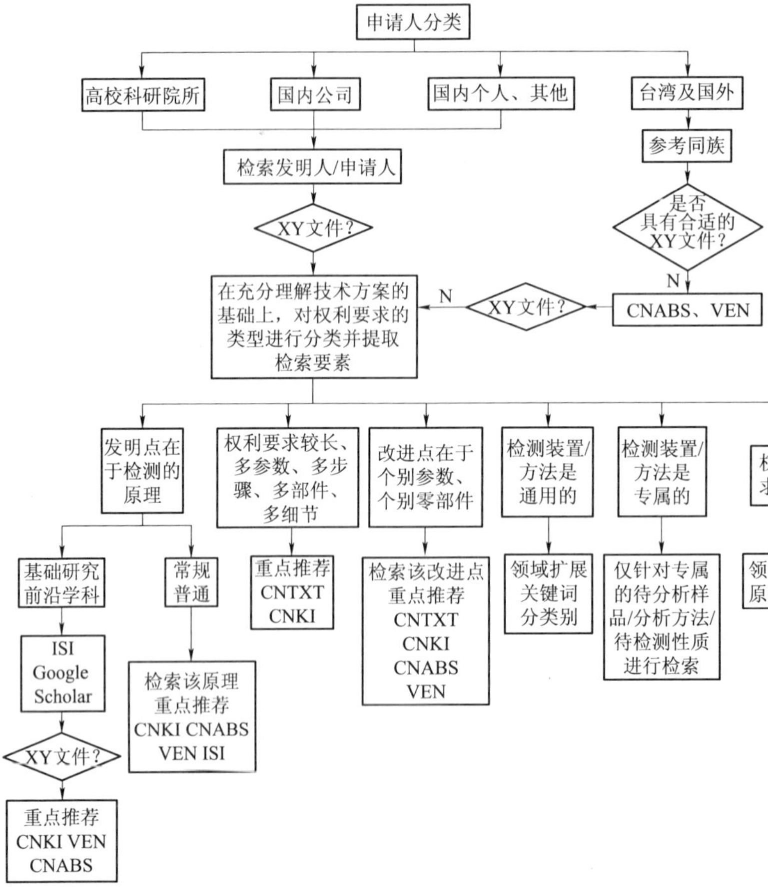

图 5　G01N 领域检索策略图

对不同类型的权利要求采用不同的检索策略。

1. 发明点在于原理性的改进

初步进行检索，判断这种原理性的改进是否属于基础研究的前沿学科。专利由于公开的滞后性，并不能准确反映过于前沿的技术。因此对于涉及前沿学科的申请，应当检索期刊库，特别是外文期刊库，例如 Google Scholar，ISI 等。

以发明专利申请 201010579430.5 为例，权利要求 1 请求保护一种基于荧光共轭聚合物激光效应的化学传感器，其特征在于所述的传感器包括微谐振腔和与之结合的荧光共轭聚合物，其中，微谐振腔的谐振波长与荧光聚合物的荧光光谱相匹配，使荧光共轭聚合物在外界光泵浦下产生受激辐射的激光输出，所述的荧光共轭聚合物具有高的荧光量子效率和大的受激辐射截面，同时作为激光增益材料。该申请的发明点就在于在制作荧光化学传感器时，采用荧光共轭聚合物和微谐振腔结合将荧光放大并实现激光输出，属于比较前沿的、科研型的技术。因此，检索时，优先选择外文期刊库，在 Google Scholar 或 ISI Web of Knowledge 中针对“荧光共轭聚合物”、“微谐振腔”和“激光/激射”等关键词进行检索，便可获得影响权利要求 1 新颖性的英文非专利文献。

但同时也存在这种申请，虽然其声称的发明点在于原理性的改进，但实际其技术内容较为常用，并不是真正意义上的原理改进，此时应当检索期刊库，特别是中文期刊库，例如 CNKI、万方等。对于过于浅显的技术，则应当检索读秀、超星等图书及万方标准数据库。

2. 发明点在于个别参数、个别部件或个别步骤

在检索过程中，发明点应确定为首要检索要素，但为了避免漏检，常常会采用较为上位的词语来表达发明点，但这会使得检索文献浏览量非常大，不能获得快速查准的效果。此时，需要提取发明的领域或重要参数、部件、步骤，这对于排除噪声非常有效。

以发明专利申请 200610097850.3 为例，权利要求 1 请求保护一种粉尘浓度传感器，主要由外壳、粉尘采样头、粉尘室、风机、光电接收装置组成，并涉及粉尘采样头和光电接收装置的具体结构。首先，该申请主分类号 G01N15/06（测试悬浮颗粒的浓度）以及副分类号 G01N21/53（流动的流体内散射，入射光根据所测试的材料性质而改变的系统）都非常准确，故可以直接应用两个分类号 G01N15、G01N21 结合关键词“尘”、“光电”、“反射”进行检索；其次，通过说明书的阅读理解或者预检索可以发现，该申请的发明点在于对传统的粉尘浓度传感器中加入了抽气系统，从而连续不断地在暗室中形成浮游粉尘，进行即时显示和连续监测，针对该发明点利用关键词“风机”、“抽吸”进行检索，可以得到对比文件 1（CN1151018A），披露了权利要求 1 的大部分特征，以结合对比文件 2（CN2897489Y）评价其创造性。

3. 权利要求复杂，参数多、步骤多、部件多、细节多

首先，应当从权利要求中提取重要步骤、参数和部件，并暂时先不考虑次要的步骤、参数和部件，特别是要暂时搁置一些常用的步骤、参数和部件。其次，在对重要步骤、参数和部件进行检索时，可以采用摘要库进行检索，以提高检索的效率。在检索到涉及重要的步骤、参数和部件的对比文件之后，可以在全文库中进行细节的检索。上述摘要库可以是专利库（例如 CNABS、VEN 等），也可以是期刊库（例如 CNKI、ISI 等）。上述全文库可以是专利库（例如 CNTXT、Google Patents 等），也可以是期刊库（例如 Google Scholar 等）。

以发明专利申请 200810140820.5 为例，权利要求 1 请求保护一种基于热裂解—气相色谱质谱联用技术的烟用香原料筛选方法，主要包括样品准备、样品裂解、GC-MS 对热解产物进行分离及检测的步骤，其中每一步又包含很多的具体操作和细节参数，权利要求较长、参数较多。通过对权利要求主题名称的分析可知，该方法待制备的样品是“烟用香原料”，制样后用于“气相色谱质谱”检测，制样的关键步骤是“热裂解”。对于多步骤、多参数的制样方法，优先考虑在非专利文献库中进行检索，先不考虑权利要求中的参数，采用样品“烟用香原料”、检测方法“气相色谱质谱”、制样关键步骤“热裂解”作为主题词在 CNKI 中进行跨库检索，在主题检索项中输入“裂解/热解”、“烟草/卷烟/香烟”、“气相色谱质谱”进行“与”运算，并根据申请日对时间进行限定，获得 34 篇检索结果，对相关的文献进行全文浏览，便可获得两篇结合影响权利要求创造性的对比文件：“在线裂解气相色谱/质谱联用法研究 4-氧代-β-大马酮的热裂解行为”，吴亿勤等，《色谱》，以及“热解与气相色谱—质谱联用技术在烟草分析中的应用”，张建勋等，《分析化学》，其公开了权利要求中绝大部分的参数，而其他未公开的较少的参数和其他特征，是可以通过有限的实验获得，属于本领域的惯用技术手段。

4. 权利要求简短

在分类号涉及 G01N 领域的简短的权利要求，有时进行简单的关键词检索就可以得到对比文件，但大多数时候检索难度是非常大的，此时应当采用以下几种策略：① 对发明进行原理性拆分；② 适当扩展检索领域，对检测相似物质的领域进行检索；③ 充分利用全文库，并可以选择使用互联网搜索网站进行检索。

以发明专利申请 200810190591.8 为例，权利要求 1 请求保护一种抑制量子点光漂白及光谱蓝移的方法，其特征是，该方法为：以量子点为研究对象，向含量子点的样品溶液中加入巯基化合物，对基底上的量子点进行荧光成像。该申请的发明点就在于采用巯基化合物来抑制量子点的光漂白和光谱蓝移，属于比较基础科研领域，应当重点在非专利数据库中进行检索，首先，同时采用“巯基化合物”、“量子点”、“光漂白”和“光谱蓝移”作为检索词没有获得影响新颖性或创造性的对比文件；接着，可以考虑检索词进行组合进行检索，先采用“量子点”、“光漂白”和“光谱蓝移”进行检索阅读一些文献可以获得对比文件1（*Photochemical Instability of CdSe Nanocrystals Coated by Hydrophilic Thiols*），其公开了量子点光漂白和光蓝移的原因是量子点表面的光致氧化，在此基础上，采用“量子点”、“光致氧化”和“巯基化合物”进行检索，获得对比文件2（*Photooxidation and Photobleaching of Single CdSe/ZnS Quantum Dots Probed by Room-Temperature Time-Resolved Spectroscopy*），其公开了在量子点中加入巯基化合物能够抑制其表面的光致氧化，因而，采用对比文件1和对比文件2结合能够评述权利要求的创造性。

5. 检测装置和检测方法是通用的

由于检测领域经常出现同一装置、同一方法能够应用于检测不同物质，因此，特别注意不应用过于窄的领域进行限制而是应当在检索到特征相关的对比文件之后再根据领域判断是否可以用，避免造成漏检。

以发明专利申请200910305500.5为例，权利要求1请求保护一种快速检测分析绢云母质量的方法，其特征在于采用傅立叶变换近红外光谱分析仪采集待检测绢云母样品的光谱信息，采用最佳校正模型对所述待检测的绢云母样品的光谱信息进行分析，获得待测绢云母的质量分析结果，并对最佳校正模型的建立过程作了很具体的限定。然而，该技术方案的实质就是采用现有技术中很常用的近红外光谱和化学计量学建模的方法来对绢云母的质量进行检测分析，由于近红外光谱已经广泛应用于各个领域对物质进行分析、鉴别等，进而检索时不能将被检测物局限于“绢云母”，否则将有可能导致漏检创造性的对比文件。在中文专利库中采用“近红外光谱”和“最佳校正模型”中采用的相关特征进行检索，获得了对比文件1（CN101403677A），其采用近红外光谱和化学计量学建模的方法来检测纤维布的质量，除了被检测物“纤维布”以及采用的具体波长范围和该申请有区别外，其他步骤几乎完全相同；在此基础上，再采用“近红外光谱”和“绢云母”进行检索，获得非专利文献作为对比文件 2（近红外矿物光谱技术研究及其在德兴斑岩铜矿的应用），其公开了采用近红外光谱来分析绢云母的性质，且公开了该申请中的波长范围，可以结合对比文件 1、2 评述权利要求的创造性。

6. 检测装置和检测方法是专属的

有些物质检测时需要专门的检测装置和检测方法，此时应当充分利用领域（例如分类号）对检索结果进行限制，以减小文献浏览量，提高检索效率。并且，对于这种情况，利用被检测物名称进行检索往往能事半功倍。

以发明专利申请 201010177770.5 为例，权利要求 1 请求保护一种太阳能电池电致发光成像缺陷检测仪，其特征在于设有太阳能电池板、导热平台、稳压电源、控温加热器、滤波片、相机、调节支架、图像采集卡、电脑和底座，并具体限定了上述部件之间的位置和连接关系。该申请基于电致发光成像对被检测物太阳能电池进行缺陷检测，尽管电致发光检测广泛应用于半导体等光电材料领域，但更多的是在科研领域对材料和器件进行较为基础的研究，太阳能电池是目前应用最为广泛的半导体光电材料之一，能够采用电致发光方法进行检测，且太阳能电池在具体应用时具有较大的面积，因而需要相机对电池发光进行成像来检测整个电池面积上的缺陷。因而，该申请中采用的电致发光成像方法基本上专属于太阳能电池这种大面积的半导体光电材料和器件，在 Google Scholar 或 ISI Web of Knowledge 中对被检测物“太阳能电池”和检测方法“电致发光成像”进行检索，能够很快获得影响该申请创造性的英文非专利文献。

在实际检索过程中，申请的权利要求可能并不简单属于某一种类型，此时可以根据上述分析，结合实际情况选择恰当的检索策略，并进行综合的运用。

（三）从检索结果中恰当地选择对比文件

在正确分析权利要求保护范围的基础上，能否在已有的检索结果中确定选取合适的对比文件，通过多篇对比文件结合、对比文件与公知常识结合进行创造性的判断，也会影响最终的检索质量。在对比文件筛选过程中，不同审查员面对相同的申请、相同的对比文件可能作出不同结论。例如审查员常常需要判断与本申请检测原理相同，但检测物质不同的对比文件是否能够用来评价本申请的创造性；对于部分特征未公开的对比文件是否可以用来结合公知常识评价本申请的创造性等。可见，恰当选择对比文件是影响检索质量的保障因素。

G01N 领域涉及分支广，分类号下的专利申请应用于物理、化学、生物等多个不同领域，但由于不同领域中检测装置和原理可能存在相关性，在存在区别技术特征时，需要准确判断检索到的对比文件是否可以用来评价创造性。例如，在测量方法或装置类似而待测物质不同时，需要判断对比文件中的技术方案用于检测本申请中的物质是否是容易想到的；在检索到的对比文件未全部公开技术特征时，需要判断区别技术特征是否属于公知常识，该对比文件是否可以用于评价创造性。

在选择对比文件时，应当注意以下两点：首先，明确权利要求中应用领域是否具有限定作用，合理判断结合启示。G01N 领域主要基于待测目标的物理、化学性质来完成测试或分析，而某些检测方法或装置本身对应用领域、待测目标并无限定作用；其次，正确认定权利要求中的公知常识。G01N 领域往往涉及权利要求较复杂的申请，或者某种检测方法或装置的改进式发明，对该类申请进行检索时，应当确定现有技术和本领域中的公知常识，根据说明书的背景介绍和对本领域中非专利文献（主要可以考虑教科书、行业标准及优秀博士、硕士毕业论文）的相关背景介绍，去粗取精，区分发明点和公知常识，以避免在对检索结果进行筛选时遗漏对比文件。

结束语

本文首先利用现有的检索资源统计分析了 G01N 领域的发明申请的特点和检索难点，然后从这几个检索难点出发，从发明点的提取、检索优先级、选择对比文件三个方面归纳了该领域的检索策略，其中在检索优先级方面，结合典型案例的分析，提炼了六种不同类型权利要求的检索策略，希望能帮助审查员迅速熟悉本领域特色检索资源、掌握检索策略、分享检索技巧。

以上仅是笔者在审查实践工作中对 G01N 领域检索的一些简单经验和粗浅体会，有不当之处，敬请批评指正。

参考文献

[1] 曲淑君，等．化学领域检索过程质量控制研究［R/OL］.［2011－10－18］. http：//www. xueshu. sipo/ktyj/xswyhketi/.

[2] 张鹏，等．电学领域检索模式研究［R/OL］.［2011－10－18］. http：//www. xueshu. sipo/ ktyj/xswyhketi/.

[3] 王晓峰，等．以传感器为切入点的测控领域检索策略研究［R/OL］.［2011－10－18］. http：//www. xueshu. sipo/ktyj/xswyhketi/.

[4] 张鹏，等．电池领域检索策略的研究［R/OL］.［2011－10－18］. http：//www. xueshu. sipo/ktyj/xswyhketi/.

[5] 朱宁，等．高分子领域的检索策略研究［R/OL］.［2011－10－18］. http：//www. xueshu. sipo/ktyj/xswyhketi/.

[6] 宫宝珉，等．医药领域发明专利申请的检索策略研究［R/OL］.［2011－10－18］. http：//www. xueshu. sipo/ktyj/xswyhketi/.

[7] 马秋娟，等．光存储领域文献检索研究［R/OL］.［2011－10－18］. http：//www. xueshu. sipo/ ktyj/xswyhketi/.

[8] 张蔚．浅谈 G01 领域非专利文献的检索策略与技巧［J］. 审查业务通讯，2012 (1)：81－85.

行业专利分析及其他

中国即时通讯专利申请状况分析*

陈玉华　覃冬梅　孟祥岳　郑宁　张文
刘光德　何名伦　王艳臣

摘　要：近年来，随着移动技术的发展，即时通讯重新成为当前的技术热点。本文对即时通讯技术从专利角度进行了技术分类，分析了中国即时通讯专利申请的年代分布、领域分布、法律状态分布、主要研发力量等专利信息，研究了即时通讯技术领域的重点专利，呈现了中国即时通讯技术领域的专利现状，为我国企业选择合理的研发领域、制定合适的专利策略提供参考和帮助。

关键词：即时通讯　专利　检索　分类　分析　预警

引　言

即时通讯（Instant Messenger，IM），是指能够即时发送和接收互联网消息等的业务。随着以互联网为代表的电子信息技术在人们日常生活以及学习工作中的广泛运用，即时通讯以其特有的适用性和便捷性，逐渐成为现代社会中一项不可或缺的交流手段。自 1998 年面世以来，即时

---

* 本文源自“计算机领域专利对企业发展的影响研究”，课题性质：北京中心课题，课题组负责人：陈玉华，成员包括：覃冬梅、孟祥岳、张文、郑宁、何名伦、刘光德、张霞、王艳臣。

通讯软件的功能日益丰富，逐渐集成了电子邮件、博客、音乐、电视、游戏和搜索等多种功能。这使得即时通讯软件不再是一个单纯的聊天工具，它已经发展成为一个集交流、资讯、娱乐、搜索、电子商务、办公协作和企业客户服务等为一体的综合化信息平台。

特别是近几年，随着移动互联网技术的发展，即时通讯重新成为当前计算机领域的一个技术热点。众多即时通讯软件应运而生，各个公司对即时通讯市场的争夺也日趋激烈。无论是国外 Google 公司的短信群发应用 Disco、苹果公司的 iMessage，国内腾讯公司的微信、小米公司的米聊，还是传统 IM 软件，例如微软公司的 MSN，腾讯公司的 QQ，各个公司都加大了对其在技术上的投入。人们越来越发现即时通讯业务能否在这条产业链中发展壮大，关键还要依赖于在即时通讯技术上的核心竞争力和发展战略。

同时随着“经济全球化”进程的加快，专利在社会发展中所起的作用日益凸现出来，它鼓励社会发明创造和技术创新，推动社会经济等各方面的快速发展。特别是近几年来计算机领域内一些大公司的专利纠纷和巨额专利转让/侵权赔偿费用，让国内公司和个人在专利对企业发展和技术保护的影响方面有了更深的认识。无论是企业还是个人，都希望在专利方面占有一席之地。然而如何使用专利武器，如何运用专利武器保护自己，是国内企业和申请人面临的一大难题。

本文从专利技术分析的角度去探究即时通讯领域的现状及专利布局，深入研究了世界即时通讯领域的发展现状，从中寻找我国在该领域的差距和优势，不但能为我国企业选择合适的研发领域、技术升级方向提供参考，也能为国内企业制定专利策略和风险防范措施提供帮助，进而提高我国相关企业的国际竞争力。

一、研究与分析方法

（一）检索范围

检索使用的系统为中国专利检索系统（CPRS）、专利检索与服务系统的界面检索子系统，检索的数据库为中国专利检索系统文摘数据库（CPRSABS）、中国专利文摘数据库（CNABS）。需要说明的是，为了便于后期对专利数据进行统计分析，最终检索得到的专利文献从 CPRS 数据库导出。

检索时间终止日为2012年5月20日，即涉及DWPI数据库中公开日在1948年1月1日～2012年5月20日之间的专利文献，以及CPRS、CNABS数据库中公开日在1985年1月1日～2012年5月20日之间的专利文献。

2011～2012年申请的部分文献尚未公开，但是为了全面统计已公开的专利文献，本文在统计时也给出了2011～2012年申请的已公开的专利文献数据，但是在分析申请趋势等指标时，不对此期间申请的文献作具体分析，以保证分析结果的客观和准确。

（二）检索策略

表1给出了对即时通讯技术进行检索时所采用的关键词和分类号。

表1　即时通讯技术检索策略表

<table>
<tr><td colspan="4">检索主题：即时通讯技术</td></tr>
<tr><td colspan="4">检索数据库：CNPAT</td></tr>
<tr><td>检索要素</td><td>要素1
（实时性）</td><td>要素2
（通信功能）</td><td>要素3
（管理控制）</td></tr>
<tr><td>检索关键词</td><td>实时，即时，远程，在线，离线，线上，对等，即说</td><td>聊天，通讯，会话，对话，通信，通知，连接</td><td>好友，群组，安全，文件传输，图片，大文件，音，视频，群，分组，黑名单，记录，登录，账号</td></tr>
<tr><td>分类号</td><td colspan="3">H部，G部</td></tr>
</table>

分类号说明：检索中用到的分类号限定在G部和H部，其中G部为物理分部，涉及测量与测试、光学、摄影术、测时、控制与调节、计算推算与计数、核算、信号、密码显示、信息存储、仪器部件等；H部为电学分部，涉及电气元件、发电变电与配电、电子电路、电通信计数等。

（三）统计方法

为了更好地统计中文数据库的专利，首先选择CPRS数据库进行检索，将检索得到的结果保存为TXT文本文件，并通过特定的文件转换工具，将其转换为EXCEL文件，使用EXCEL提供的统计分析工具对专利数据进行分析。

二、基于专利角度的即时通讯技术分类

基于对即时通讯技术的掌握，从利于专利分析的角度出发，将即时通讯分成以下技术方向（如图 1 所示）：

（1）传输控制，涉及通信链路的连接、传输协议的改进、会话的控制和传输的配置管理等，以控制实现通信的建立和完成，并保证通信质量。

（2）软件管理，主要涉及应用层面对软件的管理，例如实现软件中的用户管理、信息设置和群组分配等。

（3）多媒体技术，主要涉及图片、图像和音视频数据的传输，图片和音视频数据的压缩、解压缩、编码以及算法优化。

（4）安全管理，涉及网络中的安全通信机制，以保证数据传输的安全性，主要包括安全模型、数据加密和防火墙等技术。

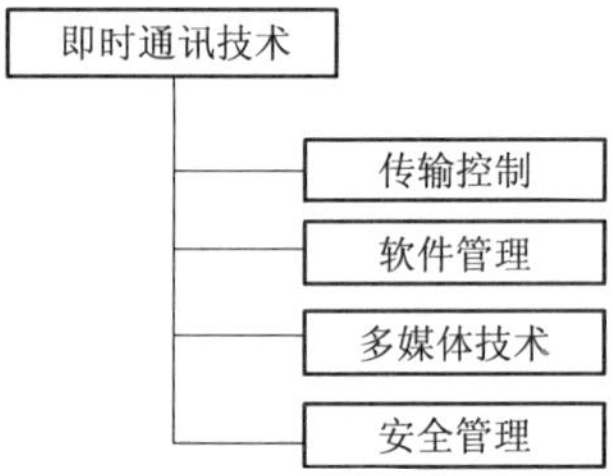

图 1　即时通讯技术的分类

根据对即时通讯关键技术的了解和掌握，按照前节的研究方法，对初步检索的 4 087 篇专利申请进行逐篇阅读筛选，剔除不涉及即时通讯技术的专利文献，同时按照技术方向对文献进行分类标引，得到 2 948 篇专利文献，细化的各技术分支的文献数量情况如表 2 所示。

表 2　即时通讯技术分支文献数量

一级分类	二级分类	文献数量
即时通讯	传输控制	998
	软件管理	1 200
	多媒体技术	532
	安全管理	218
总　　计		2 948

三、整体数据分析

专利申请状况的研究必须要基于实际的专利申请数据情况。以下主要从即时通讯的年代分布、专利申请的领域分布、专利申请的法律状态分布、专利申请的主要研发力量四个方面对即时通讯在中国的专利申请数据进行了分析，并对国内申请与国外申请进行了数据对比，从而能够完整体现即时通讯领域在技术演变、技术分支分布、专利的授权状态、以及在中国最主要的研发力量分布这四方面的情况。以便能够对中国企业在以后即时通讯领域的技术研发，以及专利避险方面提供一定的参考。其中，国内申请是指国内申请人在即时通讯领域的中国申请，国外申请是指国外申请人在即时通讯领域的中国申请。

（一）专利申请的年代分布

1. 历年申请趋势

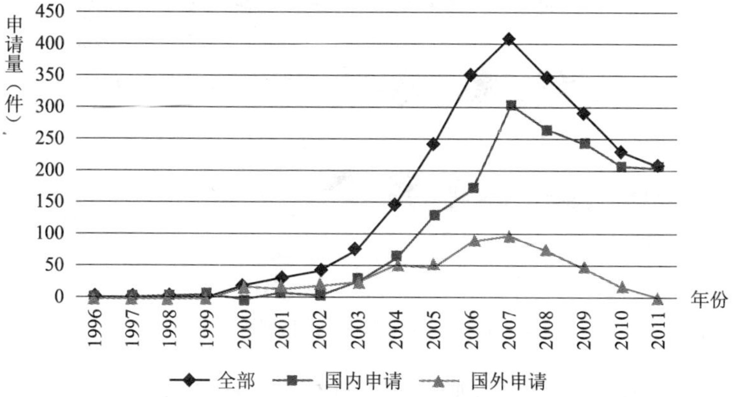

图 2　历年专利申请量分析

从全部的国内申请来看，有关即时通讯技术的专利申请出现在 20 世纪 90 年代后期，这一时期互联网技术的快速发展带动了即时通讯技术的出现。1999～2002 年，有关即时通讯的国内专利申请处于缓慢增长阶段，而从 2003 年起，有关即时通讯技术的专利申请增长迅速，这个快速增长阶段持续到 2007 年，这一时期，即时通讯得到了快速的普及，已经成为人们远程交流的重要技术手段。从 2008 年，随着即时通讯技术的成熟，技术的突破有所缓慢，从而申请量开始有所下降。

从国内和国外申请的对比来看，国外申请稍早于国内申请，且在头几年国外申请的申请量也稍多于国内申请，2003 年、2004 年是国内申请与国外申请的转折年，2004 年之后，国内申请的增速明显高于国外申请，反映了国内申请人对于即时通讯技术的重视逐步增强，申请热情也十分高涨。并且，从 2007 年以后，国外申请量急速下降，申请数量变得很少，尤其是2010 年以后，已经低于 20 几件，相对而言，国内申请虽然也有所下降，但却保持有一定的申请量，如 2010 年、2011 年仍然保持在 200 件以上，表明了国内市场对于即时通讯技术仍然具有一定的需求。目前，国内申请已经占据了全部中国申请的大部分份额。

（二）专利申请的领域分布

1. IPC 构成比例分析

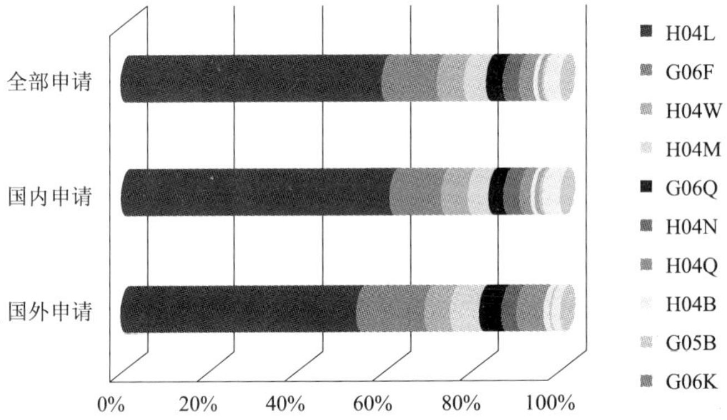

图 3　IPC 构成比例分析

由图 3 可以看出，涉及即时通讯的全部申请在多个技术方向上均有涉猎，相对集中于 H04L（数据信息的传输）、G06F（电数字数据处理），这两个方向占据了全部申请的近 70%，其中，H04L（数据信息的传输）所占的比例最多，超过一半，这说明涉及数据信息的传输控制是即时通讯技术的核心技术。此外，还有一部分申请涉及 H04W（无线通信网络）与 H04M（电话通信）。相比较而言，H04L（数据信息的传输）方向在国外申请中所占的比重低于在国内申请中所占的比例，而 G06F（电数字数据处理）所占的比重高于国内申请。

2. 技术主题构成比例分析

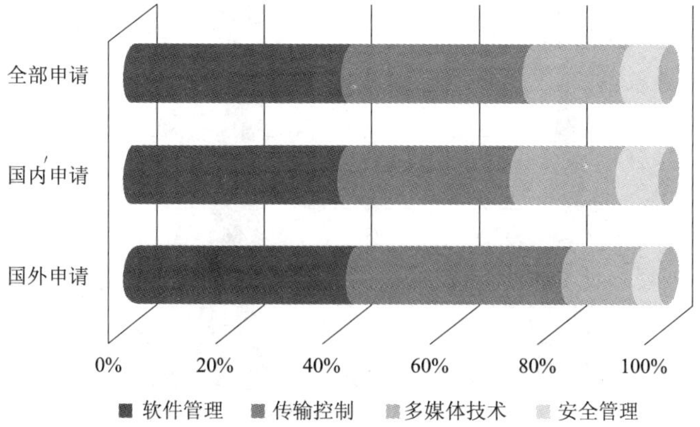

图 4　技术主题比例分析

根据图 4，通过对即时通讯的 4 个技术分支的国内外申请（申请人为国内或国外）比例进行统计，可以看出，国内申请、国外申请都集中在软件管理和传输控制，且在软件管理方向上的比重大致相当，而传输控制在国外申请中所占的比例高于在国内申请中所占的比例，反映了国外申请人更为重视传输控制这一即时通讯的核心技术方向。

在多媒体技术方向上，国内申请的比例高于国外申请的比例。而在安全管理技术方向上，国内申请和国外申请的申请数量都不多，而安全管理是制约即时通讯应用的关键因素，属于即时通讯技术的核心技术，成为即时通讯技术突破瓶颈的关键技术的概率较大，因此，国内申请人应当加大对安全管理方向上的投入力度，争取实现突破。

（三）专利申请的法律状态分布

1. 类型

由图 5 可以看出，涉及即时通讯技术的国内申请，发明专利申请占到 91.03%，实用新型申请占到 8.97%，对于国外申请，发明专利申请占到 97.38%，实用新型申请只占 2.62%，可以知道，国内申请人的发明专利比例低于国外申请人，表明国外申请人的专利申请的整体技术水平略高于国内申请人，对国内即时通讯技术的实施构成了一定的风险。

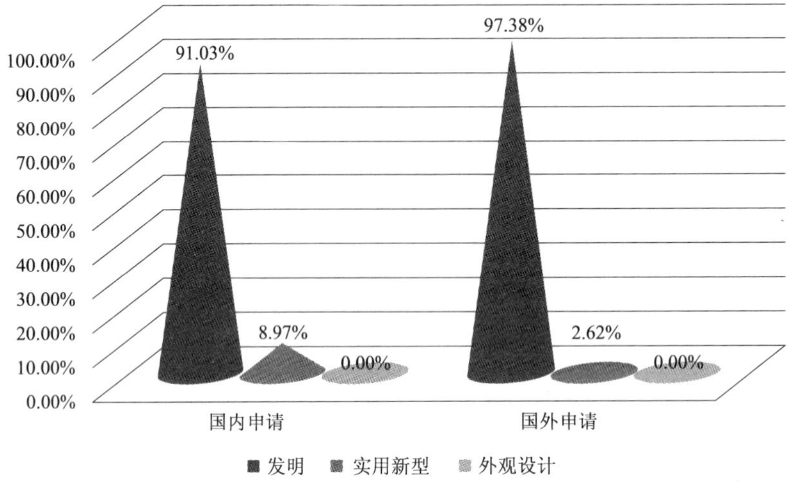

图 5　中国国内外申请人专利申请类型

2. 法律状态分布

表 1　中国国内外申请人申请法律状态

申请人类型	发明类型	法律状态	申请量
国内申请人	发明	有效	603
		审查中	1 066
		失效	361
		总量	2 030
	实用新型	有效	168
		失效	32
		总量	200
国外申请人	发明	有效	230
		审查中	301
		失效	168
		总量	699

续表

申请人类型	发明类型	法律状态	申请量
国外申请人	实用新型	有效	13
		失效	6
		总量	19

由表1可以看出，国内外申请人都有一定的有效发明专利，并且都有一定数量的在审发明专利，而且，国外申请人的实用新型比例很低，这从一定程度上说明了国外申请人的有效专利的价值，国内申请人应当注意国外申请人的有效专利，绕开专利壁垒，并且，对于国外申请人处于失效状态的发明、实用新型，国内企业可以对这些技术进行充分研究，以提高研发起点。

（四）专利申请的主要研发力量

1. 在中国申请人排名分析

表2　中国所有申请人排名

申　请　人	数量	排名
腾讯科技（深圳）有限公司	654	1
苏州阔地网络科技有限公司	138	2
北京亿企通信息技术有限公司	133	3
华为技术有限公司	98	4
中兴通讯股份有限公司	91	5
国际商业机器公司	87	6
阿里巴巴集团控股有限公司	70	7
微软公司	62	8
中国移动通信集团公司	34	9
中国移动通信集团北京有限公司	21	10
三星电子株式会社	21	10
英业达股份有限公司	21	10

表 2 是即时通讯技术领域在中国的申请人排名，其中包括国内和国外申请人，仍然按照申请量分为四个层次。目前在中国排名第一位的申请人是腾讯科技，这家企业的申请量为 654 件，远远超过了排名第二的 138 件，说明腾讯科技在即时通讯领域拥有巨大的技术优势，这也与腾讯科技目前在国内的市场地位和市场规模相匹配。第二层次为苏州阔地网络科技、北京亿企。他们的申请量都在 130 件左右，他们相比之后的公司在申请量上也有比较明显的优势。第三层次为申请量 60～100 件的华为、中兴、IBM、阿里巴巴和微软公司，其中华为和中兴为国内乃至世界知名的通讯公司，由于其主要技术皆与通讯相关，因而其在即时通讯方面的申请量较多；而美国的 IBM 公司，该公司技术实力雄厚；阿里巴巴属于互联网电子商务领域的领头羊，其旗下的淘宝网拥有广大的用户群，而淘宝旺旺则是淘宝用户最主要的通讯工具软件，可以预期其在即时通讯方面有大量的申请，微软公司是世界著名的软件公司，其即时通讯工具 IM 应该是除腾讯 OICQ 之外拥有最大用户群的即时通讯工具，所以该公司在这方面的申请量也比较多。第四层次为申请量 20、30 件左右的申请人，包括中国移动集团公司、中国移动北京公司、三星株式会社以及英业达，由于中国移动的短信业务，以及飞信通信软件皆与即时通讯息息相关，因此该公司在这方面有一定的申请量，但是由于该公司主要是运营商，而不是以技术开发为主，所以申请量不是太多，而三星和英业达也是技术比较全面的公司，所以其在这方面也有一定的申请量。

2. 国内申请人排名分析

表 3　中国国内申请人排名

申　请　人	数量	排名
腾讯科技（深圳）有限公司	654	1
苏州阔地网络科技有限公司	138	2
北京亿企通信息技术有限公司	133	3
华为技术有限公司	98	4
中兴通讯股份有限公司	91	5
阿里巴巴集团控股有限公司	70	6

续表

申　请　人	数量	排名
中国移动通信集团公司	34	7
中国移动通信集团北京有限公司	21	8
中国电信股份有限公司	17	9
捷讯研究有限公司	16	10

表 3 是即时通讯技术领域在中国国内申请人排名，可以看出该排名与上表的排名相差不大，而该表在上表的国内申请人基础上加入了中国电信和捷讯研究有限公司。中国电信作为一家电信运营商，其与中国移动相似，但是中国电信的移动用户市场规模暂时不如中国移动，可能其在这方面的技术投入也不如中国移动，其申请量少于中国移动。而捷讯研究有限公司为一家主要从事通信技术研发的公司，其部分研发与即时通讯相关。

3. 主要申请人历年专利申请量分析

图 6 选择了在中国排名靠前的五家国内申请人和一家国外申请人的历年申请量进行比较。可以看出，腾讯科技的起步较早，在 2001 年起开始在中国申请即时通讯技术领域的专利，其在 2006 年达到申请量的最大值；华为、IBM 和中兴基本都是从 2004 年开始起步，之后技术发展比较

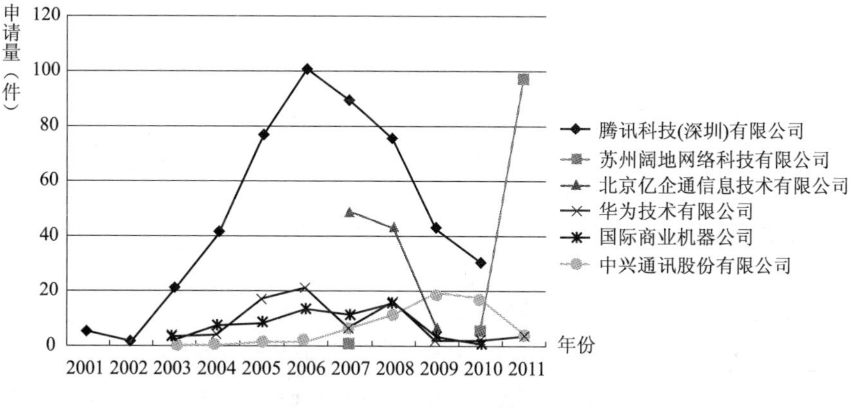

图 6　中国主要申请人历年专利申请量

平稳，申请量持续增长；而苏州阔地网络和北京亿企属于后起之秀，苏州阔地在 2007 年有第 1 件申请，间隔 2 年后在 2010 年才重新开始申请，并在 2011 年达到了一个 97 件的申请量，北京亿企从 2007 年开始有申请，并且当年就达到了 47 件，但申请仅维持到 2009 年。

四、重点有效专利的研究与分析

在大量的专利文献中，可以通过一些有效的分析指标来获得某一技术方向上比较关键乃至于核心的文献，这些文献记载了该技术方向上的核心技术或者基础技术，是值得技术研发单位特别关注的专利文献。

（一）重点有效专利

本文通过对同族专利文献数量进行统计，并经过逐篇阅读同族专利文献数量较多的专利申请的内容，选择出 60 篇较为核心的专利文献。本文由于篇幅所限，在此仅列出其中两篇进行简要分析。

【案例 1】

申请号：200410046324

申请人：国际商业机器公司

权利要求：1. 一种为即时消息（IM）用户提供增强的状态信息的方法，包括以下步骤：

由第一 IM 用户定义的 IM 状态级别，其中所述用户定义的 IM 状态级别包括所选择的应用程序的列表，其中所选择的每个应用程序不同于第一 IM 用户使用的 IM 应用程序并且可在所述第一 IM 用户的计算设备上执行；以及

向至少一个其他 IM 用户提供所述第一 IM 用户的当前可用状态，包括：

确定是否有任何所选择的应用程序当前在所述第一 IM 用户的计算设备上执行；以及

如果所述确定步骤结果为是，那么将所述用户定义的 IM 状态级别设置为所述第一 IM 用户的当前可用状态。

简要技术分析：该专利涉及用于管理即时消息包括为进入的消息显示窗口的技术，以及用于为即时消息用户管理状态信息的技术。其能够为在线用户提供其他用户的状态信息，从而方便用户实现即时通讯状态管理和消息管理。

【案例2】

申请号：200410055801

申请人：微软公司

权利要求：1. 在包括移动电话运营商和数据服务提供商的移动电话网络中，移动电话运营商向多个移动电话用户提供移动电话服务、数据服务提供商通过移动电话运营商向多个移动电话用户提供数据服务，一种为允许从移动电话启动多种形式的通信的联系人维护当前联系人和元数据信息的方法，其特征在于，所述方法包括以下步骤：

在所述移动电话中储存用于与一个或多个联系人的多种形式的通信的联系人信息；

将每一联系人或者标识为当新信息变得可用时被同步的自动活动联系人，或者标识为当新信息变得可用时不被同步的其他联系人；

将所述一个或多个联系人传递到数据服务提供商用于更新处理，使得当新信息变得对至少一个自动活动联系人可用时，数据服务提供商能够使所述移动电话与所述新信息同步；

周期性地向标识为自动活动联系人的一个或多个联系人应用通过移动电话运营商从数据服务提供商处接收的自动联系人和元数据信息更新；以及

基于所述一个或多个自动活动联系人的更新的联系人和元数据信息启动与标识为自动活动联系人的所述一个或多个联系人的一种形式的通信。

简要技术分析：该专利涉及移动电话的联系人信息，尤其涉及维护当前联系人和元数据信息用于能够从移动电话启动的与联系人的多种形式的通信。

从选出的60篇专利文献来看，在即时通讯技术领域，大量的重点专利技术出现于2000～2006年，说明这一时期是即时通讯技术快速发展的时期，并且，重点申请人的技术研发方向较为广泛，涵盖了即时通讯技术的四个核心技术分支。其中，腾讯和华为各自拥有自己的核心专利技术，说明这两家公司在即时通讯领域具有一定的竞争实力，但整体而言，相对于申请量而言，我国整体的技术实力相对薄弱，国内申请人应当注重即时通讯技术的研发和应用，以促进该领域的进一步发展，并且在研发和应用时，应当警惕专利壁垒。

（二）重点有效专利的持有人

表 4　重点专利拥有人分析

申　请　人	申请量	所属国家
国际商业机器公司	9	美国
微软公司	6	美国
腾讯科技（深圳）有限公司	6	中国
捷讯研究有限公司	4	欧洲
美国在线服务公司	3	美国

表 4 反映了重点专利的主要专利权人以及其所属国家的前五名，其中，国际商业机器公司是这一领域重点专利拥有者，其重点专利数量最多，这说明，国际商业机器公司在这一技术领域具有一定程度上的核心技术垄断优势，掌握了一定数量的关键技术，同时也说明，国际商业机器公司是这一技术的主要领跑者，在该领域竞争的企业可能难以绕开国际商业机器公司设置的专利障碍。微软、腾讯、捷迅、美国在线也拥有一定数量的重点专利，在该技术领域也具有较强的竞争实力。

表 5　重点专利国家分布

国家或地区	重点专利数量
美国	25
欧洲	17
中国	8
韩国	6
日本	4

表 5 可以反映出，在该技术上，美欧公司掌握了大部分的核心专利，技术优势明显，并且，还可以反映出，美欧公司在中国设置了大量的专利壁垒。相比而言，我国公司拥有的核心技术较少，相比美欧公司，处于竞争上的劣势。

（三）重点有效专利带来的风险分析

本文从上述 60 篇重点专利中选择 10 篇国外申请人的专利文献进行风

险分析，这 10 篇专利均在中国被授权并处于专利维持状态，表 6 对这 10 篇专利带来的风险进行了分析。

表 6　中国授权并处于有效的重点专利的风险分析

序号	申请号	申请人	技术内容	简要风险分析
1	99801802	三星电子株式会社	涉及一种支持图像通讯的通讯终端中发射图像的装置	该发明为图像通讯的基础专利，权利要求保护范围较大，涉及支持图像通讯的通讯终端，属于多媒体技术分支，可直接应用于手持设备即时通讯的实施中
2	01814723	美国在线服务公司	涉及一种实时视频通信方法	该发明为视频即时通讯的基础专利，权利要求保护范围较大，属于多媒体技术分支，可以直接应用于手持设备即时通讯的实施中
3	03817911	雅虎公司	涉及一种用于促进从第二用户到第一用户的即时消息和图像通信的方法	该发明为即时通讯的基础专利，权利要求保护范围较大，属于多媒体技术分支，可直接应用于即时通讯的图像传输过程中
4	03136056	微软公司	涉及一种用于在移动设备上启动即时消息传送的计算机实现的方法	该发明为即时通讯的基础专利，权利要求保护范围适中，属传输控制技术分支，可直接应用于手持设备的即时通讯实施中
5	200410055197	国际商业机器公司	涉及实现安全即时通讯的传输控制	该发明为即时通讯的基础专利，权利要求保护范围适中，属安全管理技术分支，可直接应用于即时通讯的安全管理方案中

续表

序号	申请号	申请人	技术内容	简要风险分析
6	200410085697	株式会社日立制作所	涉及即时通讯中的图像传输控制方法	该发明为即时通讯的重要专利，权利要求保护范围适中，属多媒体技术分支，可直接应用于即时通讯的图像传输中
7	200480019301	国际商业机器公司	涉及用于桥接远程电话会议系统和即时消息传送系统的方法	该发明为即时通讯的重要专利，权利要求保护范围适中，涉及基于音频的即时通讯技术，属于多媒体技术分支，可直接应用于即时通讯的实施过程中
8	200480023644	捷讯研究有限公司	涉及一种用于在移动站中集成地址簿软件应用与即时消息软件应用的系统	该发明为即时通讯的重要专利，权利要求保护范围适中，涉及基于即时通讯中的地址簿管理，属于软件管理技术分支，可直接应用于即时通讯的实施过程中
9	200610059243	创新科技有限公司	涉及一种由设备驱动器执行的处理即时消息的方法	该发明为即时通讯的重要专利，权利要求保护范围大，涉及基于即时通讯的图像处理，属于多媒体技术分支，可直接应用于即时通讯的实施过程中
10	200680023247	微软公司	涉及安全即时通讯技术	该发明为即时通讯的重要专利，权利要求保护范围适中，属安全管理技术分支，可直接应用于即时通讯的安全管理中

从表 6 可以看出，其中，5 项为即时通讯的基础性专利，其他 5 项为即时通讯的重要专利，均属于即时通讯技术领域中重要的技术，分别涉

及多媒体技术 6 项、传输技术 1 项、安全管理技术 2 项、软件管理 1 项。

六、结论和建议

以下在前文对中国即时通讯专利申请状况进行分析的基础上，对取得的结论进行归纳总结，并由此提出几点建议，供国内企业参考。

（一）结论总结

综合即时通讯专利信息年代分布、领域分布、法律状态分布、主要研发力量以及重点专利现状的分析结果，得出以下结论：

1. 即时通讯领域的专利壁垒

在即时通讯技术领域，基础性专利集中出现于 2000～2006 年，且这些基础性专利更偏重于传输控制、多媒体和安全管理技术分支；而基于基础性专利作出改进的一般性专利则集中出现在 2003～2009 年，滞后于基础性专利，但数量庞大。截至目前，无论是经过授权的基础性专利，还是经过授权的一般性专利，均处于专利的有效保护期（发明专利权的期限为 20 年，从申请日起算），因此，目前在中国市场上存在一定数量的处于有效的基础性专利以及大量的处于有效的一般性专利，这些有效专利构成了即时通讯技术领域的专利壁垒。具体的，即时通讯领域中涉及图像传输、实时视频、即时消息传输以及即时通讯的安全传输的基础专利、涉及音频传输、即时通讯地址簿管理等的重要专利已构成专利壁垒，国内企业需要针对上述壁垒进行有效防备和合理开发。

2. 国内申请数量大但重点专利少

从 2004 年起，国内申请的数量开始超过国外申请的数量，并在随后占据全部中国申请的大部分份额。虽然国内申请人的申请数量很多，但国内申请人所拥有的重点专利很少，中国市场上的重点专利大部分掌握在国外申请人手中，尤其是欧美国家的申请人手中，这反映了国内申请人的核心技术研发能力起步晚。

3. 无线化、平台化将成为即时通讯技术的未来趋势

随着无线技术的发展以及移动终端的普及，市场对无线即时通讯的需求越来越多，无线即时通讯的市场前景被广泛看好，这从近年来涉及 H04W（无线通信网络）分类号的专利申请所占的比例逐渐增大以及重点专利更趋向于关注无线传输控制可以得到印证。同时，从涉及软件管理技术分支的专利申请的比例越来越大可以看出，以即时通讯为基础，集

游戏、音乐、视频、网络交易等功能于一体的综合移动通讯服务平台将成为即时通讯技术未来的发展方向。

（二）几点建议

基于前文对中国即时通讯专利申请的统计分析所得出的结论，对国内相关企业提出以下几点建议：

1. 关注专利预警 重视行业避险

针对即时通讯领域国外企业在中国设置的专利壁垒，国内企业需要提高警惕，加大关注力度，尤其要密切跟踪、监视国外重点企业如微软、美国在线、IBM 等企业的专利运作，事前加强预警，避免陷入被动，事后合理维权，争取自身权益。为此，有条件的企业可以设立专业的专利机构或部门，从事专利分析和预警工作，以期通过检索和分析相关专利技术，把握行业动态，规避行业内的专利壁垒和侵权风险，并且，在遭遇被控侵权时，应能挺身而出，维护自身的合法权益，而在遇到别人侵犯自身专利权时，应及时拿起法律的武器加强自我保护。

2. 提高专利质量 提前市场布局

针对专利整体质量不高的现实，国内企业应当在充分掌握国内外技术发展方向的基础上，结合自身研发背景，选准合适的发力点，加大研发投入，全力争取突破。在研发过程中，要充分利用专利信息，特别是一些专利文献披露的在一定范围内可以自由使用的技术，提升技术起点；同时还要坚持核心技术的自主创新，切实提高专利质量，促进研发成果的专利保护。具体的，针对四个技术分支中申请数量最少的安全管理分支，以及针对即时通讯领域未来的发展趋势是平台化、无线化，国内企业可以选择合适的技术点着力突破，用高质量的专利“武装”自己，提前进行市场布局，争取更大的权益。

3. 创新业务模式 提升运作水平

技术最终需要走向市场才会产生效益。为了在即时通讯市场上争取更大的权益，占据更大的话语权，国内企业应当充分研究自身的产品特点，在符合相关法律、法规的前提下，创新商业模式，扩大业务范围，提高服务水平，从而寻求市场突破。同时，进一步提高自身对于专利的管理水平，提升专利产品化、许可、转让、质押、诉讼等运作能力，强化专利在企业市场经营活动中的价值和地位，从而为自身的产品和商业运用保驾护航。

参考文献

[1] 肖洋，郭平，王莹．在 Android 平台下利用 WiFi 技术实现即时通讯 [J]. China storage & transport magazine，2011 (03)：98—99.

[2] 黄亮．一个基于 UDP 协议的 P2P 即时通讯软件的设计与实现 [D]. 武汉：华中科技大学，2011.

[3] 郝文江，武捷．网络即时通讯系统管理探究 [J]. 信息网络安全，2011 (08)：61—63.

[4] 唐诗华．腾讯通 (RTX) 企业即时通讯的应用分析 [J]. 中小企业管理与科技 (下旬刊)，2011 (12)：254—255.

[5] 孙长森．基于 GIS 的企业即时通讯系统研究与应用 [D]. 成都：四川师范大学，2005.

[6] 牛洋．即时通讯技术的发展与应用 [J]. 河南科技，2011 (08)：24.

[7] 何刚，田森平，田辉平．基于 SIP 的移动即时通讯系统 [J]. 计算机与现代化，2010 (01)：70—72.

合金领域专利申请撰写特点及演变分析*

杨珂　徐方明　傅晓亮　聂春艳

摘　要：合金领域属于传统行业，也是我国国民经济的支柱产业。随着我国经济的不断发展，国外合金行业逐渐加强对中国市场的专利布局。通过对合金领域专利申请的撰写情况进行分析，研究合金领域专利申请的撰写特点和演变趋势，从权利要求书和说明书的撰写角度给出提升我国合金领域专利申请撰写质量的合理性建议。

关键词：合金　质量　组织　参数　公式

引　言

冶金工业作为我国国民经济的支柱产业，在"十二五"面临一场转变产业发展方式的深度变革。我国冶金产业最大的分支是合金领域，合金领域产能较高，但高端产品比较匮乏，创新能力不足，专利申请的撰写也过于简单，在保护范围的确定和专利布局上落后于世界几大公司。

---

* 本文源自"冶金领域专利质量提升研究"，课题性质：北京中心课题，课题组负责人：聂春艳，成员包括：杨珂、徐方明、董李欣、王燕、周珑、孙玉静、高峰，张华山、傅晓亮。

随着《国家知识产权战略纲要》的深入实施，2012 年合金领域专利申请量持续保持快速增长的态势，在专利申请量不断增长的情况下，更需要提升专利申请的撰写质量，以期为授权专利的质量提供基础保障。本文基于中国国家知识产权局的中国专利文献检索系统（CPRS），对合金领域 1985～2010 年在中国的专利申请进行统计分析，研究合金领域专利申请的撰写特点和演变趋势，并从权利要求书和说明书的撰写角度给出了提升我国合金领域专利申请撰写质量的合理性建议。

一、研究目标的选定

（一）合金领域典型类型的选定

根据 IPC 分类[1]，合金领域主要分为：铁基合金（C22C38/00）；合金的制造（C22C1/00）；铁基合金的制造（C22C33/00）；铝基合金（C22C21/00），铜基合金（C22C9/00），镍或钴基合金（C22C19/00）；以碳化物、氧化物等为基合金（C22C29/00），镁基合金（C22C23/00）；铸铁合金（C22C37/00），每种成分小于 50%的合金（C22C30/00），非晶态合金（C22C45/00）；钛基合金（C22C14/00）；贵金属基合金（C22C5/00）；难熔合金（C22C27/00）。

图 1 为 1985～2010 年合金领域申请量位于前五位的各 IPC 大组所代表的重点领域的年度专利申请量变化曲线图。由该图可知铁基合金（C22C 38/00）领域的申请总量占有主要地位。

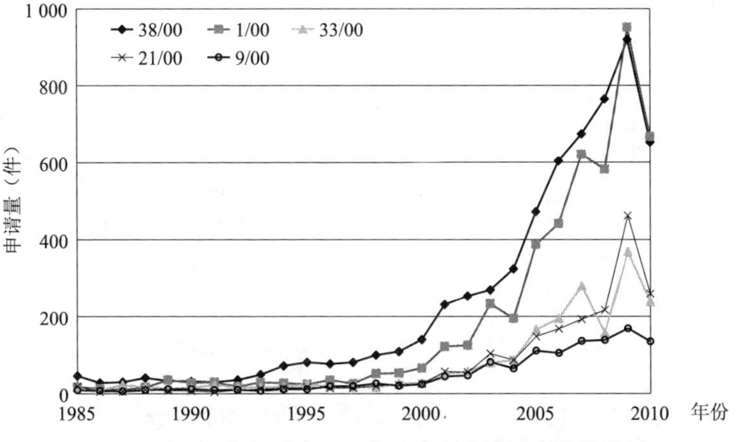

图 1　合金重点领域各大组年度专利申请量变化曲线图

由图1所显示的申请量与时间变化的趋势可知，铁基合金（C22C38/00）在1993年前申请量变化不大，1993～2000年，申请量小幅增长；自2000年后，申请量呈直线式大幅增长，并于2009年达到最大值，在2010年出现回落。图1中2010年的数据回落主要因为部分申请尚未公开。按此趋势预计铁基合金（C22C38/00）领域专利申请量在未来几年仍将保持稳定增长的趋势。

由图1可知，铁基合金（C22C38/00）总申请量最大，申请量随着时间的变化趋势与其他基合金的趋势具有较强的相似性，其在申请量和时间趋势性上均具有典型的代表性。此外从专利申请的角度出发，不同合金之间具有较多的共性，如都关注于性能的提升，由此使得铁基合金与其他基合金在权利要求书和说明书的撰写上具有很强的共性。因而本文以铁基合金作为典型类型，分析研究合金领域专利申请撰写的特点和演变趋势。

（二）铁基合金研究样本的选定

铁基合金领域专利申请量最大的申请人，其专利撰写水平最能代表该领域专利撰写水平的前沿和发展态势。图2为铁基合金领域专利申请量位于前十位的申请人分布图，由该图可知，在铁基合金领域，专利申请量前十位的申请人主要集中在中国、日本和韩国。其中以中国的宝钢以及其下属企业为首，其次为日本的新日铁株式会社以及下属公司，而以浦项制铁为代表的韩国申请人位居第10位。

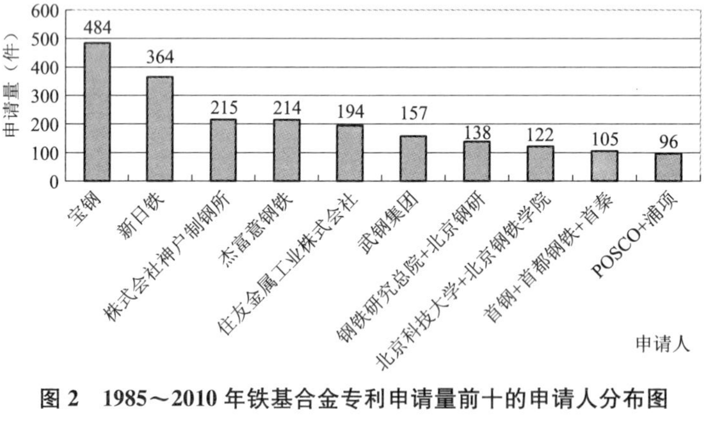

图2　1985～2010年铁基合金专利申请量前十的申请人分布图

因此，在分析合金领域专利申请撰写特点及演变趋势时，选择日本和韩国的主要申请人在中国的申请作为进入我国申请的国外样本，即选择日本的新日铁和韩国的浦项制铁在中国的申请作为国外样本；选择中国的宝钢在中国的申请作为国内样本。

以下，将以申请文件的权利要求为主体，辅以说明书和申请文件的最终法律状态，对中国、日本、韩国的主要申请人，即宝钢、新日铁、浦项制铁在1985～2010年之间的申请文件在时间纵向上进行分析，体现其时间上的变化特性。同时，考虑到申请文件存在18个月的公开时间、合理的审查周期、分析样本的数量以及在不同时间段专利审查的标准有所不同，为了更有效地反映现阶段申请文件的撰写方式，尤其是权利要求的撰写方式对最终专利权的影响，本文选择2008年度的铁基合金的相关申请文件予以横向比较。

二、铁基合金申请的撰写特点及演变分析

（一）权利要求的撰写特点

1. 权利要求的数量

权利要求数量能够直接反映出专利申请撰写时，申请人/代理人对技术的挖掘程度。我们对2008年宝钢、新日铁、浦项制铁在铁基合金领域专利申请的权利要求项数进行了统计（参见表1）。通过表1可知宝钢的专利申请在独立权利要求、从属权利要求的平均项数上均少于新日铁和浦项制铁，这一数据表明我国撰写权利要求时，对技术挖掘程度还有待提高。

表1　宝钢、新日铁、浦项制铁申请的独立、从属权利要求项数对比表

（单位：项）

国家	独立权利要求数平均	从属权利要求数平均	最多独立权利要求	最多从属权利要求
宝钢	1.60	2.9	5	21
新日铁	3.45	5.73	18	72
浦项制铁	2.78	6.56	13	74

权利要求书中独立权利要求的项数能够反映对一个总的发明构思专利撰写的技术延伸度。图3为宝钢、新日铁、浦项制铁的专利申请中独立权利要求项数分布情况。由图3可知宝钢的专利申请中独立权利要求项数分布主要集中在1项和2项，以3项为辅，多项独立权利要求尤其是

4 项独立权利以上的申请比例很小。新日铁、浦项制铁均以 2 项独立权利要求为主，1 项独立权利要求为辅，但独立权利要求多于 3 项的比例比宝钢高。这表明宝钢在申请文件独立权利要求的撰写上，对一个总发明构思的技术挖掘延伸度弱于新日铁和浦项制铁。

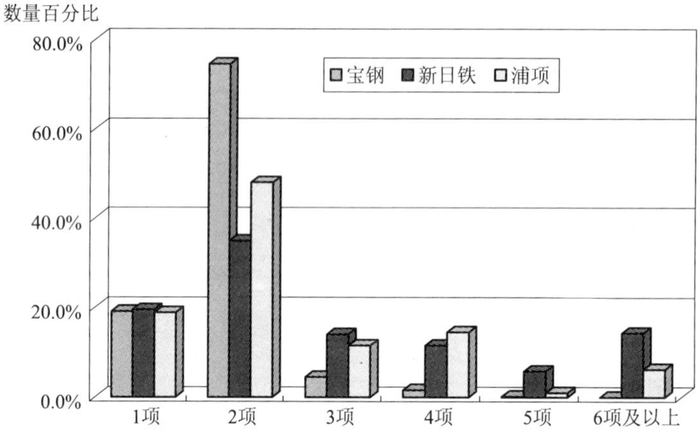

图 3　宝钢、新日铁、浦项制铁专利申请的独立权利要求项数对比图

2. 权利要求项数变化的时间特点

权利要求项数的时间变化能够体现申请人在铁基合金领域专利申请的撰写变化趋势。图 3 是新日铁、浦项制铁、宝钢年均独立权利要求项数与时间变化图。

由图 4 可知，宝钢自 1995～2000 年，年均独立权利要求数目在 1.0～1.5 个之间波动；在 2001～2010 年期间在 1.73～2.3 的区间内作小幅波动。新日铁在 2000 年之前年均独立权利要求数目上下波动幅度较大，最高为 1999 年的年均 5.5 个，最低为 1997 年的年均 2.5 个，在 1985～2000 年间新日铁的平均独立权利数目为 3.69 个。自 2000 年之后，新日铁撰写的年均独立权利要求数目呈现逐渐下降趋势，并在 2010 年趋于和宝钢较为接近的水平。而浦项制铁的年均独立权利要求数目随时间的变化基本介于宝钢和新日铁之间。由此可看出随着中国代理水平的发展，我国在合金领域对于独立权利要求数目的撰写与国外趋近一致。

从属权利要求项数体现专利申请权利要求内容的丰厚度。图 5 是新日铁、浦项制铁、宝钢专利申请年均从属权利要求数目的时间变化图。

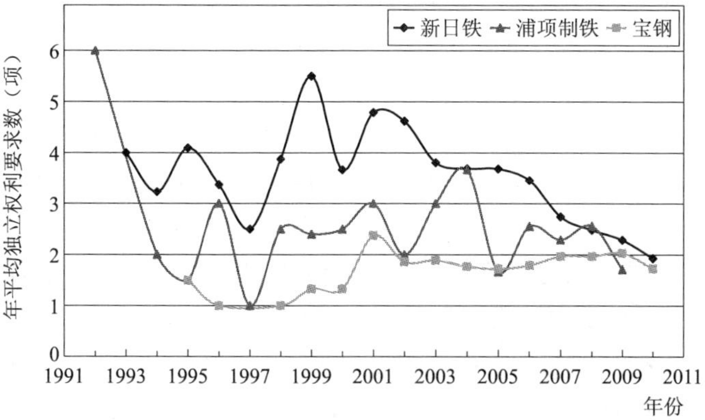

图 4　新日铁、浦项制铁、宝钢年均独立权利要求数与时间变化图

由图 5 可知，浦项制铁 1995～2010 年间，除了 1999 年的年均从属权利要求数目略低外，基本高于新日铁和宝钢，并在 2004 年达到年均 31 项。而宝钢自 1995 年开始，申请文件的年均从属权利要求数目均低于同期的新日铁和浦项制铁。

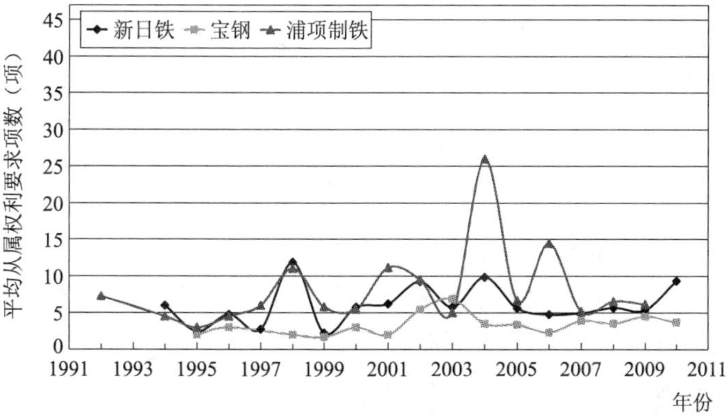

图 5　新日铁、浦项制铁、宝钢年均从属权利要求数的时间变化图

图 5 表明，浦项制铁和新日铁一直以来均重视从属权利要求的撰写，以实现对独立权利保护范围的有效层次划分，而中国企业对此类撰写还有明显不足。

3. 权利要求的撰写类型

合金领域的专利申请中，权利要求的撰写通常采用以下几种方式[2]进行：

① 产品 ；② 产品＋方法；③ 产品＋设备；④ 产品＋用途；⑤ 方法；⑥ 方法＋设备；⑦ 产品＋方法＋设备；⑧ 产品＋方法＋用途。

经统计，铁基合金领域采用第⑤种和第⑥种撰写方式的申请为 989 件，占总申请量的 15%，而在权利要求中包含产品的专利申请为 5 465 件，占总申请量的 85%。因而合金领域权利要求的撰写方式中，包含合金产品权利要求的申请占有很大的份额，可见，提高了合金领域中产品权利要求的撰写水平，能够大幅提升该领域申请的撰写水平。

4. 产品权利要求的撰写方式

合金产品的撰写方式大致存在以下几类典型代表：① 组成限定，即仅限定产品的组成，例如 C 0.1%～0.3%，Si 0.4%～0.5%；② 含性能限定，即增加相应的强度、硬度等性能指标，例如抗拉强度为 1 750MPa 以上，屈服强度 1 320MPa 以上；③ 含微观组织（以下简称组织）限定，即增加显微组织，例如马氏体、珠光体、铁素体；④ 含公式限定，即增加各成分之间组分关系，例如，碳当量 CE（%）＝C＋Si/24＋Mn/6＋Ni/40＋Cr/5＋Mo/4＋V/14≤0.38；⑤ 含用途限定，即除组成外，增加用途限定，例如一种桥梁用结构钢；⑥ 含方法限定，即除组成外，增加制备方法，例如热轧 3 道次、淬火、回火。

5. 各国撰写方式的演变

由于合金产品的权利要求在申请时较少使用方法限定，因此本文主要针对采用组成、性能、组织、公式限定的权利要求进行研究，分析宝钢、新日铁、浦项制铁基合金产品独立权利要求撰写方式的演变趋势。

（1）独立权利要求撰写方式的发展趋势

图 6 是 1985～2010 年新日铁、浦项制铁、宝钢独立权利要求撰写方式分布图，由图 6 可知，宝钢对铁基合金的撰写主要还是以单一的元素组成及含量为主，占到总申请量的 46.4%，其次是合金的元素组成＋性能限定，在这两方面都远远高于新日铁和浦项制铁。

新日铁的撰写则不单纯以铁基合金的元素组成为主，其主要形式为“组成＋组织”、“组成＋公式”、“组成＋组织＋公式”，分别占到总申请量的 20.5%、17.4%、18.7%，而以单一的合金组成的申请量仅占总申请量的 12.8%，可见新日铁在合金领域已经开始拓宽合金撰写方式，在技术上更加精细化、深入化。

而浦项制铁的撰写特点则着重在“组成＋公式”、“组成＋性能”、

"组成＋性能＋公式"、"组成＋性能＋组织＋公式"上，分别占到总申请量的18.1%、17.0%、14.9%和13.8%，以单一铁基合金组成的撰写方式的申请仅占13.8%；可见，浦项制铁在合金领域拓宽了撰写方式，但与新日铁有所不同的是对合金性能的限定重视程度更高，对合金组织的限定度没有新日铁高。

由此可见，目前对于合金产品权利要求的撰写，国外已经在组成的基础上更多地引入性能、组织、公式等的组合来进行限定。

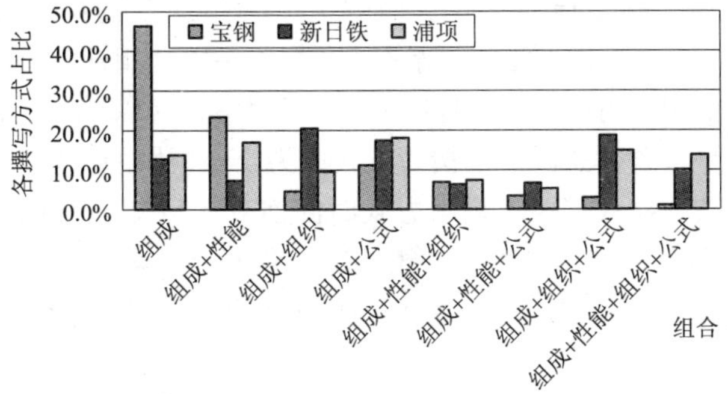

图6　1985～2010年新日铁、浦项制铁、宝钢独立权利要求撰写方式分布图

(2) 独立权利要求撰写方式变化的时间特点

独立权利要求的撰写方式随着时间和技术的发展不断变化，下面针对宝钢、新日铁、浦项制铁的申请，分析其独立权利要求撰写方式随着时间演变的趋势。

分析结果表明（参见图7），宝钢在1998年之前铁基合金领域的撰写

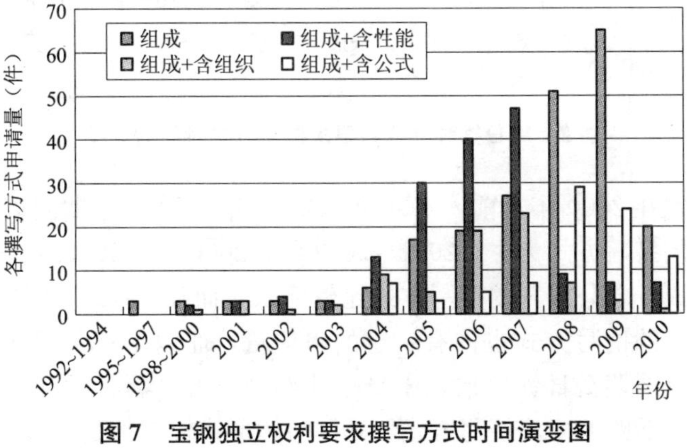

图7　宝钢独立权利要求撰写方式时间演变图

均为单一的组成限定，以此种方式撰写的申请量呈逐年增长，并于2009年达到峰值，2010年数据回落是因为部分申请尚未公开。宝钢自1998年后，开始出现采用性能、组织分别与合金组成结合限定合金产品的权利要求的撰写方式；直到2004年权利要求中才开始出现公式限定，并将公式与组织、性能进行组合限定。此外采用合金撰写方式中“组成＋性能”的撰写方式的申请量自2003年后开始直线增长，在2004～2007年间超过以单一“组成”的撰写方式的申请量，该方式的撰写在2007年达到顶峰后在近四五年中逐步退居后位。而“组成＋组织”的撰写方式在2004年、2006年、2007年之间的申请量基本与单一以“组成”撰写的申请量相同。此外由图7可知自2008年后的近三年中，又以单一组成的撰写方式为主，但是包含公式限定的撰写方式成为合金领域的主导形式。

由新日铁独立权利要求撰写方式时间演变图可知（参见图8），早在1992开始，新日铁就已经采用“组成＋性能/组织/公式”组合限定来撰写铁基合金的权利要求，早于中国，尤其是采用公式的撰写方式相比宝钢早了近十二年。

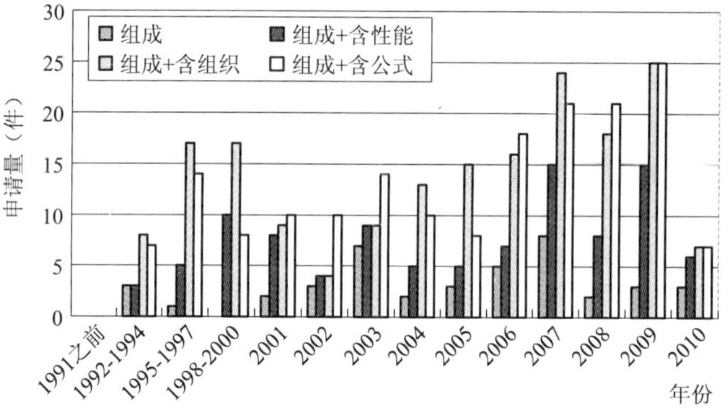

图8　新日铁独立权利要求撰写方式时间演变图

新日铁在2000年之前，2004年、2005年、2007年期间以“组成＋含组织”的撰写方式为主，2001～2003年、2006年、2008～2009年期间又以“组成＋含公式”的撰写方式比较活跃；而在1992～2010年间“组成＋性能”的撰写方式也占有一定的申请量，而以单一“组成”的撰写方式一直是同期新日铁申请量中最小的部分。可见新日铁在不同的时期有各自不同活跃的主流撰写方式，其撰写的形式较宝钢更加多样。

由浦项制铁独立权利要求撰写方式时间演变图可知（参见图 9），在 1992 年开始，其采用了“组成＋性能/组织”来限定铁基合金，该类型的撰写方式与日本基本同期开始；到 1995 年开始出现公式的撰写方式，且之后以公式与性能、组织联合的方式撰写权利要求，此类撰写方式晚于新日铁 3 年，但仍然领先中国宝钢近十年。此外浦项制铁在 2001 年之前合金领域的独立权利要求撰写以“组成＋性能”的申请撰写方式为主，自 2002 年后“组成＋公式”的撰写成为主流，而 2005 年后的申请采用“组成＋组织”的撰写方式也相对活跃。可见浦项制铁的撰写方式与新日铁类似，不再以单一“组成”撰写合金领域的独立权利要求为主。

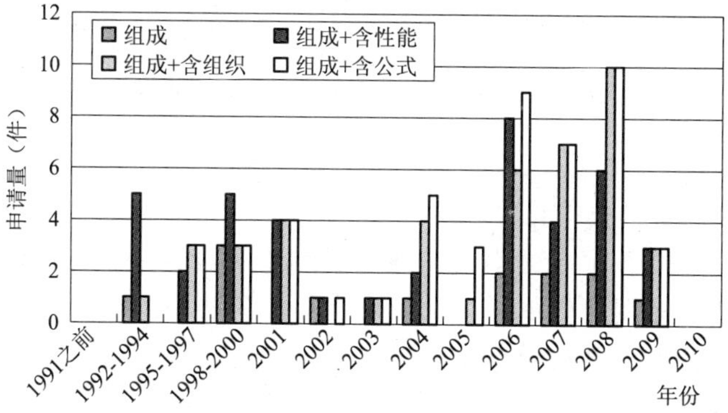

图 9　浦项制铁独立权利要求撰写方式时间演变图

从上述分析可以发现，在铁基合金的产品权利要求中引入“性能/组织/公式”的限定上，新日铁、浦项制铁均领先于我国的宝钢；对于铁基合金产品的权利要求，宝钢目前仍是以单一的组成限定为主，而新日铁、浦项制铁则更多的是通过“组成＋性能/组织/公式”方式进行限定。

6. 撰写方式与申请最终状态的联系

针对 2008 年铁基合金领域发明专利申请文件，去除目前法律状态处于在审的申请外，统计了包含合金的独立权利要求的撰写方式的申请最终状态的数据（见图 10、图 11 和表 2）。

由图 10 和表 2 可知，仅以“组成”的方式撰写的申请文件的授权率仅为 52.20%，而在申请文件中尤其是独立权利要求中除了合金的必要组成外，还含有性能、组织或公式限定的申请文件的授权率均高于 77%，这表明在合金领域申请文件中除了组成外，辅助以性能、组织、公式以及其任意的组合无疑会增大申请文件的授权概率。

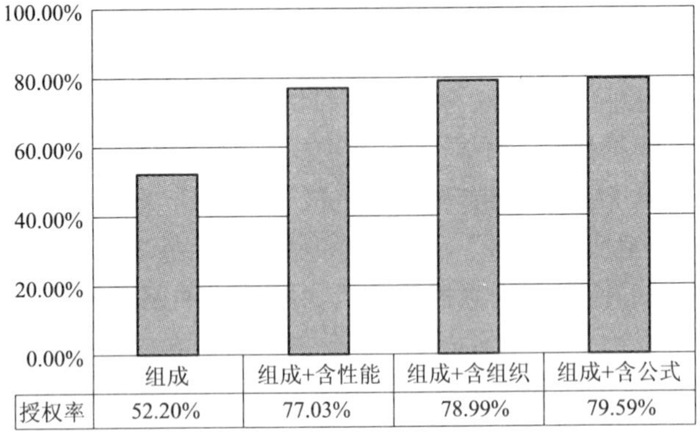

图 10　2008 年不同撰写方式下的授权率

由图 11 能清晰看出，在 2008 年铁基合金领域的驳回和视撤申请文件中有 69％的申请均采用的是单一“组成”撰写形式；而采用“组成＋性能＋组织＋公式”限定的申请文件被驳回和视撤的案卷为 0 件，在驳回和视撤案卷中采用“性能、组织、公式”任意两两组合与“组成”联合限定的案卷占驳回和视撤案卷总数量的 12％；“性能、组织、公式”任一项与“组成”联合限定的驳回和视撤案卷占驳回和视撤案卷总数量的 19％左右；由此可知，采用“性能、组织、公式”的撰写方式组合数目越多，越不容易导致视撤和驳回，即获得授权的机会也会更大。

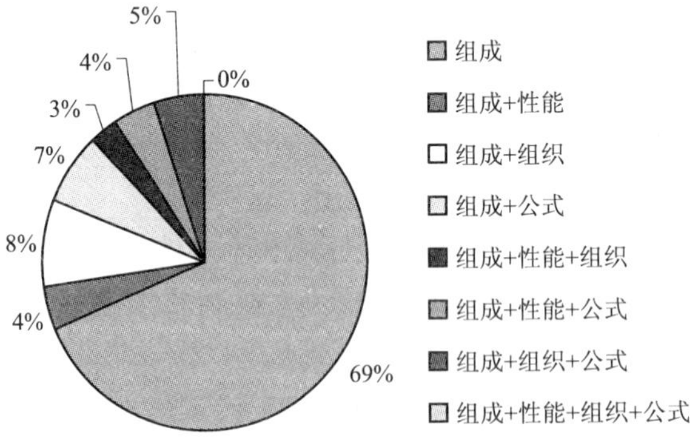

图 11　驳回和视撤案卷中的撰写方式图

表 2　不同撰写方式申请文件的最终法律状态表　（单位：件）

状态	组成	组成＋含性能	组成＋含组织	组成＋含公式
授权	107	57	94	78
视撤	58	8	14	4
驳回	40	9	11	16
合计	205	74	119	98

独立权利要求的撰写方式和技术内容本身均对最终专利申请的权利要求状态有很大影响，但为了仅分析独立权利要求撰写方式对申请文件最终状态的影响，尽量避免技术内容本身的干扰，我们选取最终获得授权的申请文件，分析其原始申请文件与最终授权文件的独立权利要求撰写方式的关系。表 3 为撰写方式有效性对比表，其对比授权文件的原始申请文件与授权文件中关于独立权利要求撰写形式的前后变化。在此定义撰写方式的有效性 100％是指申请时的撰写方式与授权时的撰写方式相同。由表 3 可知，当原始申请文件撰写采用了组成、性能、组织、公式任意三个或四个组合限定的形式撰写，权利要求撰写方式的有效性均为 100％。其中对于原申请文件为“组成＋性能”、“组成＋组织”、“组成＋公式”的撰写方式，撰写方式在外加任意一种限定形成组成、性能、组织、公式任意三个组合限定时均获得授权。而对于原申请文件为“组成”的撰写方式，有 9.8％的申请文件需要修改为组成、性能、组织、公式任意两个的组合，2.8％的申请文件修改为组成、性能、组织、公式任意三个的组合后，申请文件均获得相应地授权。

由此可见，组成、性能、组织、公式任意三个以上的组合撰写方式对于授权的权利要求而言在现阶段具有绝对的有效性。

表 3　撰写结构有效性表

申请独立权利要求撰写结构	组成	组成＋性能＋组织	组成＋性能＋公式	组成＋组织＋公式	组成＋性能＋组织＋公式
授权独立权利要求撰写结构有效性	87.4％	100％	100％	100％	100％

（二）说明书的撰写特点

1. 说明书撰写概况

说明书是申请人向国家知识产权局提交的公开其发明创造的文件，其在申请文件的撰写中至少有以下作用[3]：第一，将发明的技术方案清楚地、完整地公开出来，使所属领域的技术人员能够理解和实施该发明，从而为社会公众提供了新的技术信息；第二，说明书是权利要求书的依据，说明书需要给出一定的实施例以使得权利要求所请求保护的技术方案能够得到支持，同时在专利权被授予后，特别是在发生专利纠纷时，说明书及其附图可以用来解释权利要求书，确定专利权的保护范围；第三，在实质审查过程中，说明书中的实施例是申请人修改权利要求的重要依据，而对比例则是申请人争辩权利要求具备创造性的重要依据。

我们对 1985～2010 年在中国铁基合金领域专利申请中宝钢、新日铁、浦项制铁发明专利申请的说明书页数、实施例个数、对比例个数进行了比较（见表 4）。由表 4 可知，中国宝钢的说明书页数平均为 7.23 页、实施例平均为 5.74 个、对比例个数平均为 1.33 个，远远低于日本新日铁、韩国浦项制铁。由此直观看出，我国宝钢在铁基合金领域对专利说明书内容撰写的丰厚度上远落后于日本新日铁和韩国浦项制铁。

表 4　宝钢、新日铁、浦项制铁说明书撰写情况

公司	说明书页数	实施例个数	对比例个数
宝钢	7.23	5.74	1.33
新日铁	22.82	21.08	9.82
浦项制铁	19.03	17.13	12.52

我们进一步横向对比分析 1985～2010 年宝钢、新日铁、浦项制铁在铁基合金领域专利申请说明书的撰写页数分布情况：

1985～2010 年宝钢的申请共有 484 件，说明书页数最少为 2 页，最多为 26 页，其中 8 页以下为 359 件，9～14 页的为 119 件，15～19 页的为 4 件，超过 20 页的为 2 件，其比例图参见图 12（a）；

新日铁的发明专利申请共有 364 件，说明书页数最少的为 6 页，最多的为 163 页，其中 8 页以下的为 10 件，9～14 页的为 124 件，15～19 页的为 71 件，20～30 页的为 103 件，31～39 页的为 30 件，40 页以上的为

26件，其比例图参见图12（b）；

浦项制铁的发明专利申请共有96件，说明书页数最少为5页，最多的为61页，其中58页以下的为4件，9～14页的为47件，15～19页的为15件，20页以上的为30件，其比例图参见图12（c）。

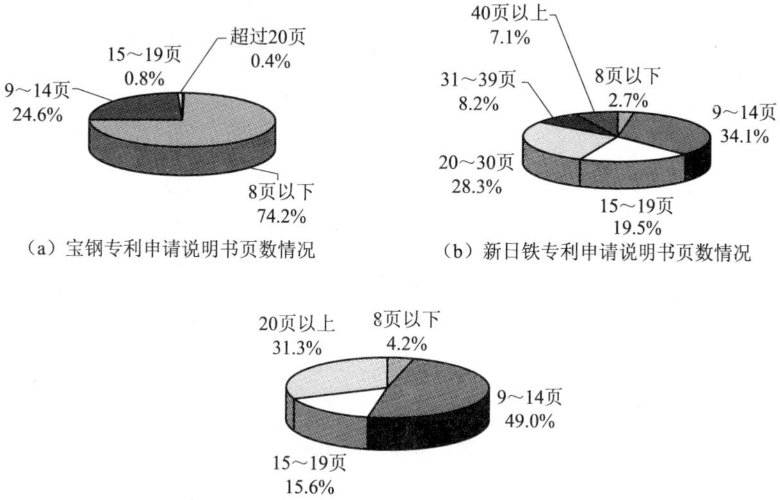

（a）宝钢专利申请说明书页数情况

（b）新日铁专利申请说明书页数情况

（c）浦项制铁专利申请说明书页数情况

图12

从以上分析可知，在铁基合金领域，中国宝钢在说明书内容撰写丰厚度上，接近75%的专利申请说明书仍然不超过8页，而日本新日铁、韩国浦项制铁的该比例不超过5%，这充分说明我国对于合金领域专利申请的撰写，在技术方案的描述、分析、说理、举证等方面过于单薄，体现了目前我国对合金专利技术的挖掘程度仍落后于日本和韩国。

2. 说明书中元素作用的撰写

合金产品权利要求通常包含各元素成分，专利申请的主体技术方案也是对合金成分的进一步改进，因此，为了更好地说明选择的成分的作用，会在说明书中记载组成合金的各元素的作用。其可以作为：① 陈述权利要求具备创造性的重要依据；② 说明书充分公开的一个判断依据。因此，元素作用的撰写在合金领域说明书撰写中占据着十分重要的地位。

以1985～2010年铁基合金领域宝钢、新日铁和浦项制铁的申请为例（见图13），新日铁的说明书中记载元素作用的申请为332件，占新日铁总申请量的 91.2%；浦项制铁的说明书中，记载元素作用的申请为 83 件，占浦项制铁总申请量的 86.5%；宝钢的说明书中记载元素作用的申请为 387 件，占宝钢总申请量的 80.0%。这表明宝钢、新日铁和浦项制铁均重视对合金产品元素作用的说明，三个大型企业在铁基合金领域，在说明书中对元素作用进行了说明的申请占各自申请总数的比例差距不大。可见，各大型企业对元素作用的描述都给予了足够的重视。

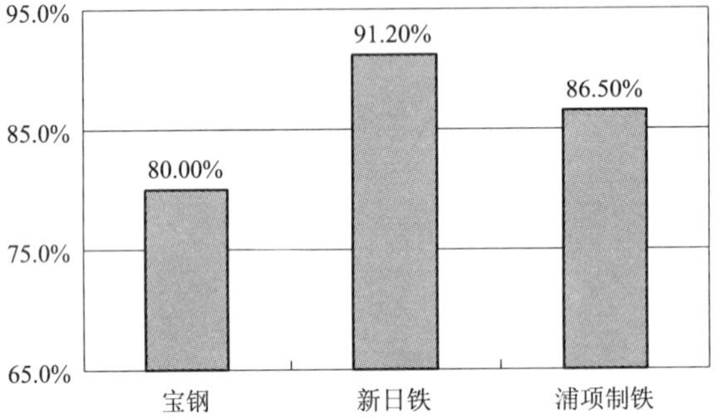

图 13　说明书记载元素作用的申请占申请量的比例

然而不同国别、不同类型的申请人在元素作用的具体撰写方式上也呈现出了不同的特点，下面列出中国、日本和韩国申请文件中，体现元素作用的一些典型撰写方式。

(1) 韩国申请中体现元素作用的典型撰写方式

以申请号 200810171281.1[4] 为例：

“下面将对本发明的组合物进行详细说明（以重量%计），C：0.2%～0.8%；C 用于生成渗碳体和卡帕碳化物、使奥氏体稳定及借助渗碳体实现分散强化。具体而言，由于在连续铸造期间生成的柱状枝晶会快速再结晶而产生粗糙结构，故应形成高温碳化物以使结构细化，并加入 0.2% 或以上的 C 以增加强度。然而，如果 C 的加入量增加，渗碳体和卡帕碳化物也将增加，使得钢的强度增加但延展性却大大降低。在特别加入 A1 的钢中，卡帕碳化物将在铁氧体的晶界上沉淀出来而使之脆化，故 C 的上限限定为 0.8%………”

(2) 日本申请中体现元素作用的典型撰写方式

以申请号 200880001547.6[5] 为例：

“以下，说明本发明中的钢（厚壁高强度钢板）的化学成分的限定原因；C 0.05～0.12%；C是提高强度的重要元素。彻底进行了低温加热、低温轧制的TMCP型厚壁钢板中，为了稳定确保规定的强度，必须添加0.05%以上的C。另外本发明中，由于必须将Nb、Ni及Mo的添加量抑制为必要最小限，所以难以增加上述元素来进行高强度化。因此，C是非常重要的强化元素。进而，C也有促进大线能量HAZ中的V（C，N）相变核析出的效果。但是，为了稳定确保良好的HAZ韧性，必须将C抑制为0.12%以下，为了提高HAZ韧性，优选为0.10%以下……”

（3）中国大企业和公司通常采用的体现元素作用的撰写方式

以申请号200810034926.7[6]为例：

“下面，对本发明的结构件用马氏体沉淀硬化不锈钢的化学成分作用作详细叙述；C是奥氏体形成元素。在马氏体不锈钢中，随着碳含量的增加，钢的强度和硬度随之提高，但也伴随着耐蚀性下降、韧性降低、焊接困难等不利影响，因为过高含量的碳容易与钢中的Cr形成$Cr_{23}C_6$，降低钢的耐蚀性能。因此，在沉淀硬化不锈钢中，碳含量一般不超过0.10wt%，本发明不锈钢中碳含量控制为≤0.05wt%……”

（4）中国一些中小企业、个人申请常见的体现元素作用的撰写方式

以申请号200810135844.1[7]为例：

“申请人叙述确定上述主要化学成分范围的理由如下：1. 碳：碳高时，不但影响冷加工时的塑性，而且对钢的耐腐蚀性能也有不利影响，本发明碳的组分为0.08%～0.15%（重量）……”

通过以上典型示例的对比可知，我国大型企业与日、韩在说明书元素作用具体撰写方式上比较相似，均着重分析了元素作用以及含量范围的选择理由；而我国中小企业以及个人在说明书中关于元素作用的撰写在形式上与日、韩相似，但撰写内容相对比较单薄，对元素的分析相对简单，也不包含元素含量范围的选择分析，这样简单的撰写方式，将不利于后续对申请创造性的说理争辩，也不利于申请文件的修改。

3. 说明书的撰写随时间变化的特点

（1）说明书页数随时间变化的特点

说明书的页数是说明书内容丰实度的直接体现，随着技术和撰写水平的发展，我们进一步分析了说明书内容丰厚度随着时间变化的趋势。图14显示了宝钢、新日铁、浦项制铁在1985～2010年在中国的申请的年均说明书页数变化情况。由该图可知，新日铁年均说明书页数主要集中

在 15～30 页的范围内；浦项制铁说明书页数主要集中在 10～30 页的范围内；而宝钢说明书年均页数在 5～9 页的范围内波动，其年均说明书页数明显低于新日铁和浦项制铁。可见，截止目前，宝钢并没有出现明显改善说明书撰写内容不够丰实的趋势。

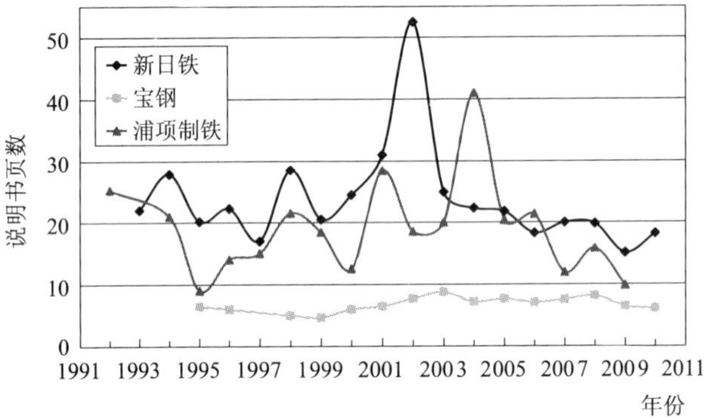

图 14　新日铁、宝钢、浦项制铁年均说明书页数随时间变化图

(2) 说明书实施例和对比例数目随时间变化的特点

说明书实施例和对比例的数目是权利要求可修改空间的重要衡量指标。图 15 显示了宝钢、新日铁、浦项制铁在 1985～2010 年年均实施例个数、年均对比例个数变化情况。由图 15 (a) 可看出，宝钢的申请文件中年均实施例个数在 2～8 个之间波动，比同期的新日铁、浦项制铁低。由图 15 (b) 可知，宝钢的年均对比例数目更是远低于浦项制铁和新日铁。这在一定程度上反映出，新日铁、浦项制铁在合金领域后续修改的空间更为宽广。

结束语

根据前述分析，合金领域可以从以下方面着手提升专利申请的撰写质量。

(一) 权利要求撰写质量提升建议

就权利要求书整体而言，合金领域的中国专利申请无论是独立权利要求的项数还是从属权利要求的项数均少于国外申请。这势必对后续审

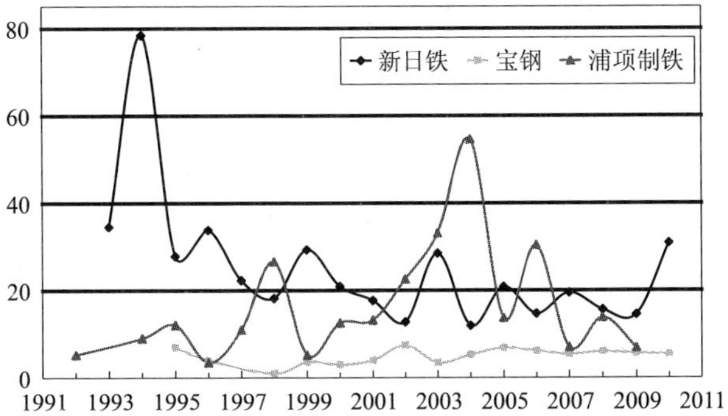

（a）新日铁、宝钢、浦项制铁平均实施例数目随时间变化图

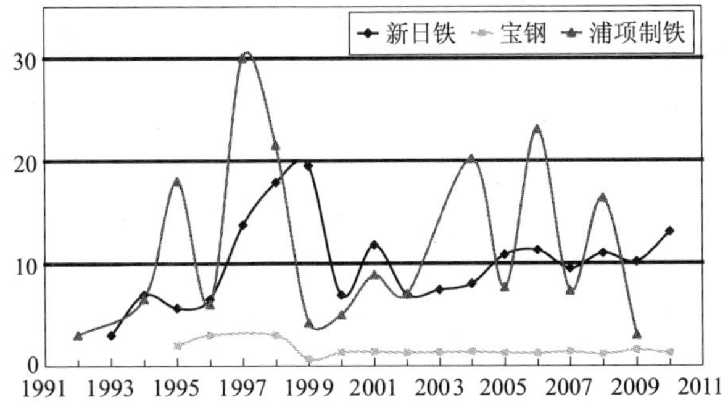

（b）新日铁、宝钢、浦项制铁平均对比例数目随时间变化图

图 15

查程序中权利要求可修改空间造成影响，在某些情况下会使得权利得不到最大限度的保护或者使得说明书中描述的一些创新点流入公有领域而得不到保护。基于此，中国企业可以考虑适当增加独立权利要求项数拓宽保护范畴，不单单保护产品本身，也可以考虑产品在工业上的相关制品及其用途等；同时可以考虑以分层递进的方式撰写从属权利要求，合理安排从属权利要求的项数，如此形成系列化、层次化的保护体系。

就权利要求的撰写方式而言，中国申请的产品权利要求主要采用单一组成限定，只有少数在组成限定中加入了对性能的限定。而国外企业已经脱离单纯以组成进行限定的撰写方式，多采用“组成＋性能”、“组成＋公式”、“组成＋组织”进行限定。由于合金领域经过长期的发展，目前涉及开拓性的发明较少，更多的是在现有产品的基础上进行深入的技术改进，而这些技术上的改进通常表现为性能的提高、组织的变化、协同作用的增强等，因此，单纯以组成进行限定，显然与合金领域当前的技术发展趋势不相吻合。通过之前的分析可知，单纯以组成的方式进行限定的申请的授权率也远低于采用“组成＋性能/组织/公式”的方式进行限定的申请的授权率。由此可知，我国合金行业在关注产品性能提升时，应注重对发明技术的进一步挖掘，对产品的微观组织及各因素之间的协同给以足够的关注，应通过性能、组织、公式及其组合对权利要求进行限定，以提升权利要求的撰写质量。

（二）说明书撰写质量提升建议

就说明书整体而言，由于中国申请的说明书页数远少于国外申请，因此，中国申请的详实程度不如国外申请，无论是背景技术、发明内容，还是具体实施方式，中国申请都显得较为“粗略”。由于在实质审查过程中，说明书是申请人修改权利要求的重要依据，实施例和对比例的缺乏不可避免地造成修改方式的局促进而影响申请人的权益。对此，中国企业在撰写专利申请时，在要求保护大范围的同时也要做好实施例及对比例的布局，一方面给权利要求提供充分的支持，另一方面也为后续程序提供可修改的空间。

单就说明书中关于元素作用的说明而言，中国大型企业撰写水平相对较高，而中国中小企业、个人申请则说理比较单薄，含量范围层次也比较单一。由于对专利申请人未能在说明书中公开的技术方案、技术效果等，一般不得作为评价专利权是否符合法定授权确权标准的依据，因此，在说明书中对组成成分作用的说明以及各成分间协调作用的说明，对于例如实质审查中争辩创造性具有十分重要的作用。对此也建议中国企业在撰写合金领域申请时，既要充分提炼技术方案，同时也要对各写入的技术特征的作用以及特征之间的协同关系进行详尽说明，以免自己的权益受到不必要的损失。

参考文献

[1] 世界知识产权组织．国际专利分类表第 8 版 C 分册 [M]. 北京：知识产权出版社，2006：364—367.

[2] 中华人民共和国国家知识产权局．专利审查指南 2010 [M]. 北京：知识产权出版社，2010：141—142，160—161.

[3] 尹新天．中国专利法详解［M］．北京：知识产权出版社［M］，北京：知识产权出版社，2011：357.

[4] POSCO公司．具有优良抗起皱性的低比重高强度钢板及其制造方法：中国，200810171281.1［P］．2009－12－02.

[5] 新日本制铁株式会社．脆性破坏传播停止特性与大线能量焊接热影响部韧性优异的厚壁高强度钢板及其制造方法：中国，200880001547.6［P］．2009－11－11.

[6] 宝山钢铁股份有限公司．一种结构件用马氏体沉淀硬化不锈钢及其制造方法：中国，200810034926.7［P］．2009－09－23.

[7] 宋卫国．一种高性能不锈钢弹簧钢丝：中国，200810135844.1［P］．2010－01－13.

专利分析工作在S系统下的实现与比较*

蓝娟　罗啸　于志辉　赖异　王芳　姜伟
王怡轩　费玉辉　赵梅芳　徐淑娴

摘　要：通过总结现有专利分析工作的实现方式，对比分析现有专利分析实现方式的优缺点，并对S系统下开展专利分析工作的具体实现进行研究，包括分析S系统的数据库特点及用于统计的字段分析、转库的实现、批量数据的导出、统计命令的测试与实现以及与在线专利分析系统的对接等，总结S系统下进行专利分析的流程，采用实例对多种专利分析工作的实现情况进行比较，给出S系统下的最优专利分析实现方式，有利于审查员在S系统下顺利的开展专利分析工作。

关键词：S系统　专利　分析　统计

引　言

随着国内对知识产权重视程度的不断提升，专利信息分析工作越来

* 本文源自“专利分析工作在S系统下的实现”，课题性质：北京中心课题，课题组负责人：于志辉，成员包括：赖异、蓝娟、罗啸、王芳、姜伟、王怡轩、费玉辉、赵梅芳、徐淑娴。

越凸显其重要性。专利信息分析是对已经公开的专利申请文件和专利文件加以检索，并对检索结果进行筛选，根据分析目的选取合适的专利信息分析项目，从微观层面和宏观层面，采用定量分析、定性分析以及文本挖掘等信息处理技术，从中提炼出权利信息、技术信息、经营分析、发展趋势等[1]。通过对专利信息分析，企业可以发现某一领域的重要技术的发展方向，获知竞争对手的研究状况，推进专利技术的开发和应用，进行专利预警等，从而在技术市场竞争中谋求最大经济利益，并保持自身技术和市场优势，为行业发展和企业发展奠定良好的基础。

近年来，北京国之专利预警咨询中心先后承担并完成智能电网、物联网、云计算等数十项重大专利预警课题研究。国家知识产权局也在逐步展开专利分析普及推广项目，2011 年度对光通信网络领域、立体影像领域、智能手机领域等十大领域进行了专利分析和推广，局内各部门也纷纷开展了不少专利分析相关的课题。随着专利信息分析工作的不断深入开展，如何便捷、有效地开展专利分析工作是各个专利分析课题所面临的一个难题。

目前，已开展的专利分析工作基本都是基于 CPRS 系统中的 CNPAT 数据库和 EPOQUE 系统中的 WPI 以及两个系统的浏览工具，但是利用其进行专利分析工作存在一定的缺陷，主要体现在以下四个方面。

（1）中文库检索能力较弱

作为中文检索库的 CNPAT 数据库，检索字段相对单一，分类号只能支持国际专利分类号 IPC，不能支持邻近算符，且检索式编辑不便，每次只能删除最后一条检索式，而不能方便地对中间的检索式进行修改。

（2）中文浏览筛选工具不便捷

CPRS 自身的浏览工具仅能对单个检索结果集进行浏览和筛选，不支持对多个检索结果的人工筛选结果进行合并，因而在对中文检索结果进行筛选时最好借助外界工具导出到 EXCEL 中再进行浏览和筛选，这种方式一方面需要依赖外界工具，另一方面在 EXCEL 浏览时仅限于导出的文字信息，缺乏图表信息，不便于分析人员快速、准确地掌握专利信息内容，导致中文筛选效率不高。

EPOQUE 的 VIEWER 工具作为专业的专利浏览工具，能同时快速浏览文字和图表信息，并便于专利分析人员利用其抽屉功能进行分类，但是其不支持中文浏览。

（3）中英文库之间转库不便，中文检索结果去重难

中英文转库是检索环节中保证尽可能查全的重要手段，通过比较CNPAT数据库中的检索结果与WPI数据库中的检索结果，获得在WPI数据库中检索到而CNPAT数据库中未能检索到的遗漏中文文献，并将这些文献补充到CNPAT的中文检索结果集中，最终得到一个最全面的中文检索结果。可见，在CNPAT数据库和WPI数据库之间共需要进行两次转库操作。但目前CPRS与EPOQUE系统之间无对接功能，因而需要人工进行转库操作，即将CNPAT中的检索结果借助外部工具获得全部公开号并导入到WPI中，再将WPI检索结果中的CN文献与其去重后，手工输入到CNPAT数据库中。可见，CPRS和EPOQUE两个系统之间的转库操作繁杂，且需要借助外界工具。

（4）中文库不支持检索结果统计，且中英文均不支持图表绘制

CNPAT数据库的检索结果需要借助EXCEL才能进行简单的统计和图表绘制；EXCEL是一款功能强大的软件，需要专利分析人员熟练掌握其功能才能进行统计和图表绘制。

WPI数据库支持的统计字段较为丰富、统计命令也很全面，是现有的最有效的统计工具。但其作为一个专业的专利检索工具，而非专利分析工具，完全不支持图表的生成，仍需要将统计的结果转移至EXCEL中进行图表绘制。

基于上述原因，有必要对现有的专利分析工作进行改进。国家知识产权局于2011年4月开发了在线专利信息分析系统，为专利分析工作提供了新的、自动化程度更高的工具。在线专利信息分析系统是一套基于网络环境使用的专利信息分析系统，用户可以将任何符合系统数据格式要求的专利分析数据导入系统，进行分析。该系统能自动实现对中英文检索结果的统计，并绘制出图表，极大提高了专利分析的自动化水平，但是其目前仅能克服前述的第4个缺陷，要让其成为主流的专利分析工具还存在着一些不足：首先，该系统只是一个统计工具，只接收特定格式的数据导入，且没有与现有的EPOQUE系统和CPRS系统实现对接；其次，已与其实现对接的中外专利数据库服务平台的检索功能不够强大，检索结果不能满足专业的专利分析需求；再者，该系统仍处于测试使用阶段；因而为克服现有专利分析存在的其他问题，仍需要探寻其他途径。

2010年2月，国家知识产权局正式上线了专利检索与服务系统（Patent Search and Service System，以下简称S系统）。目前，S系统已经成为审查员主要使用的计算机检索系统，与以往主要使用的检索系统相比，S系统具有集成原有专利数据库、在检索和流程等方面优化创新的特点。虽然目前S系统在专利实质审查工作中应用广泛，研究成果较多，但是针对其在专利分析工作中的应用及研究则较少。利用S系统开展专利分析工作能否克服现有专利分析工作中存在的缺陷，能否更加有效地进行专利分析是非常值得研究的工作。

本文首先对S系统能否开展专利分析工作展开一系列研究，然后给出S系统下的专利实现流程，最后对专利分析工作的多种实现方式进行优劣比较，探寻出一条快捷、高效的进行专利分析工作的途径。

一、S系统下开展专利分析工作的基础性研究

专利分析工作主要有文献检索、分类筛选和统计分析这三大环节。本节对各个环节在S系统下展开遇到的基础性问题分别展开研究。

（一）文献检索

专利文献是进行专利分析的基础，检索质量的高低直接影响到专利分析结果的准确度；与专利实质审查工作不同，专利分析中的检索除了要求查准、尽可能地减小噪声之外，还要求结果全面，尽量涵盖上述技术主题所涉及的所有专利文献，如何获得全面准确的检索结果，是专利分析工作中的第一个挑战，因此，本小节首先研究S系统各个数据库的特点以便选择合适的检索数据库，然后对S系统的转库功能进行研究，以便获得更加全面的检索结果。

1. S系统数据库特点

目前的研究多是从检索角度出发分析S系统各个数据库的特点，没有从专利分析的角度对各数据库的字段进行详细介绍，因此，有必要根据专利分析工作的特点对各数据库的特性、字段含义进行研究，从而在众多数据库中确定适合开展专利分析工作的数据库。

S系统提供了丰富的检索数据库，它集成了目前世界上主要的专利数据库，包括4个中文中国大陆地区专利数据库、3个中文中国台湾地区专利数据库、8个英文专利数据库和2个日文专利数据库，可见，这对专利分析工作的第一步——专利检索——提供了非常丰富的数据源。

在专利分析工作中，检索完成后需进行专利统计分析，这要求所选取的数据库文献量全，同时也要求字段信息多，且标引准确。对于中文专利，CNTXT 数据库文献收录量远远少于 CPRSABS 和 CNABS 数据库，而 CNMED 是专业的中国药物专利数据库，不适合其他非药物类的专利分析，所以，中文的专利分析，初步选取 CPRSABS 和 CNABS 进行分析。对于全球专利，则考虑到语言种类和数据库文献量的多少，英文专利数据库中的 CPEA 主要为中文的发明公开、发明授权、实用新型授权公告、外观设计授权公告的英文著录项目信息，因此不能用于全球专利分析，USTXT、WOTXT、EPTXT、CATXT 和日文专利数据库由于数据库字段信息少或文献国别单一，也无法进行全球专利分析，所以，对于全球专利分析初步选取 DWPI、VEN、SIPOABS 来进行分析。与专利相关的各个字段对比如表 1 所示。

表 1　各数据库专利分析用基本字段对比表

分析指标 \ 数据库	中文库		英文库		
	CNABS	CPRSABS	DWPI	VEN	SIPOABS
年代分布	APD	APD	OPD	OPRD	APD
IPC 分布	SQ_IC+ GK_IC	IC	ICAI，IC， EC，FI，FT	ICAI⑧	ICAI
授权文献 IPC 分布	SQ_IC	不支持	不支持	不支持	不支持
公开文献 IPC 分布	GK_IC	不支持	不支持	不支持	不支持
技术原创国分布	SA_GK_PR+ SA_SQ_PR	PR①	PR	PR⑧	PR②
授权文献 原创国分布	SA_SQ_PR	不支持	不支持	不支持	不支持
公开文献 原创国分布	SA_GK_PR	不支持	不支持	不支持	不支持

续表

分析指标 \ 数据库	中文库		英文库		
	CNABS	CPRSABS	DWPI	VEN	SIPOABS
区域分布	CCODE/CNAME③	AA④	DS⑤；CC⑥；DN⑦	不支持	不支持
申请人	GK_PA+SQ_PA	PA	PA；CPY	PA⑧	PA
授权文献申请人分布	SQ_PA	不支持	不支持	不支持	不支持
公开文献申请人分布	GK_PA	不支持	不支持	不支持	不支持
专利申请目标国	无意义	无意义	PN	PN⑧	PN⑧

注：① 不能包含实用新型和无优先权的发明申请。

② 不太好用，没有优先权时，该字段为申请号；有优先权时，除了包括所有优先权，还包括一条多余的记录，一般为第一项，但不确定其意义。

③ 需人工将属于同一省的市级数据进行合并。

④ 地址不标准时也需人工合并。

⑤ 用于欧洲申请的指定区域。

⑥ 含义是“公开（告）国家”，是PN字段中公开号表示国家部分去重后的结果。

⑦ PCT申请中用于表示指定国家。

⑧ 有重复统计现象。

通过对各个数据库中的字段进行比较，可以获知各个数据库的优缺点，在专利分析方面，由于VEN数据库是DWPI和SIPOABS的综合，综合方式包括“机械叠加”、“合并去重”、“独立字段”三种，因而同一记录可能重复多次，导致无法准确统计同族个数，而SIPOABS则由于同族信息作为独立的多条记录存在，导致无法准确统计专利族，因此，VEN和SIPOABS仅能作为检索库，而不能作为统计库。进一步比较各数据库在专利分析方面的优缺点如表2所示。

表 2　各数据库专利分析优缺点比较

<table>
<tr><th rowspan="2">数据库
优缺点</th><th colspan="2">中文库</th><th colspan="3">英文库</th></tr>
<tr><th>CNABS</th><th>CPRSABS</th><th>DWPI</th><th>VEN</th><th>SIPOABS</th></tr>
<tr><td rowspan="3">优点</td><td>字段信息丰富</td><td>字段信息丰富</td><td>字段信息丰富</td><td>字段信息丰富</td><td>字段信息丰富</td></tr>
<tr><td>可以对申请人的国别和省市进行分析，方便计算</td><td rowspan="2">末区分发明和实用新型，一次可将所有收录的发明和实用新型信息进行统计</td><td>分类信息较全</td><td rowspan="2"></td><td>分类信息较全</td></tr>
<tr><td>区分发明和实用新型，公开和授权文献，方便计算授权率</td><td>用于专利分析的字段经测试信息准确，适合统计分析</td><td></td></tr>
<tr><td rowspan="4">缺点</td><td>大量字段无清晰解释说明</td><td>字段信息不完善</td><td>字段信息不完善</td><td>字段信息不完善</td><td>字段信息不完善</td></tr>
<tr><td rowspan="3">统计全部的发明和实用新型时需要合并公开文献和授权文献，再剔除授权的发明，增大统计的复杂度</td><td rowspan="3">需要区分发明和实用新型信息，则需要复杂的方式处理</td><td>优先权号的格式与其他数据库的优先权格式不同，影响转库</td><td rowspan="3">是 DWPI 和 SIPOABS 的综合，综合方式包括“机械叠加”、“合并去重”、“独立字段”三种，因此同一记录可能重复多次，无法精确统计</td><td rowspan="3">同族信息作为独立的多条记录存在，无法精确统计</td></tr>
<tr><td>没有关于申请日的字段，无法直接根据申请日进行统计。</td></tr>
<tr><td>同族专利作为一条记录存储，只能通过最早优先权日 OPD 进行优先权日的统计；不能直接获得公告号、授权日信息。</td></tr>
<tr><td>是否适合作为专利分析数据库</td><td>适合</td><td>适合</td><td>适合</td><td>不适合</td><td>不适合</td></tr>
</table>

由此可见，中文库 CNABS 和 CPRSABS 均适合作为专利分析数据库，而英文库 DWPI 也适合作为专利分析数据库，但 VEN 和 SIPOABS 由于自身的特点不宜作为统计数据库。

2. S 系统下转库命令研究

在专利分析工作中“查全”是基本前提，而为了保证检索结果的全面性，转库是必不可少的操作。转库检索即是通过使用指定检索结果在其他数据库中检索，从而得到在不同数据库中的收录情况。

通过研究发现，目前 S 系统可采用三种方法来实现在不同数据库之间的转库检索：① 在核心检索模式下，利用 S 系统已经嵌入的用于实现转库的转库功能模块；② 利用 S 系统提供的转库命令，其利用 PR 和 PN 字段进行转库；③ 通过 S 系统新增加的 FN 字段实现转库。

（1）核心检索模式下转库检索

S 系统在核心检索模式下，嵌入了实现转库的转库功能模块，在核心检索界面下方混排历史区域中执行“转”从而实现转库操作，可以在文摘数据库之间、全文数据库和文摘数据库之间以及全文数据库之间进行转库检索。

核心检索模式下转库操作具体执行如图 1 所示。

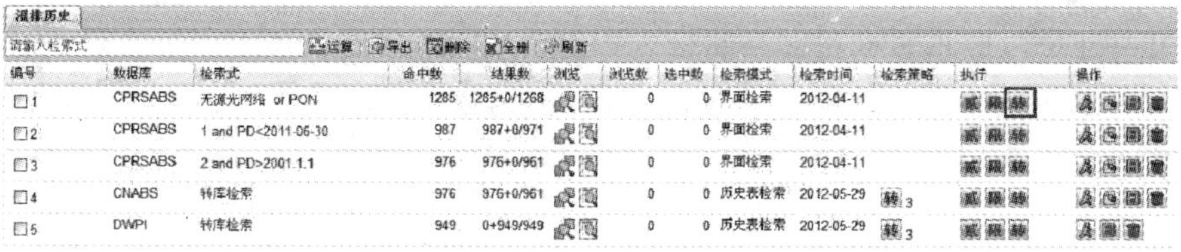

图 1　核心检索模式下转库检索

经测试，该转库仅是将检索到的文献转库到目标数据库，不包括检索到文献的同族数据。

（2）批处理文件转库检索

S 系统提供批处理检索功能，审查员可将一组相关的检索式编写成批处理文件执行，达到提高检索效率的目的。审查员创建批处理文件后，选择公开类型，该批处理文件即可被其他用户使用。由于 S 系统的批处理文件都是由审查员自己创建的，并不能保证检索的准确，例如，S 系统批处理检索有一个创建于 2009 年 9 月 3 日的 todb 批处理文件，通过测试，其转库的结果不正确。

经分析发现，由于该批处理文件转库检索是利用的 PN 和 PR 字段进行的转库检索，通过对 PN 和 PR 转库方式作进一步分析，发现在涉及 CPRSABS 数据库转库时，由于 CPRSABS 数据库中 PN 字段同时包含公开和授权两个申请号，但两者在公开号上未区分开，仅能从公开日期来判断，所以在由 CPRSABS 数据库转到 CNABS、DWPI 数据库时，当检索文献的公开号也是另一篇文献的授权号码时，导致转库后的噪音增加。CNABS 和 DWPI 数据之间转库时，也存在该缺陷，因此采用 PN 字段转库时会引入噪声。在采用 PR 字段转库时，由于 S 系统下不同数据库 PR 字段标引的格式不同，会导致失败。可见，在转库时不宜采用 PN 和 PR 字段进行转库。

（3）FN 字段实现转库检索

S 系统的所有专利数据库都新增加了 FN 字段，即交叉同族号，FN 字段综合利用了 SIPOABS 与 DWPI 数据库的 PN 字段、中国专利的申请号相关联等构建的新字段。利用 FN 字段实现转库检索，主要包括两步：① 利用存储器将待转库的 FN 字段内容存储到存储器中；② 切换到目标数据库中，并利用 M1 的内容在 FN 字段中进行检索。

通过上述操作，可将检索结果在 S 系统的各个数据库之间进行转库，由于 FN 字段是 S 系统各个数据库均标引的同族字段，该 FN 在 S 系统下各个数据库中唯一，因此不存在 PN 字段转库时的缺陷，与核心界面转库相比较，采用 FN 字段转库，除了可将检索到的文献本身转库到目标数据库外，还可以将检索到文献的同族专利也转库到目标数据库。

综合比较上述三种方式，考虑到专利分析工作需要更全面、准确的同族信息，本文推荐利用采用 FN 方式编写的批处理文件进行转库，但可能存在由于 FN 标引错误导致的误差，引入个别的噪声文献。如果只是将检索到的数据转库，不需增加同族专利，则采用核心界面转库更为方便，且无任何噪声文献，对于分类筛选后的文献，如需转库，推荐采用 S 系统内嵌的核心界面转库方式。

（二）分类筛选

对于精确的专利分析工作，在检索完成后，通常需要对在文献检索环节中获取的初步结果进行分类筛选：① 数据批量导出，将文献检索环节中获取的初步结果导出；② 去噪清理，将检索中引入的明显噪声文献去除以避免对专利分析结果产生影响；③ 分类标引，一个技术主题通常涵盖多个技术分支，对每个技术分支进行定量或定性分析有利于进一步分析技术的发展状况，因而在进行统计分析之前，还需将所有文献根据技术分支作进一步分类。

由于S系统的浏览工具不支持数据的批量导出，仅能在详细浏览中单独导出一篇专利文献到EXCEL中，因而只有将S系统下的数据批量导出，才能采用之前的方式利用EXCEL进行人工分类和筛选工作，所以，必须研究出S系统下的批量数据导出方法才能开展精确的专利分析工作。

• S系统下批量数据导出研究

本文结合S系统的命令特点和EXCEL的功能，通过数据转换方式实现了对数据的批量导出，具体步骤如下：

（1）设置OP，一次全部显示所有记录：..op nl 9999；

（2）清屏操作，点击屏幕右边的清屏按钮，方便后面的拷屏粘贴操作；

（3）根据在线分析系统对字段的要求，选取合适的命令进行字段内容显示；

（4）全选、复制、粘贴到WORD，删除首尾多余的内容，以及y/n导致的多余内容；

（5）粘贴到TXT文本文件；

（6）EXCEL中打开，按空格进行分列；

（7）全选数据，进行自动筛选，根据不同的条目提取数据；

（8）人工逐条筛选，可根据发明名称、摘要信息逐条判断该记录是否与待分析的技术主题相关，如不相关，在EXCEL表格中删除该条记录，同时按照技术主题划分的多个技术子主题进行分类，并相应地予以标记。

（三）统计分析

分类筛选完成之后，即可根据实际需求进行统计分析。CPRS系统中对中国专利的分析是通过将待分析文献从CNPAT数据库导入到EXCEL表格中进行人工统计来实现的，增加了额外的开销且工作量较大，而在S系统下直接输入统计命令即可获得分析结果，大大简化了分析过程；然而，虽然S系统给出了字段和索引的定义，但其准确性和有效性还需要验证，并且S系统中也未说明如何采用上述字段和索引如何利用命令进行统计分析工作，本小节将针对这一问题进行了分析、测试和研究，给出各数据库下的统计命令实现方式。

1. **统计命令研究**

目前 S 系统中采用的统计命令格式如下：

..mems set 20000（ALPHA）/〈字段名〉rk〈位置号〉lg〈字符长度数值〉

其中：ALPHA 表示按顺序存储在存储器中，按照年代顺序或者按照字母顺序进行存储，否则按照统计的顺序由大到小排序；字段名表示统计的字段名，如最早申请日 OPD，重要申请人 CPY 等；位置号则表示从字段的第几个位置提取数据存放到存储器中；字符长度数值则表示从字段的该位置的前几个数据存放到存储器中。

S 系统提供 6 个存储器 m1～m6，每个存储器大约可储存 20 000 个提取出的项（取决于提取项的长度）[2]。但是通过测试发现，当检索结果大于 5 000 时，前述的 set 命令设置无效；而当检索结果小于 5 000 时，统计结果为正确。通过尝试，本文给出基于上述检索结果界限的统计方式如下：

..mems L－N（ALPHA）/〈字段名〉rk〈位置号〉lg〈字符长度数值〉

其中：L 为统计的起始项；N 为统计的结束项；L 与 N 的差值小于等于 5 000；其余参数的含义与原来相同。

通过上述统计可以将统计的数据拆分成 5 000 为基准的项数进行统计并累加即可获得所需的结果。将统计结果以拷屏的方式导出到图表软件，例如通过 EXCEL 进行绘制图表。

2. **与在线分析系统的对接**

S 系统也不支持直接的统计结果图表绘制，也不能与在线分析系统对接以利用其图表绘制功能，因此需要利用前述研究的批量数据导出方法将数据批量导出后再导入到在线分析系统。

EXCEL 格式的数据要满足在线专利信息分析系统所定义的数据格式，其中表格中第一行为表头信息，表头信息包括 17 个字段，分别为申请号、公开号、申请日等。当表头名称和标准著录项名称一致时，系统将自动匹配；若不一致时，用户可进行自定义进行匹配。

二、专利分析工作在 S 系统下的实现

专利分析工作在 S 系统下的实现流程与现有的实现流程主要环节相同，仍然是文献检索、分类筛选和统计分析三大环节。但在具体实现过程中则需要利用前述所研究的适合 S 系统数据库特点的字段或命令进行相应的分析，还可以结合正处于测试阶段的在线专利分析系统展开分析，从而得到在 S 系统下一个完整的专利分析流程如图 2 所示。

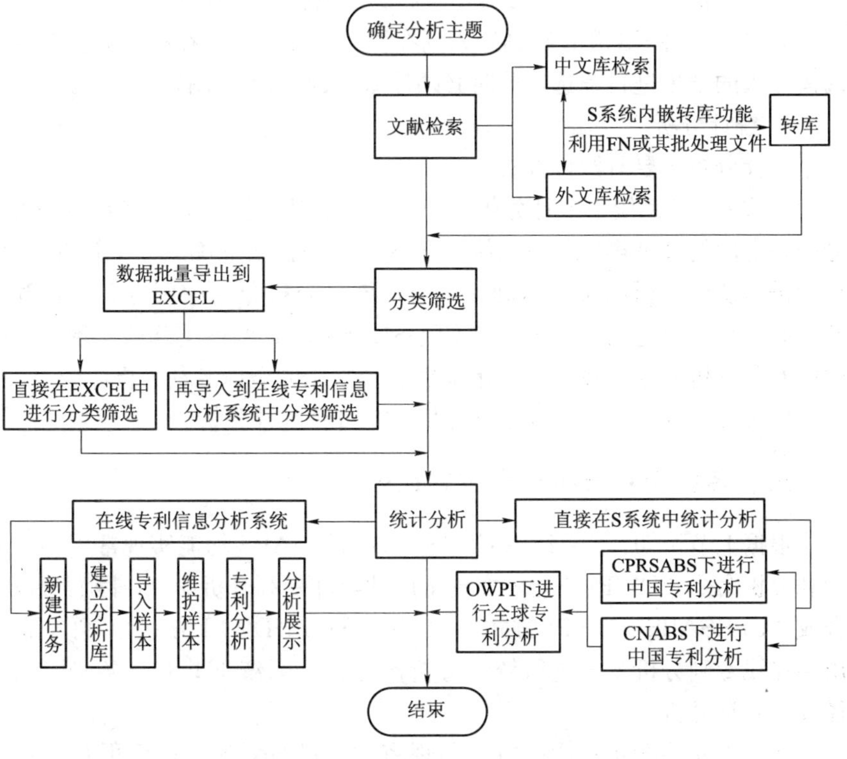

图 2　S 系统下专利分析过程

1. 文献检索

文献检索包括中文库检索、英文库检索和转库三个步骤。S 系统中提供了丰富的文摘数据库和全文数据库，并且支持数据库之间的转库操作，能够实现更为全面的文献覆盖，使检索结果更为全面。

在中英文检索库完成检索后，需要将所有检索数据库的结果转库到

目标分析数据库，也即转库到用于统计分析的数据库。全球专利分析时，需要将所有检索结果转库到 DWPI 数据库，中文专利分析时，需要将所有检索结果转库到中文目标数据库 CPRSABS 或者 CNABS。此时可以采用 S 系统内嵌的转库或者利用 FN 字段进行转库。

2. 分类筛选

S 系统目前不支持批量数据的导出，利用前节所研究的批量导出方法将数据批量导出；可采用如下两种方式进行分类筛选。

方式一：在导出的 EXCEL 中进行人工阅读分类筛选。

方式二：将 EXCEL 数据导入到在线分析系统中，在在线分析系统中阅读导入的结果进行筛选，此时必须导入标题和摘要字段以便阅读。

3. 统计分析

统计分析主要有两种方式。

方式一：S 系统下统计分析，即在进行统计分析之前，需要将经人工分类筛选后的文献再导回 S 系统，在 S 系统中找出准确的分类筛选数据，作为进行统计分析的文献基础。目前，统计分析分为中国专利分析和全球专利分析，通过测试发现，在 CPRSABS 和 CNABS 下均能实现常用的中国专利分析命令；在 DWPI 下能够实现常用的全球专利分析命令。

方式二：利用在线专利信息分析系统进行统计分析。

三、多种专利分析实现方式比较

根据上节可知，S 系统下 CPRSABS 和 CNABS 均能实现常用的中国专利分析命令，DWPI 下能够实现常用的全球专利分析命令，因而可以组合成“CPRSABS＋DWPI 方式”和“CNABS＋DWPI 方式”，再结合导出到在线专利分析系统进行统计分析，可见 S 系统下共有三条主要的途径开展专利分析。

本节首先将 S 系统中的方式与现有方式进行对比，然后再对 S 系统内的组合方式进行比较，最后将 S 系统的实现方式与“在线专利信息分析系统下的实现方式”相结合，与单纯在 S 系统下的实现方式进行比较。最终通过前述比较的结果得出 S 系统下实现专利分析工作的最佳方式。

为了更好地进行对比分析，本节分析均基于“无源光网络”这个技术主题，并对中英文检索词和检索时间作了明确的限定，以规避由于数据更新导致的数据差等问题。

（一）S系统实现方式与现有系统实现方式的比较

由于目前的专利实现流程主要基于CPRS的CNPAT数据库和EPOQUE系统下的WPI数据库展开，因而首先在S系统中选取了最接近的CPRSABS数据库和DWPI数据库的实现方式分别进行比较。为了更好地评测中英文数据库各库之间的检索和统计分析的差别，本小节不考虑转库带来的差异。

1. 待分析文献量

以“无源光网络”为例，分别获得全球和中国待分析专利文献：

CNPAT+WPI：CNPAT：1 513篇，WPI：3 569篇

CPRSABS+DWPI：CPRSABS：976篇，DWPI：3 586篇

其中英文检索式为：PON or（passive w optical w network）；CPRSABS采用的关键词为无源光网络、PON、passive optical network；CNPAT由于不支持英文检索，因而仅采用“无源光网络+PON”作为关键词检索，且考虑到PON的噪音过大，删除了部分明显的噪音；公开日均限定在2001年1月1日～2011年6月30日之间（不含当日）。

2. 统计结果对比分析

对上述检索结果分别进行全球专利性分析和中国专利分析，总体趋势差别不大，不影响专利的定量分析，通过分析其中文检索数据方法的差异，可以得出以下结论。

（1）中文库：从检索的角度看，CPRSABS的数据已经比较全面，与CNPAT的差异主要表现在关键词标引方面的差异，例如CNPAT对英文词的自动前后截词检索，带来了很多噪声，而CPRSABS则更加忠于原有的关键词，检索更加准确一些，这些差异导致CPRSABS和CNPAT的检索结果的数量有时相差较大；如果排除以上在字段范围上的差异，CPRSABS在检索方面的准确性接近CPRS。

从统计的角度看，首先，CPRSABS在统计方面可以采用命令方式进行统计，完全克服了CNPAT必须借助外界工具将数据导入到EXCEL中方可进行统计的缺陷；其次，CPRSABS中提供了丰富的检索和统计字段，对于“中国历年专利申请量及技术生长率”等指标可以做到比较准确的统计分析，能大大提高工作效率。

（2）英文库：从检索的角度看，DWPI中数据已经非常全面，与WPI的字段也基本一致，只是在摘要标引时，可能由于特殊符号标引、

空格和数学式的标引等的影响，导致检索结果有少量差异，而这种微小差异在进行大量数据的统计时几乎可以忽略不计。

从统计的角度看，DWPI 和 WPI 都可以直接运行统计命令进行统计，对于待统计记录中内容重复度较低时，如 ICAI，WPI 一般仅能统计到 3 000～4 000 条检索记录；但是重复度较高时，如 PD 字段，WPI 中最多可接近统计 20 000 条记录。而在上述两种情况下 DWPI 均可一次最多统计 5 000 条数据。实际中的统计项目内容重复度都较大，因此使用 WPI 中统计可减少累加次数，而在 DWPI 中可以分次统计解决上述问题。综合上述分析结果来看，“CPRSABS＋DWPI 方式”在统计方面要优于现有的“CPRS＋EPOQUE 方式”。

（二）S 系统中专利分析实现方式比较

从上面内容可以看出，S 系统下“CPRSABS＋DWPI 方式”完全可以替换现有的“CPRS＋EPOQUE 方式”。那么在 S 系统下“CPRSABS＋DWPI 方式”是否就是最佳的专利统计数据库的搭配方案呢？本节将通过对“CNABS＋DWPI 方式”与“CPRSABS＋DWPI 方式”进行对比，从而找出 CNABS 和 CPRSABS 中哪个库更适合作为中文的检索库。本小节将考虑在实际中为了达到更全面的中文检索结果而进行的转库操作。

1. 待分析文献量

以无源光网络为例，在考虑转库带入的文献下，分别获得 DWPI＋CNABS 和 DWPI＋CPRSABS 下的全球和中国待分析专利文献：

CNABS＋ DWPI：全球待分析文献 4 025 篇，中国待分析文献 1 815 篇

CPRSABS＋DWPI：全球待分析文献 3 684 篇，中国待分析文献 1 442 篇

CNABS＋ DWPI：全球待分析文献 4 025 篇，中国待分析文献 1 815 篇

CPRSABS＋DWPI：全球待分析文献 3 684 篇，中国待分析文献 1 442 篇

其中：英文检索式为 PON or passive optical network；中文检索式为无源光网络 or PON；公开日均限定在 2001 年 1 月 1 日～2011 年 6 月 30 日之间（不含当日）。

2. 统计结果对比分析

对上述检索结果分别进行全球专利分析和中国专利分析，通过分析其中文检索数据方法的差异，可以得出以下结论。

（1）CNABS数据库对中国专利初加工文摘数据库、中国专利深加工文摘数据库、中国专利检索系统文摘数据库CPRSABS、中国专利英文文摘数据库CPEA、DWPI数据库中的中国数据、SIPOABS数据库中的中国数据进行错误清理、格式规范、数据整合后形成了一套完整的、标准的中国专利数据集合。因而使用关键词检索时，尤其是对于规避常用关键词的国内申请，其结果更准确也更全面；但是，若在检索时结合多种检索手段使检索结果更为全面，CPRSABS和CNABS作为基本检索库所获得的文献量差异将大大减小。

（2）在CNABS和CPRSABS中的检索结果虽然存在一定差异，但在进行历年专利申请量分布趋势等定量分析时，该差异对专利整体分布情况的影响不大。

（3）统计字段方面，CPRSABS中的字段与传统专利分析中的字段定义基本一致，使用起来较为简便，经测试发现其中的某些字段存在字段内容为空的情形，但由于这些字段并非最常用字段，因而不影响基本的专利分析；而CNABS中的字段更为丰富和具体，所有字段均区分公开和授权两种分类，使得分类更加准确，其将传统的PR、PA等字段作为复合索引，一方面有利于进行更细致的专利分析，另一方面却使得不能直接使用该复合索引进行统计，而是要结合复合索引中的多个字段来进行统计，虽能进行更准确和细致的分析，但在操作时要根据复合索引实际引用的字段将授权文献和公开文献分开统计，较CPRSABS略为复杂。

综上所述，CNABS的检索结果更为全面，但其与CPRSABS在检索文献量上的差异对定量分析结果的影响并不大，并且这种差异还可以通过使用更为丰富的检索库和检索手段得到一定程度的弥补；但若要进行定性分析，由于文献的遗漏可能会对定性分析结果的准确性产生一定影响，因此在进行定性分析时，建议采用更为全面的CNABS库；对于定量分析，CPRSABS和CNABS均能支持常用的定量分析命令，CNABS的字段更为丰富和具体，有利于更细致的专利分析，但涉及复合索引的统计，操作起来稍为复杂，而CPRSABS的统计方式则较为直接。实际操作中，可根据实际需求选择特定的检索库和统计库。

（三）S 系统数据导出与在线专利信息分析系统

在线专利信息分析系统的业务逻辑相对简单，如图 3 所示。

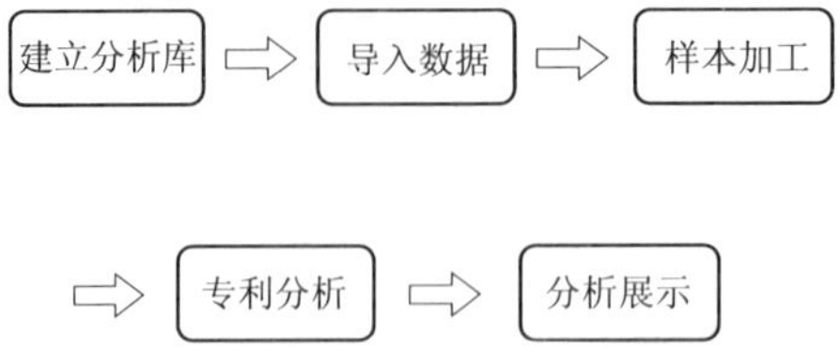

图 3　在线专利信息分析系统操作的实现

采用在线专利信息分析系统与 S 系统对接的好处是统计和绘图都比较直观，可以直接得到，可以省去人工进行统计和图表绘制的工作，但灵活性还有待增强。而单纯在 S 系统下的实现方式还需要将统计的结果人工复制到 EXCEL 中进行图表绘制。

（四）S 系统实现专利分析工作各方式对比

通过前面的比较，将各种方式的特点进行对比，如表 3 所示。综合对比分析的结果，可以看到：现有的 S 系统下的专利分析实现方式完全可以替代目前的“CPRS+EPOQUE 方式”，且 S 系统可以与在线专利分析系统进行对接，更加便捷地进行统计分析和图表绘制，利用 S 系统开展专利分析完全可以满足现有的专利分析工作的需求。

表 3　各种专利分析工作方式对比表

对比＼方式		CPRS+EPOQUE	CPRSABS+DWPI	CNABS+DWPI	S 系统+在线专利分析系统
检索	中文	对关键词的近义词扩展范围更宽，灵活但易带入噪声	数据覆盖全面，准确性及英文缩略词去噪优于 CPRS	CNABS 检索结果比 CPRSABS 更全面	具有 S 系统的检索优点
	英文	检索和统计均很好	检索和统计均很好	检索和统计均很好	检索和统计均很好
	转库	不方便	较便利	较便利	较便利

续表

对比＼方式		CPRS+EPOQUE	CPRSABS+DWPI	CNABS+DWPI	S系统+在线专利分析系统
分类筛选	浏览	VIEWER 浏览较佳，且支持分类	详览数量有限，不支持分类，导入 EXCEL 浏览分类	详览数量有限，不支持分类，导入 EXCEL 浏览分类	详览数量有限，不支持分类，导入 EXCEL 浏览分类
	数据导出	不方便，需要借助外界工具	不支持，但可通过已知方式快速导出	不支持，但可通过已知方式快速导出	不支持，但可通过已知方式快速导出
统计	统计方式	中文统计不方便，需要导入 EXCEL 中统计	较便利，可直接在 S 系统中统计	较便利，可直接在 S 系统中统计	较便利，可直接用在线分析系统统计
	累加次数	单次最多可统计 20 000 条记录，对于重复度高的待统计项，累加次数少	单次最多可统计 5 000 条，累加次数多，但可灵活分段	单次最多可统计 5 000 条，累加次数多，但可灵活分段	无需考虑累加次数
比较结果		方式灵活，中文统计不方便，转库不方便，但可克服以进行专利分析	方式灵活，中英文统计便捷，适合进行专利分析	方式灵活，中英文统计便捷，适合进行专利分析	方式最优，统计和绘图自动化实现，但灵活性仍需提高

结束语

本文首先分析总结了现有采用 CPRS 和 EPOQUE 系统进行专利分析工作存在的缺陷，然后通过对 S 系统下开展专利分析工作进行了一系列研究，包括分析S系统的数据库特点及用于统计的字段分析、转库的实现、批量数据的导出、统计命令的测试与实现以及与在线专利分析系统的对接等，为专利分析工作在S系统下的实现奠定了良好的基础，并总结了S系统下进行专利分析的流程，最后采用实例对多种专利分析工作的实现情况进行了比较，给出了S系统下的最优实现方式，从而有利于审查员在S系统下顺利的开展专利分析工作。

参考文献

[1] 谢小勇，王雷．专利信息分析在行业产业分析中的应用［J］．中国发明与专利，2007（12）：61－62.

[2] 中华人民共和国国家知识产权局专利局．S系统实用手册［S/OL］．［2010－08－24］．http：//syb. sipo/zt/sxtcl/201008/P020100825528362796559. pdf.